RaumFragen:
Stadt – Region – Landschaft

Herausgegeben von
O. Kühne, Tübingen, Deutschland
S. Kinder, Tübingen, Deutschland
O. Schnur, Berlin, Deutschland

Im Zuge des „spatial turns" der Sozial- und Geisteswissenschaften hat sich die Zahl der wissenschaftlichen Forschungen in diesem Bereich deutlich erhöht. Mit der Reihe „RaumFragen: Stadt – Region – Landschaft" wird Wissenschaftlerinnen und Wissenschaftlern ein Forum angeboten, innovative Ansätze der Anthropogeographie und sozialwissenschaftlichen Raumforschung zu präsentieren. Die Reihe orientiert sich an grundsätzlichen Fragen des gesellschaftlichen Raumverständnisses. Dabei ist es das Ziel, unterschiedliche Theorieansätze der anthropogeographischen und sozialwissenschaftlichen Stadt- und Regionalforschung zu integrieren. Räumliche Bezüge sollen dabei insbesondere auf mikro- und mesoskaliger Ebeneliegen. Die Reihe umfasst theoretische sowie theoriegeleitete empirische Arbeiten. Dazu gehören Monographien und Sammelbände, aber auch Einführungen in Teilaspekte der stadt- und regionalbezogenen geographischen und sozialwissenschaftlichen Forschung. Ergänzend werden auch Tagungsbände und Qualifikationsarbeiten (Dissertationen, Habilitationsschriften) publiziert.

Herausgegeben von
Prof. Dr. Dr. Olaf Kühne, Universität Tübingen
Prof. Dr. Sebastian Kinder, Universität Tübingen
PD Dr. Olaf Schnur, Berlin

Weitere Bände in dieser Reihe http://www.springer.com/series/10584

Erik Aschenbrand

Die Landschaft des Tourismus

Wie Landschaft von Reiseveranstaltern inszeniert und von Touristen konsumiert wird

Mit einem Geleitwort von Prof. Dr. Dr. Olaf Kühne und Prof. Dr. Sebastian Kinder

Erik Aschenbrand
Tübingen, Deutschland

Dissertation der Mathematisch-Naturwissenschaftlichen Fakultät der Eberhard Karls
Universität Tübingen, 2017

Berichterstatter 1: Prof. Dr. Dr. Olaf Kühne
Berichterstatter 2: Prof. Dr. Sebastian Kinder

Tag der Disputation: 07.03.2017

D 21

RaumFragen: Stadt – Region – Landschaft
ISBN 978-3-658-18428-5   ISBN 978-3-658-18429-2   (eBook)
DOI 10.1007/978-3-658-18429-2

Die Deutsche Nationalbibliothek verzeichnet diese Publikation in der Deutschen National-
bibliografie; detaillierte bibliografische Daten sind im Internet über http://dnb.d-nb.de abrufbar.

Springer VS
© Springer Fachmedien Wiesbaden GmbH 2017

Gedruckt auf säurefreiem und chlorfrei gebleichtem Papier

Springer VS ist Teil von Springer Nature
Die eingetragene Gesellschaft ist Springer Fachmedien Wiesbaden GmbH
Die Anschrift der Gesellschaft ist: Abraham-Lincoln-Str. 46, 65189 Wiesbaden, Germany

Geleitwort

Mit der Zunahme touristischer Aktivitäten seit den 1960er Jahren hat sich die Tourismusgeographie als Teildisziplin der Humangeographie herausgebildet und in den vergangenen Jahrzehnten Gründe, Akteure und Wirkungen des Tourismus untersucht. Dabei ist die Tourismusgeographie zumeist stärker anwendungsorientiert gewesen und hat weniger theoretische Fachdebatten geführt. Vor diesem Hintergrund ist es sehr zu begrüßen, dass die Dissertation von Erik Aschenbrand eine klare theoriegeleitete Untersuchung darstellt, die auch zur theoretischen Fundierung der Tourismusgeographie beitragen kann.

Die Arbeit befasst sich mit der Frage, wie Landschaft im Kontext touristischer Dienstleistungen von Reiseveranstaltern inszeniert und von Touristen konsumiert wird. Erik Aschenbrand liefert auf Grundlage genauer Beobachtungen und eigener beruflicher Erfahrungen in der Tourismuswirtschaft einen tiefen Einblick in die soziale Praxis des Tourismus. So gelingt es dem Autor, die soziale Konstruktion des ‚Typischen' wie auch die Abläufe sozialen Distinktionsverhaltens überzeugend zu erklären. In beeindruckender Weise enthüllt der vorliegende Band die Mechanismen der sozialen Konstruktion touristischer Landschaften im Besonderen und von Landschaft im Allgemeinen. Insgesamt kann sich die Leserin / der Leser dieses Bandes auf eine fundierte und spannende Lektüre freuen.

Tübingen, im März 2017

Prof. Dr. Dr. Olaf Kühne und Prof. Dr. Sebastian Kinder

Danksagung

Sehr herzlich danken möchte ich Prof. Dr. Dr. Olaf Kühne, der es mir ermöglicht hat, meine Interessen im Rahmen einer Dissertation zu verfolgen. Für seine jederzeit hervorragende, freundliche und motivierende Betreuung und seine zahlreichen Anregungen bin ich äußerst dankbar. Prof. Dr. Sebastian Kinder danke ich herzlich für die Übernahme des Zweitgutachtens. Den Kollegen bei den Firmen Terranova Touristik und Wikinger Reisen danke ich herzlich für ihre unkomplizierte und freundschaftliche Mitwirkung an meinem Vorhaben. Ganz besonders danke ich meiner Familie für ihre uneingeschränkte Unterstützung.

Inhaltsverzeichnis

Abbildungs- und Tabellenverzeichnis

1 Einleitung: Landschaft und Tourismus

Im Zentrum der vorliegenden Arbeit steht die Frage, wie Landschaft im Kontext touristischer Dienstleistungen von Reiseveranstaltern inszeniert und von Touristen konsumiert wird. Gegenstand der Untersuchung sind organisierte Reisen deutscher Reiseveranstalter. Deren Produkt wird zum Zweck der Untersuchung in einzelne Phasen der touristischen Produktion zerlegt: Eine Reise wird vom Veranstalter konzipiert, vermarktet und durchgeführt und vom Kunden konsumiert. Welche Bedeutung hat Landschaft in diesen verschiedenen Phasen der touristischen Produktion und des touristischen Konsums? Welche Vorstellungen von Landschaft werden durch die touristische Produktion hervorgebracht oder verfestigt? Wo lassen sich die Vorbilder touristischer Landschaftsmotive lokalisieren und wer ist in der Lage, neue werbewirksame Vorstellungen zu erzeugen? Welche Formen der touristischen Aneignung von Landschaft lassen sich unterscheiden? Das Ziel der Untersuchung besteht darin, diese Fragen zu beantworten und herauszuarbeiten, wie Reiseveranstalter den Landschaftsbegriff und landschaftliche Motive verwenden und auf welche Quellen sie dabei zurückgreifen. Auf dieser Grundlage lassen sich weitere Fragen anschließen, etwa nach der Bedeutung von Landschaft für das Distinktionsverhalten von Touristen und für die Auswahl touristischer Destinationen durch Reiseveranstalter. Die Einleitung führt im Folgenden an das Thema heran und konkretisiert die Fragestellung. Außerdem wird die Vorgehensweise der Arbeit skizziert. Zunächst sind jedoch zwei Landschaftsbeschreibungen aus Reiseberichten dem weiteren Verlauf der Einleitung vorangestellt. Bei diesen beiden Textstellen handelt es sich um Zitate aus Georg Forsters *Reise um die Welt* und Theodor Fontanes *Jenseit des Tweed*:

Beispiel 1:

> „Zum Nachtisch ergötzte sich das Auge an der vor uns liegenden wildnisartigen Landschaft, die Salvator Rosa nicht schöner hätte malen können. Sie war ganz im Geschmack dieses Künstlers und bestand aus Felsen, mit Wäldern gekrönt, deren Alter in die Zeiten vor der Sündfluth hinauf zu reichen schien, und zwischen welche sich aller Orten Wasserbäche mit schäumenden Ungestüm herabstürzten" (Forster 1983 [1777]: 137).

Beispiel 2:

> „Das landschaftliche Bild, das der Pass bietet, erinnert sehr an die Trossachs. Diese haben den Ruf größerer Schönheit und werden jährlich von Tausenden um ihrer selbst willen besucht, während den Pass von Killicrankie nur derjenige kennenlernt, den Neigung oder Geschäfte in den eigentlichen Norden Schottlands führen. Man passiert ihn, weil man ihn passieren muss; er ist Weg, nicht Ziel. Dieses nicht wegzustreitende Faktum basiert auf einer Ungerechtigkeit. Der Killicrankie Pass ist imposanter als die Trossachs. Der Grund dafür scheint mir darin zu liegen, dass die Felswände sich noch näher und schroffer gegenüberstehen, dass der Garry, der ganz den Charakter eines lauten und reißenden Bergwassers hat, die romantische Szene mehr belebt als das unbedeutende Wässerchen, das die Trossachs mehr durchschleicht als durchschäumt, und dass drittens und letztens das Vorwiegen des Laubholzes über das Nadelholz den Wettstreit zugunsten des Killicrankie-Passes entscheidet. Auch der blutige Kampf der hier stattfand und von ungleich größerer Bedeutung war, als ein halbes Dutzend Clanschlachten der Rinder und Schafe stehlenden MacGregors, sollte füglich diesem mehr nördlich gelegenen Punkte zugutekommen; aber die Schilderungen Walter Scotts, der es nun mal für gut befand, den Schauplatz seiner Dichtung an die Ufer des Loch Katrine zu verlegen, haben ein für alle Mal zugunsten der Trossachs entschieden" (Fontane 2013 [1860]: 129).

Während Forster auf einer Expedition mit James Cook die Welt umsegelte, durchreiste Fontane Schottland mit einem Freund auf der Suche nach den Schauplätzen schottischer Geschichte und schottischer Legenden, die er gut kannte. Im Gegensatz zu Forster kann Fontane aufgrund seiner Motivationsstruktur und seines Reiseverhaltens als Tourist im modernen Sinne gelten. Beide Autoren verwenden, wie zahlreiche andere Reisende der Neuzeit, den Begriff Landschaft, um ihren Eindruck von der bereisten Gegend zu kommunizieren. Georg Forster erfreut sich auf Tahiti an der Übereinstimmung seiner Landschaftswahrnehmung mit den Landschaftsgemälden eines von ihm verehrten Künstlers. Fontane beschreibt in Schottland den Effekt eines Romans von Walter Scott auf den Tourismus. Außerdem bringt Fontane mit seiner begeisterten Beschreibung der Landschaft des Killicrankie-Passes seine Vorstellungen einer idealen Landschaft zum Ausdruck. Die Zitate von Forster und Fontane verweisen auf Zusammenhänge zwischen Kunst, Literatur, Landschaftswahrnehmung und Reisen.

Diese Untersuchung fragt danach, wie die Bedeutung von Landschaft im Tourismus konzeptionell zu erfassen und zu erklären ist. Dabei werden verschiedene Bezüge zwischen Landschaft und Tourismus untersucht. Landschaft kann einerseits als Grundlage für den Tourismus angesehen werden: „Natur und Landschaft werden als das wesentliche Grundkapital des Tourismus bezeichnet. Die Landschaft ist das zentrale Element der touristischen Produktgestaltung. Die Landschaft ist deshalb auch das Standardmedium der touristischen Werbung" (Spittler 2001: 627). Landschaft stellt für den Tourismus demnach eine Art Ressource dar (Knudsen/Metro-Roland/Rickly-Boyd 2013: 288; vgl. Knoll 2014). Gleichzeitig, so eine Hypothese dieser Arbeit, wirkt auch der Tourismus auf Landschaft, zum Beispiel indem er selbst (stereotype) Vorstellungen von Landschaft produziert: Reiseberichte vermitteln seit Jahrhunderten Eindrücke aus fernen Ländern an ihre Leser. Auch das Tourismusmarketing produziert Bilder und Werbetexte und erzeugt oder festigt mit diesen Medien Vorstellungen und Bedeutungen von Landschaft (Amirou 2012: 115; vgl. Urry 2002: 3, Stausberg 2010: 150).

Während Spittler (2001: 627) Landschaft als Kapital und Grundlage des Tourismus bezeichnet, beobachtet Fontane, dass Geschichten und Literatur ausschlaggebend dafür sein können, wohin Touristen reisen. In welcher Beziehung stehen diese Aussagen zueinander? An dieser Stelle setzt die vorliegende Arbeit an und fragt, welcher Art die Bedeutung von Landschaft für den Tourismus ist, wie sie entsteht und wie sie konzeptionell zu erfassen ist. Zunächst muss geklärt werden, was in dieser Arbeit unter dem Begriff ‚Landschaft' verstanden wird. Diese Untersuchung baut auf der sozialkonstruktivistischen Landschaftstheorie von Olaf Kühne (2013) auf. Dieser Ansatz ermöglicht eine Integration der Begrifflichkeiten ‚Landschaft' und ‚Vorstellungen von Landschaft' in eine Theorie. Landschaft wird im Alltag meist als real und unabhängig vom Beobachter existierende räumliche Einheit wahrgenommen (Kühne 2013: 32). Aus sozialkonstruktivistischer Perspektive lässt sich Landschaft jedoch als soziales Konstrukt identifizieren (Kühne 2013: 31). Landschaft kann demnach verstanden werden als Art und Weise, einen Raum zu betrachten (Cosgrove/Daniels 1988: 1). Bei der Analyse von Landschaft muss der Fokus folglich auf das Landschaft konstruierende Subjekt gerichtet werden, um die sozialen Bedingungen für den Prozess der Konstruktion zu betrachten (Burckhardt 2011: 33). Während Landschaft in verschiedenen Diskursen von Bedeutung ist, etwa in der Tourismuswerbung, im Naturschutz oder in der Raumplanung, wurde der Begriff in der wissenschaftlichen Geographie seit Ende der 1960er Jahre häufig als unwissenschaftlich abgelehnt: „Die Verwendung des Begriffs Landschaft wurde in Verbindung mit der Kritik an der traditionellen Länder- und Landeskunde gleichsam ein Synonym für Un- und Vorwissenschaftlichkeit, Theoriedefizite, geringe Problemorientierung und gesellschaftliche Irrelevanz. Der Terminus Landschaft verlor in der Folge seine zentrale Stellung in der Geographie" (Schenk 2006: 17). In neueren Ansätzen seit den 1990er Jahren wird Landschaft, nun aus sozialkonstruktivistischer Perspektive betrachtet, wieder zum Gegenstand humangeographischer Forschung (Kühne 2013: 134; vgl. auch Schenk 2006). Kühne beantwortet die Frage „Wie kommt die Landschaft zurück in die Humangeographie?" mit einem „Plädoyer für eine ‚konstruktivistische Landschaftsgeographie'" (Kühne 2014: 68). Diesem Anliegen schließt sich auch die vorliegende Untersuchung an.

Die Arbeit nimmt sich vor, zu überprüfen, inwiefern Spittlers Aussage, wonach Landschaft das Grundkapital des Tourismus sei, zugestimmt werden kann. Der sozialkonstruktivistische Ansatz legt nahe, die Landschaft, welche das Grundkapital des Tourismus darstellt, nicht nur auf materieller Ebene, sondern vor allem auf einer sozialen Bedeutungsebene zu suchen (Kühne 2013: 32-33). Sozial erzeugte Vorstellungen von Landschaft werden z. B. von der Literatur hervorgebracht und anschließend in der Tourismuswerbung verfestigt. Während einer Reise werden dann Räume anhand der erlernten Muster gelesen und als Landschaft identifiziert (Kühne 2013: 208-209 im Anschluss an Lehmann 1986 [1964]: 197; vgl. auch Burckhardt 2011: 268). Es sind die Vorstellungen von Landschaft, die Orte zu Reisezielen machen, so die Hypothese dieser Arbeit. Zur Annäherung an die übergeordnete Fragestellung, wie die Bedeutung von Landschaft im Tourismus zu erklären sei, werden weitere Fragen zur Geographie des Tourismus notwendig, etwa:

- Wie verwenden Reiseveranstalter Landschaft in der Werbung?
- Wie funktioniert die Konstruktion von Landschaft während einer Reise durch die Touristen?
- Wie verläuft die Auswahl von Reisezielen durch Reiseveranstalter und welche Bedeutung hat Landschaft in diesem Prozess?
- Wie lässt sich erklären, welche Orte generell als Reiseziele infrage kommen?

Die empirische Bearbeitung dieser Fragen gründet auf einer theoretischen Auseinandersetzung der Themen Landschaft und Tourismus. Relevante theoretische Ansätze werden identifiziert und im Theorieteil der Arbeit auf die Fragestellung zugeschnitten dargestellt. Die Erklärungskraft der theoretischen Ansätze wird in der empirischen Analyse in Bezug auf die Fragestellung dieser Arbeit überprüft. Die empirische Analyse soll also die theoretischen Ansätze im speziellen Fall bestätigen oder widerlegen oder Hinweise zur Ergänzung und Weiterentwicklung bestehender theoretischer Ansätze liefern. Die Themen Landschaft und Tourismus geben die Struktur des theoretischen Teils der Arbeit in den Kapiteln 2 und

3 vor. Bereits im Theorieteil sollen jedoch die Verknüpfungen zwischen Landschaft und Tourismus deutlich herausgearbeitet werden.

Der erste Teil der Theorie (Kapitel 2) widmet sich der Landschaftstheorie. Die Landschaftstheorie ist in mehrere Themenblöcke unterteilt. Der erste Block umfasst die sozialkonstruktivistische Perspektive und eine Thematisierung der Mechanismen der Konstruktion von Wirklichkeit. Dieser erste Abschnitt hat das Ziel, den Ablauf der Konstruktion von Landschaft zu erklären und umreißt die allgemeinen Grundlagen sozialkonstruktivistischer Landschaftstheorie. Darauf folgend wird Kühnes Modell der vier Dimensionen von Landschaft vorgestellt (Kühne 2013: 61-72). Dieses Modell bildet den analytischen Rahmen der Empirie dieser Untersuchung und ist somit als Kern der Landschaftstheorie zu verstehen. Anschließend werden ausgewählte Aspekte der Landschaftstheorie vorgestellt, die für die Analyse des Tourismus als besonders wichtig identifiziert wurden. Dieser letzte Teil der Landschaftstheorie beginnt mit einer Einordnung der Begriffe ‚Kulturlandschaft' und ‚Naturlandschaft'. Diese Begriffe werden im touristischen Marketing vielfach gebraucht und daher in der Theorie behandelt. Als weiterer Aspekt der Landschaftstheorie wird die Darstellung verschiedener Wirklichkeitsverständnisse herausgegriffen. Als Analysewerkzeug erlauben typisierte Wirklichkeitsverständnisse eine Einordnung von Aussagen über Landschaft und Rückschlüsse auf Intentionen der Autoren touristischer Werbung. Besonders fruchtbar für die Tourismusanalyse verspricht die Beschäftigung mit stereotyper Landschaft zu sein. Die Konstruktion stereotyper Landschaft wird folglich in diesem Teil der Theorie ausführlich behandelt. Eine theoretische Einordnung von Raumpraktiken und eine geschichtliche Betrachtung der für den Tourismus relevanten Aspekte von Landschaft schließen das Kapitel zur Landschaftstheorie ab.

Im zweiten Teil der Theorie (Kapitel 3) werden tourismustheoretische Ausgangspunkte für eine empirische Analyse der Bedeutung von Landschaft in der touristischen Produktion festgelegt. Tourismus kann allgemein als Praxis der Suche interpretiert werden (Amirou 2012: 26). Der Tourist sucht außeralltägliche Erfahrungen, er sucht das Andere (Schäfer 2015: 258) oder sich selbst, er sucht nach Orten, an denen er glücklich sein oder sich frei fühlen kann, z. B. indem er Tätigkeiten ausübt und Fähigkeiten zur Anwendung bringt, die im Alltag nicht genutzt werden (Amirou 2012: 43). Diese Suche ist eine räumliche Suche, denn Tourismus ist definiert durch einen Ortswechsel von Personen, heraus aus ihrer gewohnten alltäglichen Umgebung (UNWTO 2008: 1). Diese räumliche Komponente des Tourismus ist zentrales Thema der vorliegenden Untersuchung. Wird der Tourismus als räumliche Suche verstanden, dann muss in der touristischen Praxis eine Verknüpfung von Vorstellungen und Wünschen, also den Triebkräften der Suche, mit Orten stattfinden, andernfalls wäre eine räumliche Suche sinnlos. Diese mit Wünschen und Vorstellungen aufgeladenen Orte werden in der

Folge zu Reisezielen. Den Ablauf dieser Verknüpfungen will diese Arbeit aus den Werbetexten von Reiseveranstaltern erschließen.

Die Tourismustheorie dieser Arbeit beginnt mit der Frage, warum Menschen reisen wollen. Zunächst werden Motive für Tourismus gesammelt, danach Interpretationen der Funktion des Tourismus einander gegenübergestellt. Der Tourismus wird für diese Untersuchung definiert und der Tourist wird als Sozialtypus charakterisiert. Auf dieser Grundlage können die gesellschaftlichen Bezüge des Tourismus untersucht werden, insbesondere Verbindungen des Tourismus zu religiösen Motiven, die in der Literatur häufig thematisiert werden. Tourismus wird z. B. von Amirou (2012: 48-49) als Passageritus und von Wöhler (2011: 13) als Paradiessuche interpretiert. Außerdem betreibe der Tourismus, ähnlich der Religion, eine Sakralisierung von Orten (MacCannell 2013 [1976]: 43-44). Diese Interpretationen werden behandelt, da ihr Bezug zur Landschaft des Tourismus empirisch überprüft werden soll. Bei der Beschreibung von Tourismus als Paradiessuche scheint ein landschaftlicher Bezug deutlich durch: Das Reiseziel muss demnach das Paradies repräsentieren. Es stellt sich die Frage, welche Landschaften auf welcher Grundlage als Paradies angesehen werden oder als Paradies beworben werden können? Das Motiv des Passageritus wird ausführlich behandelt, da seine Bedeutung für den Tourismus genauer untersucht werden soll. Es wird die Frage gestellt, inwiefern Landschaft mit einem touristischen Passageritus in Verbindung steht.

Bei der allgemeinen Beschäftigung mit Motiven, Funktionen und Verbindungen des Tourismus zu anderen gesellschaftlichen Phänomenen bleibt die Frage nach der Bedeutung der Landschaft im jeweiligen Kontext stets im Hinterkopf. In Kapitel 3.5 wird explizit nach der Geographie des Tourismus gefragt. In diesem Zusammenhang stellt die Untersuchung folgende Fragen: Wie werden bestimmte Orte zum Ziel der touristischen Suche? Wie werden diese Orte präsentiert und dargestellt, damit sie als lohnenswerte Ziele von Touristen erkannt werden? Das Liebliche und das Erhabene werden als häufig verwendete ästhetische Kategorien eingeführt (Kühne 2013: 139-142) und die Verbindung dieser Kategorien zur touristischen Suche wird herausgearbeitet. Um die touristische Aneignung von Landschaft analysieren zu können, wird das Konzept des *tourist gaze* von John Urry (Urry 2002) an die Landschaftstheorie von Kühne angeschlossen. Ziele und Funktionsweisen des Tourismusmarketings werden besprochen und es wird der Versuch einer Annäherung an die Frage unternommen, wie die Auswahl von konkreten Reisezielen theoretisch zu erklären ist. Abgeschlossen wird die Tourismustheorie mit einer schlaglichtartigen Schilderung der Geschichte des Reisens, in der besonderes Augenmerk auf der Frage liegt, welche Bedeutung Landschaft in der Reisepraxis verschiedener Epochen zukam.

In Kapitel 4 wird die methodische Vorgehensweise der empirischen Untersuchung erarbeitet, deren Ergebnisse in den darauffolgenden Kapiteln 5, 6 und 7 dargestellt werden. Gegenstand der empirischen Untersuchung sind Wander-, Fahrrad- und Studienreisen vier deutscher Reiseveranstalter. Es handelt sich dabei um Gruppenreisen mit Reiseleitung. Die Reiseleitung auf diesen Reisen ist stets deutschsprachig, die Kunden stammen mit seltenen Ausnahmen durchweg aus dem deutschsprachigen Raum. Diese Untersuchung thematisiert also einen Ausschnitt des Tourismusmarktes. Rechtlich handelt es sich dabei um Pauschalreisen. Das bedeutet, der Kunde schließt nur *einen* Vertrag zum Kauf der Reise ab und hat folglich im Reiseveranstalter einen einzigen Vertragspartner für alle auf der Reise zu erbringenden Dienstleistungen.

Basierend auf der Landschaftstheorie von Olaf Kühne soll der touristische Produktionsprozess von der Auswahl der Reiseziele durch Reiseveranstalter über die Werbung bis zur Durchführung von Gruppenreisen analysiert werden. Die empirische Vorgehensweise orientiert sich an Kühnes Modell der vier Dimensionen von Landschaft. Die Analyse erfolgt im Hinblick auf die Frage, wie Landschaft in den einzelnen Phasen der touristischen Produktion vorkommt und welche Bedeutung Landschaft in den jeweiligen Phasen hat (zur Methodik siehe Kapitel 4). Die Empirie beginnt mit der Analyse der für den Tourismus relevanten gesellschaftslandschaftlichen Vorstellungen. In einem ersten Schritt soll mit Fallbeispielen verdeutlicht werden, dass landschaftliche Vorstellungen der untersuchten touristischen Praxis vorausgehen (Kapitel 5). So soll der kulturelle Kontext des modernen Tourismus skizziert werden. Unterschiedliche Zugänge zu Landschaft aus Literatur und Malerei werden in Fallbeispielen dargestellt. Dabei handelt es sich um Repräsentationen verbreiteter Muster, die Eingang in die touristische Praxis gefunden haben und die innerhalb der Welt des Tourismus immer wieder zitiert werden. Dies betrifft Aneignungsmuster von Landschaft, wie etwa Bildkompositionen oder typisch gewordene Verhaltensweisen oder Erwartungen angesichts einer Landschaft. Dabei wird deutlich, dass Schriftsteller und Maler unterschiedliche Zugänge zu Landschaft geschaffen haben, die für den Tourismus von Bedeutung sind. Aufbauend auf diesem ersten Analyseschritt werden die Landschaftskonstruktionen des Tourismusmarketings thematisiert. Reisebeschreibungen von vier Reiseveranstaltern werden vor dem sozialkonstruktivistischen Hintergrund der Untersuchung mit einer diskurstheorie-orientierten Methodik untersucht (Kapitel 6). Dafür werden Werbetexte und -bilder hinsichtlich der in ihnen aktualisierten Landschaftsmotive analysiert. Hier soll mit einem quantitativen Ansatz zunächst die Frequenz des Landschaftsbegriffs in den analysierten Reisebeschreibungen ermittelt werden, bevor die Muster der Landschaftskonstruktion mit qualitativer Methodik genauer untersucht werden. Die Bedeutung von Landschaft für die Werbung der Reiseveranstalter und die Beschaffenheit von

Landschaftskonstruktionen sollen in diesem Arbeitsschritt herausgearbeitet und mit der Dimension der gesellschaftlichen Landschaft in Beziehung gesetzt werden. Die Diskursanalyse soll auch Hinweise liefern, welche Bedeutung Landschaft bei der Auswahl von Destinationen durch Reiseveranstalter zukommt. Es wird also gefragt, wie sich die Bedeutung von Landschaft für die touristische Produktentwicklung darstellt und welcher Art die Bedeutung von Landschaft für die touristische Werbung ist. Um die Ergebnisse der Diskursanalyse abzusichern, werden Interviews mit Verantwortlichen von zwei der vier untersuchten Reiseveranstalter geführt.

Die Erbringung der touristischen Dienstleistungen erfolgt auf Reisen. In einem letzten Schritt der empirischen Untersuchung (Kapitel 7) wird die Bedeutung von Landschaft auf Reisen untersucht. Auf Reisen findet eine Aktualisierung landschaftlicher Vorstellungen statt. Das vornehmliche Ziel der Reise ist das Erleben des Reiseziels und damit auch die Aneignung von Landschaft. Die Aneignung von Landschaft durch Touristen auf geführten Reisen konnte für diese Arbeit in teilnehmender Beobachtung analysiert werden, da der Autor als Reiseleiter für zwei der vier untersuchten Veranstalter arbeitete. Die Methode der teilnehmenden Beobachtung wird mit ero-epischen Interviews verbunden und durch Interviews mit weiteren Reiseleitern ergänzt. Bei der Analyse dieser Dimension des touristischen Umgangs mit Landschaft werden Konsum und Produktion von Landschaft unterschieden. Die Beobachtung und die Interaktion mit den Reisegästen zielen darauf, den Konsum von Landschaft zu verstehen und beschreiben zu können. Die folgenden Fragen sollen beantwortet werden: Wie eignen sich Reisende Landschaft an? Welche Bedeutung hat Landschaft für die Reisenden und mit welchen anderen Dingen ist Landschaft symbolisch verknüpft? Nach welchen Mustern werden Reiseerlebnisse gedeutet und welche Rolle spielt die bereiste Landschaft dabei? Reiseleiter-Interviews zielen auf die Produktion von Landschaft auf Reisen. Wie vermitteln Reiseleiter Landschaft und in welcher Verbindung steht ihre Vorgehensweise zur Landschaft der Tourismuswerbung? In einer abschließenden Betrachtung (Kapitel 8) sollen die Ergebnisse der verschiedenen Untersuchungsschritte zusammengeführt und in Beziehung zueinander gesetzt werden. Die Ergebnisse sollen es ermöglichen, Antworten auf Fragen der geographischen Tourismusforschung zu formulieren. In welcher Verbindung stehen Landschaft und Tourismus? Welche Raumvorstellungen produziert die Tourismuswirtschaft? Welche Bedeutung hat Landschaft bei der Auswahl von Destinationen durch Reiseveranstalter? Wie lässt sich der Umgang von Reisenden mit ihrem Reiseziel konzeptionell fassen? Auf Grundlage des sozialkonstruktivistischen Konzepts von Landschaft hat diese Arbeit das Ziel diese Fragen empirisch zu bearbeiten, Antworten zu formulieren und diese zur Diskussion zu stellen.

2 Landschaftstheorie

Nachdem im ersten Kapitel einleitend die Forschungsfragen formuliert wurden, haben die folgenden beiden Kapitel das Ziel, die theoretischen Bezugspunkte dieser Arbeit darzustellen. Theoretische Grundlage und analytischer Rahmen dieser Untersuchung ist die sozialkonstruktivistische Landschaftstheorie von Olaf Kühne (Kühne 2013). Die sozialkonstruktivistische Landschaftstheorie bietet das Analyseschema, mit dessen Hilfe in dieser Arbeit die Vermittlung von Landschaft im Tourismus analysiert wird. Dieses Kapitel hat also die Funktion, Begrifflichkeiten zu klären und das theoretische Fundament der Untersuchung aufzubauen. Dabei werden sowohl grundlegende Aspekte der Landschaftstheorie erklärt, die zum Verständnis dieses theoretischen Ansatzes notwendig sind, als auch spezielle Aspekte aus der Landschaftstheorie herausgegriffen und vorgestellt, die im weiteren Verlauf der Arbeit für die empirische Untersuchung von Relevanz sind.

2.1 Sozialkonstruktivistische Perspektive auf Landschaft

Die sozialkonstruktivistische Landschaftsforschung nimmt an, dass Landschaft als soziales Konstrukt in sozialen und kulturellen Prozessen entsteht (Kühne 2013: 31). Landschaft ist abhängig von Bedeutungszuschreibungen, die von Menschen im sozialen Miteinander ausgehandelt werden. Aus sozialkonstruktivistischer Perspektive ist Landschaft nicht als materiell nachweisbarer Teil der Erdoberfläche zu verstehen, sondern als Art und Weise, einen Teil der Erdoberfläche zu betrachten (Cosgrove/Daniels 1988: 1; Greider/Garkovich 1994: 1). Als soziales Phänomen ist Landschaft demzufolge nicht mit naturwissenschaftlichen Methoden greifbar, sondern einzig sozialwissenschaftlichen Forschungsansätzen zugänglich (Trepl 2012: 28). „Die Landschaft ist ein Konstrukt. Und mit diesem schrecklichen Wort soll nichts Anderes gesagt sein, als dass die Landschaft nicht in den Erscheinungen der Umwelt zu suchen ist, sondern in den Köpfen der Betrachter" (Burckhardt 2011: 33). Nach sozialkonstruktivistischer Lesart ist die Konstruktion von Landschaft Teil der allgemeinen Konstruktion von Wirklichkeit. Landschaft ist ferner ein Spezialfall von Raum, denn der Erfahrung von Landschaft geht immer die Erfahrung von Raum voraus. Um als Landschaft konstruiert zu werden, muss eine Konstellation von Objekten zunächst als Raum gedacht werden (Kühne 2013: 30). Die vorliegende Arbeit thematisiert die Konstruktion von Landschaft und nicht allgemeiner die Konstruktion von Raum, denn speziell der Begriff Landschaft findet im Tourismusmarketing äußerst häufig Verwendung. Dabei verweist das Tourismusmarketing implizit und auch teilweise explizit auf historische Vorstellungen und Konzepte von Landschaft (Kühne/Weber/Weber 2013: 18).

Da Landschaft als Konstrukt verstanden wird, stellt die sozialkonstruktivistische Landschaftsforschung keine ontologischen Fragen nach dem Wesen von Landschaft oder was Landschaft sei (Kühne 2013: 34; vgl. auch Müller 2011: 937). Kühne umreißt das Spektrum an Fragen der sozialkonstruktivistischen Landschaftsforschung in Anlehnung an Lacoste (1990), Potter (1996) und Leibenath/Gailing (2012) folgendermaßen: Sozialkonstruktivistische Landschaftsforschung fragt,

> „auf welche Art und aufgrund welcher Bedürfnisse Menschen Zuschreibungen konstruieren (z. B. ‚In welcher Form wird seit wann und wie aus Raum Landschaft konstruiert?'), was von Zuschreibungen ausgeschlossen wird (z. B. ‚Was und warum wird dieses und jenes nicht als Landschaft konstruiert?), wie Zuschreibungen kommuniziert werden (z. B. ‚Wann wird Landschaft wie und wo thematisiert?'), welche Ungleichverteilungen von Wissen und Definitionshoheiten dabei erzeugt werden (z. B. ‚Wer entscheidet, was, wie und wo als erhaltenswerte Landschaft definiert wird?')" (Kühne 2013: 34, 35).

Als soziales Konstrukt hat Landschaft eine Geschichte und unterliegt Veränderungen. „Die Tatsache, dass wir die räumlichen Bedingungen unserer Existenz mit dem Begriff Landschaft bezeichnen und als solche wahrnehmen ist keine anthropologische Konstante, sondern zu einer bestimmten Zeit in Europa entstanden" (Winiwarter 2002: 67).

Die Konstruktion von Landschaft soll an dieser Stelle bereits grob umrissen werden und wird in den folgenden Kapiteln genauer erläutert. Aus sozialkonstruktivistischer Perspektive ist Landschaft das Ergebnis einer Abstraktionsleistung, die in unserem Denken allgemein der Reduzierung von Komplexität dient. Darüber hinaus ist Landschaft auch eine emotionale Projektion und kann als Begriff eine Geographie von Gefühlen, Bedeutungen und Wünschen vermitteln. Der Betrachter, der eine Landschaft sieht, konstruiert unbewusst ein Bild aus den vorhandenen materiellen Objekten, die er betrachtet. Dabei werden einige Objekte in das entstehende Landschaftsbild integriert, während andere nicht integriert werden (Burckhardt 2011: 257). Dieser Prozess geschieht individuell, jedoch unter Rückgriff auf sozial erlernte Vorstellungen von Landschaft (Kühne 2013: 69). Der Begriff Landschaft ermöglicht es, „aus heterogenen Umgebungen eine Einheitlichkeit herauszufiltern, [...] die nun das Gesehene kommunizierbar macht"

(Burckhardt 2011: 262). Das Sehen der Landschaft sei eine Kunst, so Ralph Waldo Emerson[1]: „Miller owns this field, Locke that, and Manning the woodland beyond, but none of them owns the landscape. There is a property in the horizon which no man has but he whose eye can integrate all the parts, that is, the poet" (Emerson 1836: 11). Georg Simmel schrieb: „Wo wir wirklich Landschaft und nicht mehr die Summe einzelner Naturgegenstände sehen, haben wir ein Kunstwerk in statu nascendi" (Simmel 1990 [1913]: 74).

Landschaft ist als Konzept prinzipiell offen für Innovationen. Ob innovative Landschaften Verbreitung finden, ist diskursiv bedingt, denn was wann und von wem als Landschaft bezeichnet werden kann, ist Gegenstand gesellschaftlicher Aushandlungsprozesse (Kühne 2013: 34, 35). Landschaftliche Präferenzen sind wandelbar und damit ist auch das wandelbar, was als Landschaft bezeichnet werden kann. An dieser Stelle setzt sozialkonstruktivistische Landschaftsforschung an und fragt, wie die Übereinkunft über das, was als Landschaft gilt, zustande kommt. Landschaft als sozial konstruiert zu bezeichnen, bedeutet dabei nicht, die materielle Existenz von Objekten zu bestreiten: „Die sozialkonstruktivistische Perspektive negiert weder die Existenz physischer Gegenstände noch ihre Bedeutung für die Gesellschaft. Sie befasst sich vielmehr mit der Entstehung dieser Bedeutungen und der Art, wie der Mensch diese Bedeutungen kommuniziert" (Kühne 2013: 11). Die Analyse der Muster, welche die Zuschreibung von Bedeutungen ordnen, ist das Ziel sozialkonstruktivistischer Landschaftsforschung. Bedeutungen sind gemäß sozialkonstruktivistischer Weltsicht von Menschen entworfen und können daher prinzipiell auch von Menschen wieder verändert werden (Berger/Luckmann, 1991: 106). Damit betont die sozialkonstruktivistische Perspektive besonders die Möglichkeit der Veränderung sozialer Wirklichkeit und sozialer Praktiken (Kühne 2013: 18; vgl. auch Glasze/Mattissek 2009: 13). Eine wichtige Folge der sozialkonstruktivistischen Perspektive ist, dass der Raum keine Funktion als wahre Referenzebene für normative Aussagen haben kann (Kühne 2013: 132). Ob etwas Landschaft ist oder nicht, ob etwas schön oder erhaltenswert ist oder nicht, lässt sich demnach nicht anhand von Charakteristika des Raumes beweisen.

---

1   Das Verständnis von Landschaft ist kulturgebunden und somit haben auch die Landschaftsbegriffe in verschiedenen Sprachräumen unterschiedliche Bedeutungen (Drexler 2011: 18). ‚Landscape' lässt sich zwar mit Landschaft übersetzen. Die Konstruktion von Landschaft war aber in den Vereinigten Staaten stärker orientiert am Kontrast zwischen Wildnis und Landschaft als zwischen Stadt und Landschaft. Im Zuge der romantisierenden Ästhetisierung von Landschaft spielte dann Wildnis eine größere Rolle als im deutschen Sprachraum (Kühne 2013: 216).

2.2 Mechanismen der Konstruktion von Wirklichkeit

2.2.1 Typisierungen und Relevanzen

Landschaft ist Teil einer sozial konstruierten Wirklichkeit. Im Folgenden werden allgemeine Mechanismen der Konstruktion von Wirklichkeit behandelt, da sie auch für die Konstruktion von Landschaft gelten. Bei der Konstruktion von Wirklichkeit handelt es sich um einen Prozess, der im Allgemeinen unbewusst abläuft. Wirklichkeit wird hier verstanden als alltägliche Lebenswelt im Sinne von Alfred Schütz: „Unter alltäglicher Lebenswelt soll jener Wirklichkeitsbereich verstanden werden, den der wache und normale Erwachsene in der Einstellung des gesunden Menschenverstandes als schlicht gegeben vorfindet" (Schütz/Luckmann 2003: 29). Die Konstruktion von Wirklichkeit basiert auf Wahrnehmung. Wahrnehmung bedeutet, Sinneseindrücke zu einem Gesamtbild zusammenzufügen (Kühne 2013:19; vgl. Preglau 1997: 68-69). Wahrnehmung ist kein isolierter Prozess, sondern beinhaltet eine Auslegung der wahrgenommenen Welt auf Grundlage von vorangegangenen Wahrnehmungen. Zuvor erlebte Wahrnehmungen werden dabei mit aktuellen Wahrnehmungen in Beziehung gesetzt (Kühne 2013:19). Den Bezug von Wahrnehmung zu früheren Erfahrungen beschreiben Schütz und Luckmann folgendermaßen:

> „Jeder Schritt meiner Auslegung der Welt beruht jeweils auf einem Vorrat früherer Erfahrung: sowohl meiner eigenen unmittelbaren Erfahrungen, als auch solcher Erfahrungen, die mir von meinen Mitmenschen, vor allem meinen Eltern, Lehrern usw. übermittelt wurden. All diese mitgeteilten und unmittelbaren Erfahrungen schließen sich zu einer gewissen Einheit in der Form eines Wissensvorrats zusammen, der mir als Bezugsschema für den jeweiligen Schritt meiner Weltauslegung dient. Alle meine Erfahrungen in der Lebenswelt sind auf dieses Schema bezogen, so daß mir die Gegenstände und Ereignisse in der Lebenswelt von vornherein in ihrer Typenhaftigkeit entgegentreten, allgemein als Berge und Steine, Bäume und Tiere, spezifischer als Grat, als Eiche, als Vögel, Fische usw." (Schütz/Luckmann 2003: 33).

Die Begriffe Typ und Typisierung sind zentral für die Konstruktion von Wirklichkeit. Typisierungen sind Teil unseres Wissensvorrats. Es handelt sich dabei um „Wissenselemente, die sich nicht auf spezifische Gegenstände und Personen beziehen, sondern auf typische Aspekte und Attribute von Gegenständen, Personen und Vorgängen" (Schütz/Luckmann 2003: 204). „Der Typ ist eine in vorangegangenen Erfahrungen sedimentierte, einheitliche Bestimmungsrelation" (Schütz/Luckmann 2003: 314). Typisierungen schaffen Vertrautheit, denn sie ermöglichen es, neue Erfahrungen zu beurteilen: „Wenn mir Gegenstände, Personen und Vorgänge begegnen, die mir in vergangenen Erfahrungen nicht aktuell gegeben waren, die ich also nicht wiedererkennen kann, ist die gegenwärtige Erfahrung von ihnen zwar ‚neu', aber nicht notwendigerweise ‚neuartig'" (Schütz/Luckmann 2003: 204). Schütz und Luckmann (2003: 206) verdeutlichen dies am Beispiel eines Hundes: Einen Hund erkennt man auf der Straße anhand seiner typischen Eigenschaften (Vierbeiner, bewegt sich wie ein Hund, bellt), damit ist eine erste Einordnung des Tieres erreicht, obwohl dieser spezielle Hund vielleicht bisher unbekannt war. Eine solche Typisierung eines Tieres als Hund schafft Vertrautheit und ermöglicht Handlungen und einen Umgang mit der Situation. „Vertrautheit ist dadurch gekennzeichnet, dass neue Erfahrungen mit Hilfe eines in Vorerfahrungen konstituierten Typs bestimmt werden können und sich diese Bestimmung in der Bewältigung der Situation bewährt" (Schütz/Luckmann 2003: 207).

Die Interpretation von Wahrnehmungen verläuft stets in einem Typisierungsprozess. Anhand „eines sozial vermittelten Vorrats an Handlungsmaximen, Werten, Rollen, Regeln und Normen wird die Normalität oder Anomalität von Situationen, Handlungsweisen, Aussehen, aber auch räumlichen Konstellationen" bestimmt (Kühne 2013: 19). Typisierungen werden im Sozialisationsprozess eines Menschen ein Leben lang erlernt und angewendet, sie laufen routiniert ab, ohne dass die Entstehung von Routinen der handelnden Person bewusst ist (Kühne 2013: 19 nach Berger/Luckmann 1991, Garfinkel 1967, Zahavi 2007). „Sehen wir beispielsweise Blätter an Ästen, die wiederum mit einem Stamm verbunden sind, der in die Erde mündet, erkennen wir – ohne weiteres Nachdenken – das, was im deutschen Sprachraum ‚Baum' genannt wird" (Kühne 2013: 19; vgl. auch Kühne 2008a). Der Wahrnehmung eines Baumes liegt eine Typisierung zugrunde, die auf der Erfahrung beruht, welche Objekte als Baum angesprochen werden können. Das Ergebnis ist eine Komplexitätsreduktion, ohne die uns jedes neue Objekt, egal ob Hund oder Baum, unbekannt wäre und wir es einzeln kennen lernen müssten (Kühne 2013: 32 hier in Bezug auf Eibl-Eibesfeldt 1997: 901).

Wichtig für die Entwicklung von Typisierungen sind Relevanzsysteme und Relevanzen. Unser eigenes Relevanzsystem entscheidet über die Aufmerksamkeit, mit der wir uns Phänomenen unserer Umwelt zuwenden. Das Relevanzsystem bestimmt auch, was für uns zum Problem wird und damit eine intensive Zuwendung benötigt. Damit bestimmen Relevanzsysteme den Wissenserwerb und sind dabei selbst Teil des Wissensvorrats (Schütz/Luckmann 2003: 252). Schütz und Luckmann verdeutlichen diesen Umstand wie folgt:

> „Wir fragen uns, ob wir ‚die Dinge im richtigen Licht' sehen, ob wir unser ‚Interesse' an einem gegebenen Problem aufrechterhalten sollen, ob uns eine Sache ‚wirklich etwas angeht' usw. Damit befragen wir bewusst unsere eigenen Relevanzsysteme, die wir als selbstverständliche subjektive Gegebenheiten betrachten" (Schütz/Luckmann 2003: 252).

Relevanzen steuern die Weiterentwicklung vorhandener Typisierungen. Wenn eine Wahrnehmung nicht gemäß bekannter Typisierungen zufriedenstellend ausgelegt werden kann, muss eine Bestimmungsrelation genauer bestimmt werden. Relevanzen entscheiden darüber, ob dies passiert oder nicht (Schütz/Luckmann 2003: 315). Damit sind Relevanzen wichtig für die Konstruktion von Landschaft, da sie darüber entscheiden, welche Objekte in welcher Form in die Konstruktion von Landschaft eingebunden werden (Kühne 2013: 35). Im Beispiel von Schütz und Luckmann könnte die Typisierung eines Tieres als Hund in einer gegebenen Situation nicht ausreichend sein, sondern die Frage wird plötzlich relevant, ob der Hund beißt oder nicht. Wurde die Frage in der Realität beantwortet, so geht „die neue Bestimmung [...] in die Bestimmungsrelation ein; ein Sinnzusammenhang zwischen früher relevanten und jetzt dazukommenden Bestimmungen wird gestiftet: Ein Typ wird konstituiert" (Schütz/Luckmann 2003: 315). „Mit anderen Worten, ein Typ entsteht in einer situationsadäquaten Lösung einer problematischen Situation durch die Neubestimmung einer Erfahrung, die mit Hilfe des schon vorhandenen Wissensvorrats, das heißt also hier mit Hilfe einer alten Bestimmungsrelation, nicht bewältigt werden konnte" (Schütz/Luckmann 2003: 315).

2.2.2 Wissen, Dinge und Objektivierungen

Weitere entscheidende Mechanismen der Konstruktion von Wirklichkeit betreffen unterschiedliche Arten von Wissen sowie sozial entwickelte Objektivierungen von Dingen. Wissen über die physischen Grundlagen von Landschaft wirkt sich auf die individuelle Konstruktion von Landschaft aus. Schütz und Luckmann unterscheiden Bekanntheitswissen und Vertrautheitswissen. „Es gibt vieles, wovon wir etwas wissen, [...] andererseits gibt es aber auch einiges, womit wir wirklich vertraut sind" (Schütz/Luckmann 2003: 196). „Ich weiß selbstverständlich, dass die Bäume, die jetzt im Winter kahl sind, sich im Frühjahr wieder belauben werden, ohne mit den Vorgängen, die dazu führen, vertraut zu sein" (Schütz/Luckmann 2003: 197). Das Wissen über diese Prozesse ist in der Gesellschaft vorhanden, Vertrautheit wird mit Hilfe von Typisierungen aber nur so weit geschaffen, wie es aufgrund des eigenen Relevanzsystems in einer gegebenen Situation für notwendig erachtet wird. Je nachdem, welche Art von Wissen in die Konstruktion einer Landschaft einfließt, wird diese unterschiedlich konstruiert werden. Kühne verdeutlicht dies am Beispiel eines Vulkans: „So kann ein Schildvulkan als Vulkan (ohne dass man wüsste, wie er entstanden und aufgebaut ist) bis hin zu ‚irgendeine Erhöhung im Gelände' verstanden werden" (Kühne 2013: 20).

Von unserem Wissen über Landschaften und über die physischen Objekte, die wir zu Landschaft zusammenschauen, hängt die Bedeutung ab, die wir diesen Objekten zuschreiben. Mit Bedeutungen wiederum lassen sich gemäß Herbert Blumers symbolischem Interaktionismus Handlungen erklären. Der Symbolische Interaktionismus nach Blumer beruht auf folgenden drei Annahmen (Blumer 1969: 2-5):

- Menschen handeln Dingen gegenüber auf Grundlage der Bedeutung, die diese Dinge für sie haben.
- Die Bedeutung von Dingen entsteht in sozialer Interaktion.
- Die Anwendung von Bedeutungsschemata unterliegt einem individuellen Interpretations- und Modifikationsprozess (Blumer 1969: 2-5).

Blumer bezeichnet symbolische Kommunikation als meist dinghaft gebunden, wobei der Begriff Ding weiter gefasst ist als Objekt oder Gegenstand. Ding meint „everything that the human being may note in his world – physical objects, such as trees or chairs; other human beings such as a mother or a store clerk; categories of human beings, such as friends or enemies; institutions as a school or a government; guiding ideals, such as individual independence or honesty; activities of others, such as their commands or requests; and such situations as individual encounters in his daily life" (Blumer 1969: 2). Auch Landschaften entsprechen also Blumers Definition von Dingen. Dinge können zu Symbolen werden, die dann zur Kommunikation genutzt werden, wie zum Beispiel Händeklatschen als Applaus und Würdigung einer Leistung oder das Pflanzen einer Hecke als „objekthaft vermittelte Geste" (Kühne 2013: 20) ein Beet nicht zu betreten.

Die Zuschreibung von Bedeutungen an Dinge wird Externalisierung genannt. Durch Externalisierung werden Objekte, oder allgemein Dinge, zu Zeichen. Bedeutungen werden durch Externalisierung objektiviert, das heißt in Dinge eingeschrieben (Kühne 2013: 22 in Bezug auf Burr 2005). Unsere Alltagswelt ist von Beginn an objektiviert, denn jedes Subjekt kommt in eine Welt, in der Objekte und Dinge schon von anderen Menschen mit Bedeutung belegt wurden (Kühne 2013: 21 nach Berger/Luckmann 1966). Die Sozialisation in diese objektivierte Welt wird Internalisierung genannt und wirkt stabilisierend auf einmal etablierte Bedeutungssysteme (Kühne 2013: 22). Wenn das Wissen über die soziale Herkunft von Objektivierungen dem Bewusstsein verloren geht, dann spricht man von Reifikationen. „Reification is the apprehension of human phenomena as if they were things, that is, in non-human or possibly suprahuman terms. [...] Reification implies that man is capable of forgetting his own authorship of the human world" (Berger/Luckmann 1991 [1966]: 106).

Da Objektivierungen im sozialen Miteinander von Menschen entstanden sind, also sozial konstruiert wurden, sind sie auch prinzipiell durch Menschen veränderbar. Entscheidend sei, so Berger und Luckmann, dass die Menschen sich ihrer Autorschaft der sozialen Welt bewusst seien. Berger/Luckmann (1991: 106) drücken diesen Umstand so aus: „The decisive question is whether he still retains the awareness that, however objectivated, the social world was made by men – and, therefore, can be remade by them" (Berger/Luckmann 1991 [1966]: 106).

2.2.3 Sprache, Diskurs und Text

Sprache stellt Typisierungen und Kategorien bereit, mit denen die oben beschriebene objektivierte soziale Welt kommuniziert, vermittelt und weiterentwickelt wird (Kühne 2013: 23). Sprache vermag es dabei nie, Wirklichkeiten abzubilden; vielmehr ordnet Sprache Wahrnehmungen und produziert damit neue Wirklichkeiten. Sprache wirkt folglich stets performativ (Kühne 2013: 23 nach Werlen/Weingarten 2005: 192). Sowohl die Stabilisierung als auch die Veränderung der sozialen Welt vollziehen sich vermittelt durch Sprache in gesellschaftlichen Diskursen. Jede Gesellschaft verfügt in diesem Prozess über Institutionen, welche die Autorität haben, wahre von falschen Aussagen zu unterscheiden (Kühne nach Foucault 1981: 74). „Was (und nicht zuletzt von wem geäußert) als Wahrheit anerkannt wird, ist also diskursabhängig: Ein und dieselbe Aussage kann in einem Diskurs als wahr anerkannt, in einem anderen als unwahr abgelehnt werden" (Kühne 2013: 23).

Jeder Diskurs produziert ‚Text', hier verstanden als lesbares, hörbares, sichtbares oder in irgendeiner Form wahrnehmbares Resultat einer Handlung (Kühne 2013: 24). Aussagen über Landschaft sind demnach ebenso Text, wie physische Grundlagen von Landschaft Text sein können. „Wird Landschaft als Sprache oder Text verstanden [...] wird die kritische Analyse der Sprache der Landschaft, verbunden mit der Frage, wer welche Rechte hat, sich wie über Landschaft zu äußern, zu einem wesentlichen Inhalt sozialkonstruktivistischer Landschaftsforschung" (Kühne 2013: 24).

Diskurstheoretische Ansätze basieren allgemein auf einem Zugang zur sozialen Welt durch die Analyse von Text. Aus dem Konstruktionscharakter der Wirklichkeit folgt, dass Bedeutungen immer kontingent sind. Auch die Bedeutung von Aussagen, die selbstverständlich für wahr gehalten werden, kann sich ändern, da es nach sozialkonstruktivistischem Verständnis keine göttliche oder natürliche Wahrheit gibt, auf deren Grundlage sich Bedeutungen für alle Zeit als gültig beweisen ließen (Weber 2013: 57). In der Alltagswelt erscheinen dennoch viele Aussagen als selbstverständlich sinnvoll oder sinnlos. In der Diskurstheorie

Ernesto Laclaus und Chantal Mouffes bedeutet der Begriff ‚Diskurs' eine temporäre Fixierung von Bedeutung (Laclau und Mouffe 1985: 112). „Entsprechend der
Verneinung einer eindeutigen sozialen Wirklichkeit kann es mehrere Diskurse
geben, die nebeneinander existieren und sich auch ausschließen können"
(Kühne/Weber/Weber 2013: 40). Unterschiedliche Positionen, die in einem Diskurs geäußert werden, heißen in der Diskurstheorie Laclaus und Mouffes ‚Momente'. Zeichen, deren Bedeutung innerhalb des betrachteten Diskurses noch
nicht fixiert wurde, werden ‚Elemente' genannt. Ein Diskurs überführt Elemente
in Momente, in dem die Bedeutung von Text fixiert wird (Glasze/Mattissek 2009:
159; vgl. auch Kühne/Weber/Weber 2013: 40 hier in Bezug auf Phillips/Jørgen-
sen 2002: 26-27 und Glasze 2013, Weber 2015: 102). Werden Momente aneinan-
dergereiht, so entsteht ein Diskurs mit fixierter Bedeutung. Wird ein Diskurs-
strang dominant, so marginalisiert er gleichzeitig mögliche alternative Bedeutungen. Ein dominanter Diskurs wird hegemonial genannt, wenn durch ihn erzeugte
Bedeutungen als selbstverständlich und wahr gelten und nicht mehr hinterfragt
werden. Wenn Ereignisse einen bestehenden Diskurs intervenieren und nicht in
diesen integriert werden können, dann spricht man von Dislokationen (Lei-
benath/Otto 2012: 122, Weber 2013: 57 hier in Bezug auf Laclau 1990: 39).
Dislokationen können zum Beispiel dazu führen, dass bisher marginalisierte Diskurse hegemonial werden (Näheres zur diskurstheorie-orientierten Vorgehensweise in dieser Arbeit in Kapitel 4.5).

2.3 Die soziale Konstruktion von Landschaft

In Kapitel 2.1 wurde der Prozess der sozialen Konstruktion von Landschaft bereits grob umrissen. An dieser Stelle wird der Ablauf der sozialen Konstruktion
von Landschaft auf Grundlage der Mechanismen der Konstruktion von Wirklichkeit vertiefend dargestellt. Landschaft ist nach sozialkonstruktivistischem Verständnis „ein sozial und kulturell erzeugtes und vermitteltes Konstrukt" (Kühne
2013: 31). Ein soziales Konstrukt entsteht nicht als Resultat einer intentionalen
Handlung, sondern soll als Ergebnis eines vorbewussten Vorgangs verstanden
werden (Kühne 2013: 19 nach Kloock/Spahr 2007: 56). Als vorbewusst werden
Prozesse bezeichnet, die häufig unbewusst ablaufen, aber generell bewusstseins-
fähig sind, im Gegensatz zu wirklich unbewussten Prozessen (Freud 2010: 120).
　　Zentral für die Konstruktion von Landschaft ist der Prozess der Gestaltbildung. Dabei erfolgt als Teil der Wahrnehmung eines Raumes ein Prozess der
Strukturierung. Objekte werden dabei zu Kategorien zusammengefasst und von
anderen Objekten geschieden. Grundlage für eine solche kategorisierende Einteilung bildet das bereits Erlernte, also Normierungen und Typisierungen, die ein

Mensch in seiner Kultur ein Leben lang lernt (Kühne 2013: 31). Die Denkweise folgt dabei einem Muster, das als essentialisierend bezeichnet werden kann. Der Betrachter ordnet das Gesehene einer zuvor erlernten Typisierung zu und integriert dabei Objekte, welche ihm als zur angewendeten Typisierung passend – also als typisch – gelten, in seine Wahrnehmung von Landschaft. Gleichzeitig wird Untypisches ausgeblendet, oder als störend empfunden, oder verhindert überhaupt die Konstruktion einer Landschaft (Burckhardt 2011: 258; vgl. Hokema 2013). Beispielsweise könnten Strommasten an einem Ort als störend empfunden werden, der ansonsten als unberührte Landschaft konstruiert wird. Zusätzliche Straßen oder ein Kraftwerk würden die Konstruktion desselben Ortes als unberührte Landschaft von Beginn an verhindern. Lucius Burckhardt verdeutlicht dies folgendermaßen: „[…] darüber sind wir uns doch einig, die Kuhfladen von Vrin [Schweiz] gehören zur Landschaft, die weggeworfenen Konservenbüchsen der Touristen aber nicht" (Burckhardt 2011: 33). Mit explizitem Bezug auf das Thema Landschaft nennt Georg Simmel diesen Prozess der Wahrnehmung „den teilenden und das Geteilte zu Sondereinheiten bildenden Blick des Menschen" (Simmel 1990 [1913]: 69). Ein mögliches Ergebnis einer solchen Gestaltbildung ist z. B. die Wahrnehmung einiger Bäume als Wald aber auch die Wahrnehmung eines Waldes und einer Wiese als Landschaft. Gestaltbildung vollzieht sich unbewusst, weswegen Landschaft in der Folge als reales, vom Beobachter unabhängiges Objekt erscheint und nicht etwa als sozial konstruiert (Kühne 2013: 31). Gestaltbildung lässt sich auch mittels der Begriffe Ontologisierung und Reifikation beschreiben. Ontologisierung bedeutet, Landschaft als ein vom Beobachter unabhängig Seiendes zu begreifen (Kühne 2013: 32 im Anschluss an Gailing 2012: 149 und Schlottman 2005). Die sozialkonstruktivistische Perspektive zielt auf eine De-Ontologisierung von Landschaft. Reifizierung bedeutet, wie in Bezug auf Berger/Luckmann (1991 [1966]: 106) weiter oben dargelegt, Begriffe oder sonstige, durch Menschen erzeugte Kategorien als reale Sachen wahrzunehmen.

Landschaft kann als Abstraktionsleistung und gleichzeitig auch als emotionale Projektion verstanden werden. Landschaft ist Abstraktion, weil viele einzelne Objekte zum Gesamtbild Landschaft abstrahiert werden, wobei es der Wahrnehmung des konstruierenden Subjekts zukommt, Objekte zu integrieren und andere auszuschließen. Als Produkt der Gestaltbildung ermöglicht Landschaft die Ansprache der vielen einzelnen Objekte aus denen sie besteht als ein Ganzes. Landschaft, durch Gestaltbildung als Gegenstand wahrgenommen, kann leicht kommuniziert, normativ belegt und dadurch als soziales Konstrukt verfestigt werden. Die Abstraktion von Objekten zu Landschaft lässt sich somit als Komplexitätsreduktion interpretieren (Kühne 2013: 32). Burckhardt nennt Landschaft einen „Trick unserer Wahrnehmung, der es ermöglicht, heterogene Dinge zu einem Bild zusammenzufassen und andere auszuschließen" (Burckhardt 2011:

82). Landschaft ist jedoch nicht nur Abstraktionsleistung, sondern besonders im Tourismus auch eine emotionale Projektion (Enzensberger 2006 [1958]: 188). Gesellschaftliche Gefühlskonventionen bieten eine Vorlage für die individuelle emotionale Bezugnahme auf Landschaft (Kühne 2013: 64; zu Gefühlskonventionen siehe Kapitel 2.4.1).

Die Deutung einer Wahrnehmung als Landschaft setzt in jedem Fall die Kenntnis des gesellschaftlichen Zeichensystems voraus. Dieses wirkt als „Anleitung zur Selektion, also zur Ausfilterung von Eindrücken" (Burckhardt 2011: 257). Ohne Kenntnis des gesellschaftlichen Zeichensystems ist Landschaft nicht wahrnehmbar, denn „es gibt keine naive Beziehung zur Landschaft vor aller Gesellschaft. Der Naive kann die Landschaft nicht sehen, denn er hat ihre Sprache nicht gelernt" (Burckhardt 2011: 20).

2.4 Die vier Dimensionen von Landschaft nach Kühne

Im Folgenden wird das Konzept der vier Dimensionen von Landschaft nach Kühne (2013) dargestellt. Dieses Konzept wurde von Olaf Kühne als analytischer Rahmen zur Untersuchung von Landschaft erarbeitet und bildet die konzeptionelle Grundlage dieser Arbeit. Die vier Dimensionen von Landschaft sind:

- die gesellschaftliche Landschaft,
- die individuell aktualisierte gesellschaftliche Landschaft,
- der externe Raum und
- die angeeignete physische Landschaft.

Diese vier Dimensionen von Landschaft ermöglichen eine differenzierte Analyse der Entstehung von Landschaft zwischen Individuum, Gesellschaft und Objekten des physischen Raumes. Auf Grundlage sozial geteilter Deutungs- und Bewertungsmuster realisiert die individuelle Person Landschaftsdeutungen und Bewertungen, „dazu greift sie Objekte aus dem physischen Raum heraus und setzt sie auf Grundlage dieser Muster in Beziehung. Die individuelle Person ist es aber auch, die – wiederum auf Grundlage sozialer Werte und Normen – in die Struktur des physischen Raumes eingreift und damit die physischen Grundlagen für die Konstruktion von Landschaft verändert" (Kühne 2013: 61). Die vier Dimensionen werden im Folgenden einzeln behandelt.

2.4.1 Gesellschaftliche Landschaft

Wissen über Landschaft, Vorstellungen, Deutungen und auch emotionale Bezüge zu Landschaft werden in der Dimension der gesellschaftlichen Landschaft zusammengefasst. Sie ist damit Teil des Wissensbestandes einer Gesellschaft (Kühne 2013: 62). „Die gesellschaftliche Landschaft ist die sozial-konstruktive Dimension von Landschaft" (Kühne 2013: 62). Die Entstehung von gesellschaftlicher Landschaft ist an das Individuum gebunden, so wie jeder Teil eines gesellschaftlichen Wissensbestandes zunächst individuell erworben werden muss und dann über institutionalisierte Wege der Wissensvermittlung in einen gesellschaftlichen Wissensbestand eingehen kann (Kühne 2013: 62).

Die gesellschaftliche Landschaft ist nicht nur als kognitives Wissen über Landschaft zu verstehen, sondern umfasst auch normative und emotionale Besetzungen. Kühne bezeichnet dies im Anschluss an Hasse (2000: 117) als ‚Gefühlskonventionen'. Diese „entscheiden darüber, ob und inwiefern Objekte einer emotionalen Erlebbarkeit ohne den Verlust sozialer Anerkennung zugeführt werden können (oder vielmehr dürfen)" (Kühne 2013: 63). So wird z. B. einem Kind eher zugestanden, Angst vor bestimmten Gebäuden zu haben als einem Erwachsenen und einem Bewohner Berlins wird eher die Bezeichnung von U-Bahnhöfen als Element von Heimat zugestanden als einem Bewohner des Bayerischen Waldes (Kühne 2013: 63).

Die gesellschaftliche Landschaft ist differenziert in viele teilgesellschaftliche Landschaften. Diese sind abhängig von „Milieus, regionalen Deutungsspezifika, kulturellen Hintergründen, Bildungsaspekten, u.a." (Kühne 2013: 64), denn je nach Milieu können Objekte des physischen Raums anders gedeutet werden. Kühne (2013: 205) stellt im Anschluss an Bätzing (2000: 199) eine zunehmende Differenzierung der gesellschaftlichen Landschaft fest. Bätzing erläutert dies am Beispiel der Alpen: „War die Moderne dadurch geprägt, dass alle Klassen und Schichten noch das gleiche Bild der Alpen als schöner Landschaft besaßen, so zerfällt diese Gemeinsamkeit in der Postmoderne […] in tausend einzelne Alpenbilder spezialisierter Nutzer- und Interessentengruppen" (Bätzing 2000: 199).

2.4.2 Individuell aktualisierte gesellschaftliche Landschaft

Die individuell aktualisierte gesellschaftliche Landschaft „bezeichnet die individuellen Konstruktions-, Besetzungs- und Deutungsmuster einer Person – allerdings auf Grundlage gesellschaftlicher Wissensvorräte und ‚Gefühlskonventionen' – in Bezug auf Landschaft" (Kühne 2013: 64). Sie ist somit „Teil des subjektiven Wissensvorrates" (Kühne 2013: 64) einer Person. Wenn eine Person z. B.

ihre Vorstellung von schottischer Landschaft schildert, dann drückt sie damit ihre individuelle Aktualisierung gesellschaftlicher Landschaft aus. Ebenso aktualisiert ein Reiseveranstalter bei der Auswahl von Bildern und Text für einen Werbekatalog gesellschaftliche Landschaft. Zitiert ein Reiseveranstalter bei der Beschreibung einer Destination z. B. die Landschaftsbeschreibung eines Schriftstellers, so stellt dies einen Rückgriff auf gesellschaftliche Wissensvorräte in Bezug auf Landschaft dar. Diese Wissensvorräte werden durch jede Aktualisierung verfestigt und können so zu Stereotypen werden. Nach Kühne (2013: 64) lässt sich die individuell aktualisierte gesellschaftliche Landschaft in fünf Dimensionen gliedern:

> „1. Die symbolische Dimension bezieht sich auf die Zuschreibung symbolischer Gehalte. Diese Zuschreibung erfolgt in Bezug auf einzelne physische Objekte oder kleinere Objektgruppen (z. B. den Petersdom, das Niederwalddenkmal, Stonehenge) bis in Bezug auf ganze angeeignete physische Landschaften (die Toskana, die Schwäbische Alb, die Hochkarpaten).
>
> 2. Die ästhetische Dimension bezieht sich auf die individuelle Zuschreibung insbesondere nach dem Schema schön/hässlich, bisweilen auch in Bezug auf die Wertungen von Pittoreskheit und Erhabenheit gemäß sozialisierten Deutungsmustern.
>
> 3. Die kognitive Dimension enthält mehr oder minder differenzierte individuelle Kenntnisse über einen als Landschaft konstruierten Raum. Auch diese Kenntnisse sind sozial vermittelt (z. B. durch Unterricht und Bücher) oder auf Grundlage sozial erlernter Methoden (z. B. der Bodenanalyse) gewonnen.
>
> 4. Die emotionale Dimension lässt angeeignete physische Landschaft als Projektionsfläche von Gefühlen (wie Heimatgefühl oder Fernweh) wirken. Der emotionale Zugriff auf Landschaft basiert auf gesellschaftlich vermittelten ‚Gefühlskonventionen‘ und wird insbesondere an Raumsymbole geknüpft.
>
> 5. Die normative Dimension erhält angeeignete physische Landschaft durch eine individuell differenzierende Betrachtung zwischen dem wahrgenommenen gesellschaftlich präformierten Ist- und einem Soll-Zustand, der wiederum von gesellschaftlichen Interpretations- und Deutungsmustern geprägt ist" (Kühne 2013: 65).

2.4.3 Der externe Raum

Die Konstruktion des externen oder physischen Raumes geht der Konstruktion von Landschaft voraus, denn Landschaftserfahrung ist immer auch räumliche Erfahrung. „Raum wird durch die bewusstseinsinterne und sozial präformierte Zusammenschau physischer oder virtueller Objekte gebildet und ist – in nominalistischer Denktradition – als extern konstruierter Raum zu verstehen. Der externe

Raum ist dabei als Konstrukt eines solchen zu verstehen" (Kühne 2013: 66-67). Als Ausgangssubstrat für die Konstruktion des externen Raums versteht Kühne (2013: 67) die räumlich-relationale Anordnung physischer Objekte. Jede räumlich-relationale Anordnung von Objekten wird im Allgemeinen als Raum konstruiert. Dieser Prozess ist eine notwendige Bedingung für die Konstruktion eines Raumes als Landschaft (Kühne 2013: 67). Der externe Raum wird durch den Menschen strukturiert und strukturiert auch seinerseits die Gesellschaft, da jede Einschreibung in den Raum Folgen für dessen Nutzung nach sich zieht.

2.4.4 Angeeignete physische Landschaft

Die angeeignete physische Landschaft bezeichnet jene Objekte des externen Raumes, „die für die Konstruktion von Landschaft herangezogen werden" (Kühne 2013: 69). Dies betrifft in der Regel nicht alle in einem physischen Raum vorhandenen Objekte, sondern eine Auswahl. Ein externer Raum kann daher viele unterschiedliche angeeignete physische Landschaften beinhalten. Die Aneignung bezeichnet die Zuschreibung von Bedeutung an diese Objekte durch ihre Integration zu Landschaft. Die Aneignung erfolgt individuell, aber auf Grundlage vorhandener Deutungsmuster und Gefühlskonventionen der teilgesellschaftlichen Landschaft (Kühne 2013: 69). Die angeeignete physische Landschaft wird im „alltagweltlichen und häufig auch wissenschaftlichen Sprachgebrauch schlicht ‚Landschaft' genannt" (Kühne 2013: 70). Welche Objekte in die Konstruktion von Landschaft einbezogen werden, hängt von der individuell aktualisierten gesellschaftlichen Landschaft ab. Bei der Deutung von Objekten spielen Symbolbeziehungen eine wichtige Rolle, dies lässt sich mit einem Beispiel MacCannells verdeutlichen: „Touristen sehen nicht San Francisco. Sie sehen Fishermans Wharf, [...] die Golden Gate Bridge [...] als Elemente in einem Set, das San Francisco genannt wird" (MacCannell 2013[1976]: 111; Übers. E. A.). MacCannell bezeichnet die einzelnen Elemente in solchen Fällen als symbolische ‚Marker', die auf Grundlage von Wissen symbolisch gedeutet werden, sodass das Gefühl entsteht, man sehe San Francisco, wenn man Gegenstände sieht, die durch diskursive Verfestigung als Symbole für San Francisco etabliert wurden.

2.5 Ausgewählte Aspekte der sozialkonstruktivistischen Landschaftstheorie

Der folgende Teil der Arbeit stellt einige Aspekte der Landschaftstheorie heraus, die für die Tourismusanalyse von besonderer Relevanz sind. Thematisiert werden zuerst die Begriffe Naturlandschaft und Kulturlandschaft. Die Frage, was diese Begriffe bedeuten, ist verbunden mit der Frage, wo Landschaft, Naturlandschaft und Kulturlandschaft verortet werden können. Unterschiedliche Antworten auf diese Frage verweisen auf unterschiedliche Wirklichkeitsverständnisse. Daher werden im Anschluss an die Behandlung der Begriffe verschiedene Wirklichkeitsverständnisse in Bezug auf Landschaft kontrastiert. Sie dienen als Analysewerkzeug, denn mit Hilfe der Unterscheidung verschiedener Wirklichkeitsverständnisse lassen sich (tourismusbezogene) Aussagen (z. B. der Werbung) über Landschaft jeweils einem Wirklichkeitsverständnis zuordnen. Das Konzept der stereotypen Landschaft ist für die Analyse von Landschaft im Tourismus besonders relevant und bildet einen weiteren Schwerpunkt dieses Abschnitts.

2.5.1 *Naturlandschaft und Kulturlandschaft*

Die Begriffe ‚Kulturlandschaft' und ‚Naturlandschaft' werden im touristischen Marketing vielfach verwendet. Destinationen werden häufig als Landschaft, Naturlandschaft oder Kulturlandschaft bezeichnet. Aus sozialkonstruktivistischer Perspektive lassen sich Kultur- und Naturlandschaften, wie auch Landschaft generell, nicht anhand von Merkmalen des externen Raumes identifizieren. Im Folgenden wird gefragt, wie die Begriffe verstanden werden können und welche Bedeutungen sie transportieren.

Die Unterscheidung zwischen einem engen und einem weiten Verständnis von Landschaft trägt zur Klärung der Frage bei, was unter Naturlandschaft und Kulturlandschaft verstanden werden kann (Apolinarski/Gailing/Röhring 2004: 6, Kühne 2013: 130). Ein enges Landschaftsverständnis knüpft das Vorhandensein von Landschaft an ästhetische Bedingungen, die meist normativ aufgeladen sind. Landschaft ist demnach nicht überall, sondern dort, wo der Raum ästhetische Bedingungen erfüllt (Apolinarski/Gailing/Röhring 2004: 6). Dieses Landschaftsverständnis ist mit einer positiven Bewertung von Landschaft verbunden, das heißt der Landschaftsbegriff ist positiv konnotiert. Den Inhalt des engen Landschaftsverständnisses beschreibt Hokema folgendermaßen: Ein enges Landschaftsverständnis „bezieht sich auf Naturzustände oder Formen der Kultivierung, die häufig nicht mehr dem gesellschaftlichen Stand der Naturaneignung entsprechen" (Hokema 2013: 10). Das Verständnis von Kultur- oder Naturlandschaft ist also eng verbunden mit dem Verständnis von Natur und der Frage welche Objekte zur Konstruktion von Natur herangezogen werden und welche als unnatürlich gelten (vgl. zur sozialen Konstruktion von Natur: Schama 1996, Zierhofer 2003, Groß 2006, Descola 2011, Kühne 2012). „Als Ideallandschaften gelten vielfach [...] vorindustrielle bäuerliche Kulturlandschaften" (Hokema 2013: 10). Dieser enge

Landschaftsbegriff ist häufig verbunden mit einer normativen Besetzung von Landschaft. Vorindustrielle Produktionsweisen werden idealisiert und romantisch aufgeladen, während moderne Landschaftselemente abgelehnt werden (Burckhardt 2011: 92, 93). „Das ‚erweiterte' Verständnis von Landschaft wird dagegen sowohl auf unbebaute wie auch auf bebaute Räume bezogen" (Kühne 2013: 130). Kulturlandschaft ist demnach „jede anthropogen veränderte Landschaft unabhängig von qualitativen Aspekten und normativen Festlegungen unter Einbezug aller historischen, gegenwärtigen und zukünftigen Ergebnisse anthropogener Landschaftsveränderungen" (Apolinarski/Gailing/Röhring 2004: 9). Verweist der Begriff Kulturlandschaft auf anthropogene Veränderungen, so kann der Begriff der Naturlandschaft demgegenüber als Abgrenzung verstanden werden. Die Abgrenzung von Kulturlandschaft und Naturlandschaft soll darauf verweisen, wie stark ein Raum anthropogen überprägt wurde. „Es existieren dabei unterschiedliche Perspektiven hinsichtlich der anthropogenen Wirkfaktoren, die aus einer Landschaft eine Kulturlandschaft machen (z. B. Landnutzung und -bewirtschaftung, […] Beeinflussung über den Luftpfad, etc.)" (Apolinarski/Gailing/Röhring 2004: 5). Folglich soll der Begriff Naturlandschaft bedeuten, dass nicht der Mensch eine Landschaft hauptsächlich geprägt hat.

Die Geschichte des Tourismus zeigt, dass ein enges Landschaftsverständnis nicht gegen Innovationen verschlossen ist, da Landschaftspräferenzen sich ändern können. Tourismus findet in der Regel nur in Landschaften statt, die als schön konstruiert werden können, also Landschaften im Sinne des engen Landschaftsverständnisses sind, da sie durch ästhetische Wertschätzung zu Tourismusdestinationen wurden. „Der lehrreichste Vorgang in dieser Entwicklung ist die Entdeckung der Alpen. Nachdem jahrhundertelang die Alpen dem unfreiwilligen Besucher Furcht und Schrecken eingeflößt hatten, werden sie nun Stück um Stück nicht nur erschlossen, sondern zum landschaftlichen Schönheitsideal erhoben" (Burckhardt 2011: 26). Ein neueres Beispiel für derartige Innovationen ist die Ästhetisierung von Industrieruinen in der jüngeren Vergangenheit. Solche Prozesse sind von großer Relevanz für die Entwicklung von Tourismusdestinationen und damit für die Geographie des Tourismus.

2.5.2 Unterschiedliche Wirklichkeitsverständnisse in Bezug auf Landschaft

Unterschiedliche Auffassungen darüber, was Landschaft sei, sind oftmals Ausdruck unterschiedlicher Weltsichten. Die Analyse von Aussagen über Landschaft ermöglicht Rückschlüsse auf implizit ausgedrückte Weltsichten oder Intentionen. Unterschiedliche Verständnisse von Landschaft werden in diesem Kapitel typisiert dargestellt. Grundsätzlich steht der konstruktivistischen Weltsicht die realistische Weltsicht gegenüber. Der Realismus hält objektives Wissen für möglich, dieses könne demnach durch geeignete empirische Methoden erlangt werden (Kühne 2013: 17 in Bezug auf Bailer-Jones 2005, Burr 2005, Gergen/Gergen 2009). Auf Landschaft bezogen, ließen sich also im Raum Merkmale identifizieren, die eine schöne Landschaft ausmachten. Der Konstruktivismus dagegen verneint die Möglichkeit objektiven Wissens. Ob ein Raum schöne Landschaft ist, oder überhaupt als Landschaft bezeichnet werden kann, liegt demnach in der gesellschaftlichen Wahrnehmung, die ein Raum erfährt und diese kann sich verändern (Kühne 2013: 17). Konsequenz einer konstruktivistischen Perspektive ist zum Beispiel das Interesse an den Mechanismen der Konstruktion von Wirklichkeit, also an der Frage, welche Wahrnehmungen darum konkurrieren, Wirklichkeit zu werden (Kühne 2013: 18). Begriffe sind im Realismus und in den Naturwissenschaften Mittel zum Zweck, sie beschreiben eine Sache mehr oder weniger gut. In der sozialkonstruktivistischen Forschung werden Begriffe selbst zum Untersuchungsgegenstand, denn sie werden als Werkzeug zur Bearbeitung von Wirklichkeit gesehen und die Art ihrer Verwendung lässt Schlüsse auf Wirklichkeiten zu (Kühne 2013: 17 hier in Bezug auf Trepl 2012: 29).

Kühne (2013: 130-133) unterscheidet fünf typisierte Wirklichkeitsverständnisse von Landschaft. Es geht hierbei um die Frage, ob Landschaft als materieller Gegenstand oder als soziales Konstrukt fassbar sei (Kühne 2013: 130). Die folgende Zusammenstellung zeigt, dass sich realistische und konstruktivistische Perspektiven weiter ausdifferenzieren lassen und verdeutlicht Unterschiede verschiedener konstruktivistischer Wirklichkeitsverständnisse:

- Der positivistische Landschaftsbegriff versteht Landschaft als materiellen Gegenstand, der vom Betrachter unabhängig existiert. Landschaft wird dabei kein Wesen zugeschrieben, das wissenschaftlich ergründet werden könnte. Stattdessen wird Landschaft in Einzelphänomene zerlegt, um sie als Gegenstand mit naturwissenschaftlicher Methodik greifbar zu machen (Kühne 2013: 130-131).
- Der essentialistische Landschaftsbegriff begreift Landschaft ebenfalls als vom Betrachter unabhängigen materiellen Gegenstand. Jedoch wird diesem Gegenstand ein Wesen zugesprochen. Essentielle und akzidentielle Eigenschaften von Landschaft werden unterschieden, also Eigenschaften, die zum Wesen von Landschaft gehören und dieses prägen und zufällige Eigenschaften von Landschaft (Kühne 2013: 131-132).

- Ein gemäßigt sozialkonstruktivistisches Landschaftsverständnis lässt Landschaft als materiellen Gegenstand gelten, aber auch unterschiedliche soziale Konstruktionen von Landschaft werden zum Gegenstand wissenschaftlicher Analyse (Kühne 2013: 132).
- Im nominalistisch-sozialkonstruktivistischen Landschaftsverständnis ist Landschaft kein materiell existierender Gegenstand. Vor allem dadurch unterscheidet sich dieses Landschaftsverständnis von den oben genannten. Der physische Raum verliert damit seine Funktion als wahre Referenzebene, an der die Richtigkeit oder Falschheit von sozialen Landschaftskonstruktionen bestimmt werden könnten (Kühne 2013: 132-133).
- Der radikale Konstruktivismus reduziert die Bedeutung von physischen Objekten lediglich auf ihre Funktion als Medien der Kommunikation (Kühne 2013: 133).

2.5.3 *Landschaft und Ästhetik*

Im diesem Abschnitt soll die Rolle der Ästhetik bei der Konstruktion von Landschaft beleuchtet werden, denn für die nachfolgende Befassung mit stereotyper Landschaft ist Ästhetik besonders wichtig. Der Begriff Landschaft hat einen großen ‚semantischen Hof' (Kühne 2013: 39 nach Hard 1969: 10) verschiedener möglicher Bedeutungsnuancen. Hokema hat den Landschaftsbegriff verschiedener Diskurse untersucht und unterscheidet die Landschaftsbegriffe von Experten aus Wissenschaft und Praxis vom alltäglichen Landschaftsbegriff, also dem Landschaftsbegriff von Laien. Den semantischen Hof des alltäglichen Landschaftsbegriffs konzentriert Hokema auf einen Kern von Aussagen über Landschaft. Nach Hokema kann Landschaft im ‚common sense' oder in der Alltagssprache folgendermaßen verstanden werden:

- „Landschaft ist natürlich.
- Landschaft ist ländlich; Industrie, Technik und Großstadt stören und zerstören Landschaft.
- Landschaft ist schön und gut.
- Landschaft ist ein Bild.
- Landschaft ist eine stereotype Ansammlung von Elementen" (Hokema 2013: 261).

Hokema bestätigt damit das von Hard (1970: 25-97) entworfene Landschaftsverständnis und zeigt, dass der Landschaftsdiskurs von Laien ein seit mehreren Jahrzehnten stabiles Landschaftsverständnis zu produzieren scheint. Landschaft ist im Laiendiskurs ästhetisch konstruiert und normativ belegt. Da Landschaft als schön und gut gilt, existieren hässliche Landschaften meist nur als Ergebnis abzulehnender Zerstörung von Landschaft. Zentrale ästhetische Kategorien sind generell das Schöne, das Erhabene, das Pittoreske und das Hässliche. Das Hässliche ist negativ auf das Schöne bezogen. Während das Schöne zur Liebe anregt, flößt das Erhabene Respekt ein und regt eher zur Bewunderung an. Das Pittoreske enthält Elemente aus Schönem und Erhabenem (Kühne 2013: 140-142). Aus sozialkonstruktivistischer Perspektive handelt es sich bei ästhetischen Urteilen um Zuschreibungen, die als Ergebnis sozialer Prozesse verstanden werden können (Kühne 2013: 143; vgl. Kühne/ Megerle/Weber 2017).

2.5.4 Stereotype Konstruktion von Landschaft

Die Konstruktion von Landschaft ist von verschiedenen Faktoren abhängig. Das Konzept der stereotypen Landschaft zeigt, dass sich Vertrautheit mit Orten wesentlich auf die Konstruktion von Landschaft auswirkt. Bei hoher Vertrautheit werden andere Informationen in die Landschaftskonstruktion eingebunden als bei geringer Kenntnis des betreffenden Ortes (Kühne 2013: 207). Kühne unterscheidet heimatliche Normallandschaft von stereotyper Landschaft. An heimatliche Normallandschaft werden andere Ansprüche gestellt als an stereotype Landschaft, so muss heimatliche Normallandschaft vor allem vertraut sein, stereotype Landschaft wird dagegen stärker nach ästhetischen Kriterien beurteilt (Kühne 2013: 207, Kühne 2008: 86). Auch die Genese der beiden Typen von Landschaft verläuft laut Kühne unterschiedlich:

> „Die heimatliche Normallandschaft entsteht im Kinder- und Jugendalter in unmittelbarer Konfrontation mit den als heimatliche Landschaft konstruierten physischen Objekten, unter Vermittlung von Eltern, Lehrern, Gleichaltrigen etc. Im Jugendalter tritt die Sozialisation stereotyper Landschaften durch Sekundärinformationen hinzu" (Kühne 2013: 206).

Für die Unterscheidung von stereotyper Landschaft und heimatlicher Normallandschaft gilt: „Mit der Zunahme sozialer Distanz nehmen persönliche Wahrnehmungen ab und werden durch allgemeine Typisierungen ersetzt" (Kühne 2013: 22). Daraus ergibt sich eine besondere Bedeutung stereotyper Landschaft für den Tourismus. Stereotype Landschaft ist für den Tourismus konstitutiv, denn sie beinhaltet emotionale Besetzungen und Erwartungen, die zum Reisewunsch werden können und damit dafür sorgen, dass ein Raum zum Reiseziel wird. Die Entstehung stereotyper Landschaft ist an Sekundärinformationen gebunden, insbesondere, wenn das Landschaft konstruierende Subjekt den betreffenden Raum nicht aus eigener Anschauung kennt (Kühne 2013: 209).

2.5.4.1   Die Entstehung stereotyper Landschaft

Stereotype Landschaft entsteht durch die Konfrontation eines Menschen mit sekundären Informationen über Landschaft. Kühne (2013: 208) beschreibt in Bezug auf Lehmann (1986 [1964]: 197) die Entstehung stereotyper Landschaft wie folgt: Unbewusst werden vorgeformte Urteile von Künstlern oder anderen ‚schöpferischen Geistern' übernommen und fließen in eigene Beschreibungen von Landschaft ein. Solche übernommenen Ansichten beeinflussen aber nicht nur die Beschreibung einer Wahrnehmung, sondern nehmen als Leitbilder auch Einfluss auf zukünftige Wahrnehmungen (Kühne 2013: 209; vgl. Kühne 2008: 148). Landschaftsstereotype leiten also unsere Vorstellung von Räumen, indem wir jeden neuen Raum mit erlernten ästhetischen Mustern zu fassen versuchen. Das Bewusstsein beinhaltet keine Abbildung der Welt, sondern Repräsentationen der Räume über die wir Kenntnis haben (Kühne 2013: 231) und diese Repräsentationen haben stereotype Form. Aus Sekundärinformationen werden also Stereotype gebildet, die selbst bei individueller Aneignung eines Raumes die Wahrnehmung beeinflussen. Diese Abläufe unserer Psyche leiten nicht nur die Entstehung stereotyper Landschaften, sondern sie sind konstitutiv für die Konstruktion von Wirklichkeit. Kahnemann hebt die Bedeutung von Stereotypen hervor, wenn er schreibt: „Die psychologischen Fakten können nicht umgangen werden: Stereotype, korrekte und falsche, sind unsere Art über Kategorien zu denken" (Kahnemann 2012: 169; Übers. E. A.). „Die stereotypen Landschaften von Literatur, Malerei, Filmen, Fotografie, Computerspielen und Cyberspace einerseits sowie die Landschaftszonen der Schulgeographie (bzw. der Kinder- und Jugendsachbuchautoren) amalgamieren zu der stereotypen Konstruktion ‚typischer' Landschaften" (Kühne 2008: 305). Stereotype Landschaftskonstrukte sind Teil der Kulturgeschichte, entwickeln sich mit dieser und finden je nach Epoche durch unterschiedliche Medien Verbreitung. „Unser Kulturkreis wurde befähigt, Landschaft wahrzunehmen, weil die römischen Dichter, weil die Maler der Spätrenaissance, weil die englischen Landschaftsgärtner Landschaft darzustellen verstanden. Landschaft ist also ein kollektives Bildungsgut" (Burckhardt 2011: 301-302). Dabei werden bestehende Stereotype bei jeder medialen Verwendung weiter verfestigt, je öfter sie aktualisiert werden.

Als „wesentliches Medium der Erzeugung landschaftlicher Stereotype" bezeichnet Kühne (2013: 230) den Film: „Bevor wir in physischer Konfrontation eine Wüste, Los Angeles oder New York, tropischen Regenwald oder das Outback erleben können, wurden uns (stereotype) Vorstellungen dieser Räume vermittelt" (Kühne 2013: 231). In Filmen hat Landschaft eine erzählerische Funktion, daher sind filmische Landschaften in besonderer Weise idealisiert und auf ihre Funktion hin optimiert (vgl. Steinecke 2016: 25, Beeton 2005). So kann Landschaft im Film beispielsweise „als Garant für Authentizität und Glaubwürdigkeit der Handlung" (Kühne 2006: 107) herangezogen werden oder als Metapher dienen:

> „Bekannte landschaftliche Stereotypen werden entweder bestätigt, wie der Kuss im Rosengarten, die Monotonie des Alltags in der tristen Industriestadt oder das unbeschwerte Leben am Strand, oder umgedeutet, wie der Traum vom Leben im suburbanen Eigenheim als Ort der Kontrolle und Unfreiheit (wie beispielsweise in *American Beauty*)" (Kühne 2013: 232).

Wie Literatur oder Malerei bilden filmische Inszenierungen keine auffindbare landschaftliche Realität ab, sondern sind künstlerische Interpretationen von Realität. Jedoch werden die zu einer Aussage verdichteten filmischen Landschaftskonstrukte als Vergleich herangezogen, sollten wir den dargestellten Raum oder Drehort einmal bereisen (Kühne 2013: 209). Landschaftliche Stereotype beeinflussen also unsere Meinung von Räumen und können damit zum Treiber für unser räumliches Handeln werden, indem wir aus ihnen z. B. einen Reisewunsch entwickeln. Auf einer Reise wirken landschaftliche Stereotype weiter und beeinflussen die individuelle Aneignung eines Raumes. „Selbst bei physischer Anwesenheit dominieren gesellschaftslandschaftliche Vorstellungen die individuelle Aktualisierung des betreffenden physischen Raumes zu Landschaft" (Kühne 2013: 209). Lucius Burckhardt fasst dies in die Formel „Man sieht was man sehen lernte" (Burckhardt 2011: 301). Die individuelle Aneignung von Landschaft erfolgt demnach in Kategorien, die bereits erlernt sind, sodass eine neue angeeignete Landschaft im „Repertoire der Literaturgattung Landschaftsbeschreibung [beschrieben wird]: liebliche Auen, schroffe Schluchten, ferne Gebirgsketten" (Burckhardt 2011: 301). Bei der Bewertung von angeeigneter Landschaft kann laut Kühne entweder heimatliche Normallandschaft oder stereotype Landschaft zum Vergleich herangezogen werden:

> „In Bezug auf heimatliche Normallandschaft lauten die Vergleiche dann ‚die Berge sind höher als bei uns', ‚es ist grüner als bei uns', ‚es gibt weniger Industrie als bei uns' usw.; in Bezug auf stereotype Landschaft lauten die Vergleiche dann ‚die Hochhäuser sind hässlich', ‚der Strand ist weniger weiß als ich mir das vorgestellt hatte', ‚Los Angeles ist als Stadt enttäuschend'" (Kühne 2013: 209).

In beiden Fällen wird Neues im Sinne von Schütz und Luckmann mit Hilfe vorhandener Typisierungen eingeordnet (Schütz/Luckmann 2003: 204). Die Beurteilung des Neuen ist jedoch von der angewendeten Typisierung (heimatliche Normallandschaft oder stereotype Landschaft) abhängig.

2.5.4.2 Gängige Landschaftsstereotype

Kühne unterscheidet mit Erhabenheit und Lieblichkeit zwei häufig präsente Modi der ästhetischen Erlebbarkeit von Landschaft (Kühne 2008: 306-308). Burckhardts oben genannte Beispiele für das „Repertoire der Literaturgattung Landschaftsbeschreibung: liebliche Auen, schroffe Schluchten [...]" (Burckhardt 2011: 301) verweisen ebenfalls auf den Kontrast von Lieblichem und Erhabenem. „Neben dem Ideal des Lieblichen gibt es auch das Ideal des Erhabenen, wobei das Liebliche in sich ruht und vollendet ist, das Erhabene aber über sich hinausweist und die Phantasie zur Vollendung anregt" (Burckhardt 2011: 118). Das Liebliche und das Erhabene weisen als landschaftliche Stereotype einen besonders hohen Grad an Abstraktion auf. Zunächst existieren stereotype Vorstellungen von räumlichen Konstellationen, die als abgrenzbare Landschaftselemente gedacht werden. Eine stereotype Schlucht ist demnach schroff und eine stereotype Auenlandschaft ist lieblich oder sanft. Ein stereotyper tropischer Strand könnte sich zum Beispiel durch weißen Sand und Palmen auszeichnen, ein Urwald ist geheimnisvoll, grün und undurchdringlich. Bekannte Landschaftselemente (Strände, Wälder, Schluchten, Auen) werden also, wie alle Kategorien, stets als typische Exemplare gedacht (Kahnemann 2012: 169). Auf einer weiteren Abstraktionsebene ermöglicht nun die Unterscheidung von Lieblichem und Erhabenem die Zuordnung vieler stereotyper Landschaftselemente oder Regionen zu einem der beiden Modi der ästhetischen Erlebbarkeit. Kühne (2008: 306-308) beschreibt acht regionale Landschaftsstereotype und den jeweiligen ästhetischen Modus, in dem diese betrachtet werden:

- Stereotype Landschaft Mitteleuropas – lieblich arkadisch
- Stereotype Landschaft des Mittelmeerraumes – lieblich arkadisch
- Wüsten – wenn überhaupt ästhetisiert, dann erhaben
- Exotisches – undurchdringliches Dickicht kontrastiert an lieblichem Strand
- Offenländer – erhabene Weite
- Kalte Klimate – Weite, Erhabenheit
- Ewiges Eis – Erhabenheit

- Hochgebirge – Erhabenheit, schroffe Felsen kontrastiert an lieblichen Almen und Bergdörfern

Die Stereotypen des Lieblichen und des Erhabenen sind Deutungsmuster von Objekten des physischen Raumes, die auch ohne konkrete geographische Verortung auskommen. Sie können als Interpretationsvorlage für jeden geographischen Raum herangezogen werden. Landschaft kann mit Hilfe ästhetischer Muster gelesen und dann zum Beispiel als ‚erhaben' beschrieben werden. Welche exakte Bedeutung aber eine Landschaft hat, lässt sich nicht in Form einer für jeden sozialen Kontext gültigen Symbolik oder Aussage festlegen (Burckhardt 2011: 21). Abhängig von sozialem Kontext und z. B. auch je nach Altersgruppe, kann eine Landschaft unterschiedlich konstruiert werden (Kühne 2014a: 300). Ein häufig zitierter Stereotyp beschreibt den Strand als Paradies, als Ort der unbeschwerten Lebensfreude und der Jugend, wie zum Beispiel in Songs der Beach Boys oder Cliff Richards, der Werbung für Bacardi Rum, Raffaelo Pralinen oder in diversen Surfer-Filmen. Strand kann jedoch im Kontext des Tourismus auch als relativ reizlose, primitive Ferienumgebung konstruiert werden und vor allem mit Sonnenbaden und Party in Verbindung gebracht und ablehnend bewertet werden.

2.5.5 *Raumpraktiken*

Literatur, Film und Kunst im Allgemeinen schaffen nicht nur stereotype Vorstellungen von Landschaft, sondern auch stereotype Formen der Aneignung von Landschaft. Burckhardt (2011: 83, 251) wie auch Bollnow (1997: 113) verweisen auf die symbiotische Beziehung von Wanderung bzw. Spaziergang und Landschaft. Die Landschaft entsteht beim Spazieren als Integrationsleistung aus verschiedenen aufeinander folgenden Landschaftswahrnehmungen (Burckhardt 2011: 268; vgl. auch Stemmer 2015: 330). Unter Wandern versteht Bollnow „eine zu Fuß ausgeführte, gemächliche, nicht von Eile getriebene und nicht durch einen äußeren Zweck veranlasste, größere zusammenhängende Bewegung von einem Ort zum andern" (Bollnow 1997: 110). Die Wanderung in diesem Sinne ist zu unterscheiden von der Wanderung lernender Handwerkergesellen oder fahrender Schüler anderer Zeiten, „[diese] zogen in die Ferne, um dort zu lernen, sicher auch mit einer Freude am Abenteuer verbunden" (Bollnow 1997: 110; vgl. auch Schwark 2016). Im Sinne des Wandertourismus ist Wandern ein Selbstzweck, also nicht primär eine Fortbewegungsart, die dazu dient, ein räumliches Ziel zu erreichen. „Das heißt nicht, dass […] sich [der Wanderer; Anm. E. A.] nicht auch ein Ziel setzt, einen Berg zu ersteigen, […] abends ein Gasthaus zu erreichen, aber diese Ziele dienen nur dazu, seiner Wanderung einen Inhalt zu geben" (Bollnow 1997: 112). Wie Landschaft, so hat auch die Raumpraktik des Wanderns eine Geschichte: „Das Wandern in seinem heutigen Sinne, das Wandern um seiner selbst willen, ist erst ein Ergebnis der modernen Kulturkritik. Die Romantik hat es zuerst entdeckt, und erst im ‚Wandervogel' des beginnenden 20. Jahrhunderts ist das Wandern geradezu zur Lebensform entwickelt worden" (Bollnow 1997: 110, 111).

Raumpraktiken erzeugen in touristischen Unternehmungen eine Dramaturgie. Eine Dramaturgie der Steigerung des Genusses wird in der Regel als positiv empfunden, ebenso wie in anderen Kontexten eine Dramaturgie des nachlassenden Schmerzes als angenehmer empfunden wird als eine Abfolge, in der sich Schmerzen steigern (Kahnemann 2012: 382). Das bedeutet z. B., dass eine Wanderung besonders genossen werden kann, wenn sich die empfundene landschaftliche Schönheit während des Wanderns steigert (Burckhardt 2011: 291). Aber auch schiere körperliche Herausforderungen, die notwendig sind, um etwa einen Aussichtspunkt zu erreichen, können eine solche Dramaturgie der Steigerung erzeugen. Francis Hall kritisiert in diesem Sinne bereits im Jahr 1818 die Erbauung von touristischer Infrastruktur, welche den Zugang zu den Niagarafällen erleichtert, als überflüssig und dem Genuss des Naturschauspiels abträglich: „In my opinion, more ist lost than gained by this facility. The effect produced upon us by any object of admiration is increased by the difficulties of approaching it" (Hall 1818: 234).

Raumpraktiken haben zweifellos Einfluss auf den individuellen Prozess der Aneignung von Landschaft (Wylie 2007: 133-134). Ohne Reisen, das an sich schon eine Raumpraktik ist, wäre der Stereotyp des Südseeparadieses undenkbar, sowie die Ästhetisierung des Erhabenen eng verbunden ist mit der Entwicklung des Wanderns und Bergsteigens (siehe Kapitel 2.6). Immer wieder erhebt sich auch Kritik an touristischen Raumpraktiken. Bätzing kritisiert, dass Landschaft bei aktuellen touristischen Aktivitäten zur Kulisse degradiert werde:

> „Für einen Wanderer ist es undenkbar, die gleiche Wanderung mehrmals am Tag oder mehrere Tage hintereinander zu wiederholen, weil er Landschaft jeweils neu und anders erleben möchte, aber für einen Skifahrer macht dies Sinn, weil es ihm auf die Bewegungs- und Körpersensation bei der Abfahrt ankommt, die jeweils neu erlebt werden, während Landschaft zur Kulisse wird" (Bätzing 2000: 198).

Die Frage, welche Raumpraktik die Wahrnehmung und Konstruktion von Landschaft befördert und welche nicht, ist kaum trennscharf zu beantworten. Während Bätzing annimmt, Landschaft sei für Skifahrer, wie auch für Mountainbiker ‚nur' Kulisse (Bätzing 2000: 198), zeigt Egner (2000: 215), dass Mountainbiker bei der Auswahl ihrer Reisedestinationen gezielt nach Landschaftserlebnissen suchen. Auch aus einer anderen Richtung kommt Kritik an touristischen Raumpraktiken, die sich als Distinktionsversuch lesen lässt. Profilierte Bergsteiger kritisieren zum Beispiel den Massentourismus in den Bergen und engagieren sich mit Verweis auf den Naturschutz dafür, den Zugang zum Hochgebirge nicht durch Besucherinfrastruktur zu erleichtern. Welche Schwierigkeiten ein ‚object of admiration‘ begehrlich machen und welche Hilfsmittel bei dessen Aneignung unlauter sind, wird freilich intersubjektiv unterschiedlich bewertet (vgl. Illing 2006: 30-31 zur Distinktion über Geschmacksurteile; vgl. zur Distinktionsforschung auch Bourdieu 1982, Kühne 2006a). Enzensberger beschreibt die Distinktionsfunktion von Raumpraktiken und ihre Vorbildhaftigkeit für den Tourismus am Beispiel der Bergsteiger:

> „Wie die Pioniere, meist zu ihrem Widerwillen, bald erkennen mussten, blieb es bei ihrer privilegierten Rolle nicht. Die Gesellschaft, deren Interesse sie trug, verfolgte mit ihnen ihr eigenes. Wer ihnen Ruhm spendete, war schon auf ihren Fersen. Das mündige Bürgertum bedachte sie mit einem Nimbus, den es sich selber zu verschaffen hoffte, indem es sich in die Wiederholung ihrer Taten stürzte, die Tourismus heißt“ (Enzensberger 2006 [1958]: 191).

Eben diese Wiederholung wird von den ‚Pionieren‘ kritisch betrachtet. Wenn etwa eine Seilbahn oder sonstige Infrastruktur errichtet wird, oder Bergführer Touristen auf anspruchsvolle Berge führen, dann verliert der vormals privilegierte Zugang der ‚Pioniere‘ an Exklusivität und damit an Distinktionspotential. Die Betrachtung von Distinktionsprozessen kann folglich zum Verständnis von Konflikten um die ‚richtige‘ Aneignung von Landschaft beitragen.

2.6 Aspekte der Geschichte von Landschaft

Die Geschichte von Landschaft setzt sich aus unterschiedlichen Schichten zusammen. Zu unterscheiden ist zuerst die Geschichte der Grundlagen angeeigneter physischer Landschaft von der gesellschaftlichen Genese der Bedeutungen von Landschaft (Kühne 2013: 75). Die Geschichte der Grundlagen angeeigneter physischer Landschaft ist nicht Thema dieser Arbeit, hier soll nur kurz auf die Begriffsgeschichte des Wortes Landschaft hingewiesen werden, bevor die Geschichte des für diese Arbeit zentralen Aspekts von Landschaft nachvollzogen wird: die ästhetisierende Betrachtung angeeigneter physischer Landschaft. Landschaft in diesem Sinne ist zum Motiv für Reisen geworden und wurde gleichzeitig wesentlich durch das Reisen geprägt.

Das althochdeutsche Wort ‚lantscaf‘ ist erstmals im 9. Jahrhundert nachgewiesen (Kühne 2013: 40 nach Gruenter 1975 [1953]). Die Bedeutung des Wortes wandelte sich im Mittelalter: Landschaft war zunächst eine Personengruppenbezeichnung und wurde zu einer räumlichen Bezeichnung für das Gebiet, in dem eine bestimmte Personengruppe lebt, die ähnliche Gebräuche und soziale Normen teilt (Kühne 2013: 40, Kühne 2015a: 44, Antrop 2015: 53). Der Begriff erfuhr im Mittelalter Bedeutungsveränderungen, so bezeichnet Landschaft im 12. Jahrhundert sowohl einen politisch-rechtlich definierten Raum als auch die Gruppe politisch handlungsfähiger Repräsentanten dieses Raumes. Im Hochmittelalter bezeichnet der Begriff Landschaft außerdem die ganze von einer Stadt beherrschte Umgebung. Landschaft war also im Mittelalter ein politisch-rechtlicher Begriff (Burckhardt 2011: 115). „Entscheidend für die Entwicklung des heutigen Landschaftsverständnisses ist die im 16. Jahrhundert mit der Landschaftsmalerei aufgekommene Verwendung des Begriffs für einen sinnlich wahrnehmbaren, mit ästhetischen Kategorien bewertbaren Raumausschnitt" (Apolinarski/Gailing/ Röhring 2004: 6).

Die Analyse von Landschaftsdarstellungen in der bildenden Kunst bietet einen Einblick in die Landschaftsverständnisse und Präferenzen der verschiedenen Epochen. Die Beschäftigung mit „sinnlich wahrnehmbaren, mit ästhetischen Kategorien bewertbaren Raumausschnitt[en]" (Apolinarski/Gailing/Röhring 2004: 6) hatte bereits eine Geschichte bevor ihr Gegenstand mit dem Wort Landschaft bezeichnet wurde. Schon in der römischen Antike existierte mit dem Ideal Arkadiens ein Motiv, das dem heutigen Stereotyp der ewigen Kulturlandschaft verwandt ist (Trepl 2012: 97). Als ‚locus amoenus' ist die räumliche Vergegenständlichung des Lieblichen ein literarischer Topos geworden (Trepl 2012: 98). Im Mittelalter wird die künstlerische Befassung mit Raum nicht fortgeführt (Kühne 2013: 41). In der mittelalterlichen Kunst werden keine Landschaften dargestellt; Objekte des physischen Raumes werden in vorwiegend abstrakter Darstellung als Symbole verwendet (Eschenburg 1987: 7, Trepl 2012: 38-39). Erst mit Beginn der Renaissance wird der diesseitigen Welt wieder ästhetischer Wert zugesprochen. Diese Veränderung basiert auf einer „Aufwertung und Erforschung der visuellen Wahrnehmung" (Büttner 2013: 15). Die Landschaften der Heilsgeschichte von Giotto di Bondone in der Arenakapelle Paduas sind ein Beispiel der Landschaftsdarstellung der Frührenaissance (Büttner 2013: 71) und können als Dokument einer Epochenschwelle von Mittelalter zu Renaissance interpretiert werden (Steinmann 2014: 43). Landschaft hat bei Giotto vor allem symbolische Funktion, jedoch ist ihre Darstellung nicht mehr mittelalterlich abstrakt, sondern vermittelt eine eigene Ästhetik. Trepl schildert die Entwicklung der künstlerischen Bezugnahme auf Landschaft:

> „Im Spätmittelalter ist häufig schon etwas dargestellt, zu dem man heute ‚Landschaft' sagen möchte. Aber diese ist nur Hintergrund, eine Art Bühnenbild. Das, worauf es auf dem Gemälde geht, sind z. B. biblische Szenen. [...] In der frühen Neuzeit hat sich die Gewichtung verkehrt. Die Figuren auf manchen Gemälden haben nun offensichtlich keine eigenständige Bedeutung. Nicht diese Menschen sollen dargestellt

werden und man brauchte die Landschaft als Hintergrund, sondern die Landschaft wird dargestellt und die Figuren sind deshalb zu sehen, weil sie typischerweise zur Landschaft gehören" (Trepl 2012: 38).

In der Renaissance entwickelte sich die Landschaftsmalerei zu einem selbstständigen Genre, das zunehmend Vorstellungen von Ideallandschaft konkretisierte. Im 17. Jahrhundert prägten Maler wie Claude Lorrain, Nicolas Poussin und Salvator Rosa die barocke Landschaftsmalerei. An Reiseberichten des 17. und 18. Jahrhunderts lässt sich ablesen, wie stark die Wirkung dieser Maler weit über ihre Lebenszeit hinaus auf Reisende war oder noch immer ist, indem sie Seherwartungen für den physischen Raum erzeugt (Löfgren 1999: 21, Forster 1983 [1777]: 137, Kühne 2013: 42). Konkret orientierte sich die Seherwartung im späten 18. Jahrhundert am Ideal des ‚Malerischen' oder ‚Pittoresken'. Reisende versuchten gezielt, Landschaften so wahrzunehmen, wie sie in der Kunst dargestellt waren (Eschenburg 1987: 95, Löfgren 1999: 19). In der Romantik erfuhr die Landschaftsmalerei nochmals große Popularität. Baur nennt Landschaftsdarstellungen romantisch, wenn sie „empfindungsbetonte Spiegelbilder des menschlichen Ichs" (Baur 1979: 10) sind. Die romantische Malerei fand Anschluss an die Malerei des Barock, insofern Landschaft stark symbolisch aufgeladen wurde und auf mehreren Ebenen interpretiert werden konnte (Baur 1979: 13). Viele Bezüge, die prägend sind für heutige Vorstellungen von Landschaft, entwickelten und verfestigten sich im ausgehenden 18. Jahrhundert und im 19. Jahrhundert, also in der Romantik, hier verstanden in ihrer maximalen Ausdehnung. Enzensberger formuliert den Bezug von Landschaft, Tourismus und Romantik folgendermaßen:

> „[Die Einbildungskraft der Autoren der Romantik; Anm. E. A.] verklärte die Freiheit und entrückte sie in die Ferne der Imagination, bis sie räumlich zum Bilde der zivilisationsfernen Natur, zeitlich zum Bilde der vergangenen Geschichte, zu Denkmal und Folklore gerann. Dies, die unberührte Landschaft und die unberührte Geschichte, sind die Leitbilder des Tourismus bis heute geblieben. Er ist nichts anderes, als der Versuch, den in die Ferne projizierten Wunschtraum der Romantik leibhaftig zu verwirklichen" (Enzensberger 2006 [1958]: 188).

In der Romantik verfestigte sich das Ideal des Erhabenen und wurde dem Ideal der arkadischen Landschaft an die Seite gestellt. „Das Ideal des Erhabenen wanderte, aus Philosophie und Kunsttheorie kommend, im 18. Jahrhundert in die touristische Praxis ein" (Löfgren 1999: 27; Übers. E. A.). Ausgehend vom Englischen Garten, der als Abgrenzung zum Barockgarten verstanden werden kann, entwickelt sich eine Ästhetisierung des Erhabenen und des Wilden (Löfgren 1999: 27). Die Umdeutung von Wildnis als erhabene Natur vollzog sich im 19. Jahrhundert „unter Vermittlung der Malerei" (Kühne 2013: 109). Beginnend mit der Ästhetisierung von Wasserfällen suchen Touristen nach und nach Szenerien auf, die ein Schaudern vermitteln durch ihre Kraft und Größe. Es werden Orte besucht, an denen Naturgewalten erlebbar sind (Löfgren 1999: 28; vgl. auch Raymond 1993, Safranski 2007, Kühne/Franke 2010).

Die Geschichte des Erhabenen zeigt sich im 19. Jahrhundert deutlich anhand von Einschreibungen in den Raum, die der touristischen Inszenierung und Vermarktung des Erhabenen und später auch dessen Schutz dienten. Im folgenden Abschnitt werden einige Jahreszahlen aufgeführt, um zu verdeutlichen in welch engem Zeitraum das Erhabene touristisch erschlossen wurde. In einer frühen Phase um das Jahr 1820 entstanden erste Erschließungen, deren touristische Nutzung in der Regel mit großer körperlicher Anstrengung verbunden war. In einer zweiten Phase um 1870 wurde das Erhabene mit Bergbahnen und Grandhotels vollkommen massentauglich gemacht. Die Niagarafälle sind ein frühes Beispiel für den Reiz, den das Erhabene ausübte und besonders für dessen Vermarktung. Im Jahr 1822 entsteht dort das erste Hotel (Berton 1992: 49). Bereits 1827 versuchen Veranstalter den Reiz des schieren Anblicks der Wasserfälle zu steigern und unter dem Beifall angereister Touristen wird ein Boot, die *Michigan*, mit Tieren besetzt und über die Kante in den Abgrund geschickt. Im selben Jahr springt der Artist Sam Patch von einer Plattform ins tosende Wasser und wird zum Inbegriff eines ‚Daredevils' (Berton 1992: 55). In der Schweiz wird im Jahr 1816 ein erstes Holzhaus für Gäste auf der Rigi-Kulm errichtet (Rigi Bahnen o.J.). Im Jahr 1826 entsteht mit der Gästeunterkunft am Faulhorn die höchste Unterkunft der Alpen auf 2680 Metern Höhe (Grupp 2008: 49). Auf dem Schafberg im österreichischen Salzkammergut wird 1836 die erste einfache Herberge für Wanderer gebaut (Salzkammergutbahn 2013: 8). Auch die Benennung diverser Schweizen findet in der Romantik statt. Im Kirnitzschtal in der sächsischen Schweiz wird im Jahr 1830 der Lichtenhainer Wasserfall für den Tourismus umgebaut, sodass das Wasser eines Baches spektakulärer über die Felsen stürzt als es zuvor der Fall war (Tourismusverein Elbsandsteingebirge 2015). Die Jahre 1854 bis 1865 werden als ‚Golden Age of Alpinism' bezeichnet, da in diesem Zeitraum viele Erstbegehungen in den Alpen versucht wurden und gelangen. Im Jahr 1857 wird in London der *Alpine Club*, der erste Bergverein gegründet (Grupp 2008: 59). Spätestens um 1865 war die Ästhetik des Erhabenen und der touristische Zugriff auf Natur und Landschaft massentauglich. Waren einige der Erstbesteigungen der ersten Hälfte des 19. Jahrhunderts noch als wissenschaftliche Missionen organisiert, so tritt beim Bergsteigen nun der sportliche Aspekt klar in den Vordergrund. Das Ziel ist fortan, den schwierigsten Berg über die schwierigste Route zu erreichen (Grupp 2008: 67-69). Dieses Leistungsbergsteigen ist einerseits durch die enormen körperlichen Anforderungen und das hohe Risiko weit von der massentouristischen Praxis entfernt, aber gleichzeitig als deren Ideengeber prägend für gesellschaftslandschaftliche Vorstellungen (Enzensberger 2006 [1958]: 190). Besonders die

Alpenvereine stilisierten die Berge, Bergsteiger und das Wandern mit kulturkritischem Ton zur Metapher für Freiheit und gutes Leben, „die Rolle der Alpenvereine als touristische Pioniere lässt sich kaum überschätzen" (Hachtmann 2007: 87).

Eine neue Dimension von Tourismusinfrastruktur mit Bezug auf das Erhabene entsteht zeitgleich in Europa und den USA. Im Jahr 1869 eröffnet die weltweit erste Bergbahn auf den Mount Washington (Mount Washington Railway Company). Zwei Jahre später, 1871, eröffnet die erste europäische Bergbahn auf die Rigi. Im Jahr 1875 wird auf dem Rigi-Gipfel das Grand-Hotel Schreiber fertig gebaut (Rigi Bahnen o.J.). Pläne für Bergbahnen auf den Brocken im Harz und den Schafberg im österreichischen Salzkammergut gab es ebenfalls schon seit den 1860er Jahren, sie wurden jedoch in beiden Fällen erst in den 1890er Jahren verwirklicht (Salzkammergutbahn 2013: 8, Harzer Schmalspurbahnen o.J.). Im Jahr 1872 wird der Yellowstone Nationalpark als erster Nationalpark weltweit gegründet (Library of Congress 2015). Es folgen Kämpfe darum, wie der Tourismus in Yellowstone zu entwickeln sei. Der Publizist G.B. Grinnell kritisiert im Jahr 1883 die Kommerzialisierung des Nationalparks und bezieht sich auf Niagara als Negativbeispiel:

> „Der Park ist momentan unser Eigentum. Wie würde es unseren Lesern gefallen, wenn er zu einem zweiten Niagara würde – Ein Ort den man aufsucht, nur um dort geschröpft zu werden, wo aufdringliche Medizin-Werbetafeln einem ins Gesicht starren und die Schönheiten der Natur von der Habgier der Menschen entweiht wurden?" (Grinell 1883a: 101; Übers. E. A.).

Mit der voranschreitenden Erschließung der Berge als Inbegriff des Erhabenen haben sich auch die Raumpraktiken von Touristen verändert und pluralisiert. War bei der Entdeckung des Erhabenen, wie etwa im Yosemite-Tal durch John Muir oder in den Alpen durch die britischen Alpinisten, viel körperliche Anstrengung notwendig, so erforderte seit den 1870er Jahren der Wunsch das Erhabene zu erleben nicht mehr zwangsläufig körperliche Anstrengungen. Die Entwicklung des Erhabenen ist folglich zu verstehen als Teil der Geschichte von Landschaft und ist gleichzeitig ein entscheidender Teil der Geschichte des Tourismus und damit auch ein Teil der Geschichte touristischer Raumpraktiken. Die landschaftlichen Präferenzen der Touristen entwickelten sich gemeinsam mit den touristischen Praktiken.

Mit dem Verweis auf diese Aspekte der Geschichte von Landschaft endet das Kapitel zur Landschaftstheorie. Für das weitere Vorgehen der Arbeit bildet die sozialkonstruktivistische Landschaftstheorie, so wie sie hier dargestellt wurde, die theoretische Grundlage. Die Ausführungen zu den vier Dimensionen von Landschaft sind als analytischer Rahmen zu verstehen. Dieses Konzept stellt das System zur Verfügung, nach dem der touristische Landschaftsdiskurs im empirischen Teil der vorliegenden Arbeit geordnet wird. Die behandelten Aspekte fungieren als Analysedimensionen, die eine systematische Untersuchung von Landschaftsdiskursen ermöglichen. Beispielsweise lassen sich Landschaftskonstruktionen mithilfe der idealtypischen Wirklichkeitsverständnisse einordnen. Die Grundlagen zur sozialkonstruktivistischen Perspektive auf Landschaft bilden das Fundament für die empirische Untersuchung.

3 Tourismustheorie

Tourismus ist Forschungsgegenstand verschiedener Disziplinen, wie Ökonomie, Geographie oder Soziologie. Die Disziplinen haben unterschiedliche Erkenntnisinteressen und dementsprechend verschiedene Zugänge zum Thema entwickelt. Eine umfangreiche Literatur befragt den Tourismus zu seinen sozialen, kulturellen, ökonomischen und ökologischen Auswirkungen (Stichworte sind Ökotourismus oder nachhaltiger Tourismus, z. B. Ellenberg/Beier/Scholz 1997, Job/Woltering/Harrer 2009, Strasdas/Rein 2015, Hall/Gössling/Scott 2015). Im Unterschied dazu richtet die vorliegende Untersuchung den Fokus auf die Vorstellungswelt des Tourismus. Die Macht von Bildern und Vorstellungen im Tourismus könne kaum überschätzt werden, betont Amirou (2012: 81). Die Annahmen des symbolischen Interaktionismus Herbert Blumers' (Kapitel 2.2.2) erklären, wie Vorstellungen und Bedeutungen mittelbar auf Räume wirken, weil sie zu Handlungen motivieren. Diese Annahmen sollen empirisch für das Thema Tourismus weiter konkretisiert werden, indem die Vorstellungswelt des Tourismus analysiert wird, besonders im Hinblick darauf, wie Reiseveranstalter diese Vorstellungswelt für die Vermarktung ihrer Produkte nutzen und zu beeinflussen versuchen. Es stellt sich die Frage, wie die touristische Vorstellungswelt im Allgemeinen und die Motivation zu Reisen im Speziellen entstehen und entstanden sind. Wie ist zu erklären, welche Landschaften in welcher Form Gegenstand des Tourismus werden, wie Landschaft im Tourismus vermittelt wird und damit unsere Wahrnehmung von Räumen prägt? (Löfgren 1999: 7).

Im Folgenden sollen theoretische Ansätze dargestellt werden, welche sich zur Erklärung des touristischen Zugangs zu Landschaft eignen. Notwendig ist zunächst eine allgemeine Charakterisierung des Tourismus. Dazu werden unterschiedliche Sichtweisen auf die individuelle Motivationsstruktur, die dem Phänomen zugrunde liegt, aufgezeigt und dann um Charakterisierungsversuche des ‚Sozialtypus Tourist' ergänzt. Verschiedene Interpretationen des Tourismus verweisen auf eine Nähe touristischen Reisens zur religiösen Praxis. Besonders die Interpretationen von Tourismus als Passageritus und Paradiessuche werden vertiefend dargestellt, da touristisches Reisen immer wieder derartig interpretiert wird (Amirou 2012, Wöhler 2011, Zuev/Picard 2015). Die geographischen Implikationen der religiösen Bezüge des Reisens sollen in dieser Arbeit empirisch überprüft werden. In Kapitel 3.5 werden Ansätze aufgezeigt, wie sich die Geographie des Tourismus aus der Perspektive sozialkonstruktivistischer Landschaftsforschung darstellt. Welche Landschaftsvorstellungen stecken in den religiösen Bezügen des Tourismus? Was ergibt sich daraus für die Geographie des Tourismus? Welche Orte werden zu Reisezielen?

3.1 Deutungsangebote für das Phänomen Tourismus

„Steht der Tourismus in Verbindung mit menschlichen Grundbedürfnissen", die biologisch in uns verankert sind, fragt Amirou (2012: 41; Übers. E. A.). Ein biologischer Ursprung wurde für den Tourismus ebenso vermutet, wie bei der Frage nach der Herkunft landschaftlicher Präferenzen (vgl. Kühne 2013: 150-153). Autoren berühmter Reiseberichte haben verschiedene Vorstellungen von einem Reisetrieb geäußert, der den Menschen angeboren sei. Exemplarisch sei hier auf Bruce Chatwin und Henry David Thoreau verwiesen. Chatwin behauptet in seiner Literatur einen Nomadentrieb des Menschen. Daraus leitet er den Nomadismus als Idealbild einer guten und gesunden, weil natürlichen Lebensweise ab. Der Mensch könne sich nur entfalten und gut leben, wenn er seinem angeborenen Wandertrieb folgen könne. Bei sesshaft lebenden Menschen entdeckt Chatwin überall Anzeichen von Degeneration und Verfall (Chatwin 2012 [1987]: 308). Ob der Autor damit eine anthropologische Konstante aufdeckt, kann weder ohne Weiteres bewiesen noch widerlegt werden. Jedoch ist Chatwin mit seinen Ansichten Teil des gesellschaftlichen Diskurses und Teil der Vorstellungswelt des Tourismus geworden. Henry David Thoreau geht ähnlich vor wie Chatwin, wenn er erklärt, dass Menschen in ihren Reisen kontinuierlich nach Westen strebten (Thoreau 2013: 28-34). Persönliche Gefühle und Wahrnehmungen nimmt Thoreau zusammen, verdichtet sie zu einer essayistisch vorgetragenen These über eine Himmelsrichtung und leistet damit ebenfalls einen Beitrag zur Mythisierung des Reisens.

Eine Erklärung der Reisemotivation durch Verweis auf einen Trieb ist als psychologischer Reduktionismus abzulehnen (Amirou 2012: 33; vgl. auch Knebel 1960: 5, Spode 1995: 121). Ein soziales Phänomen ist stattdessen zunächst durch ein anderes soziales Phänomen zu erklären. Dieser Regel folgend, verweist Amirou auf Kontinuitäten von der Pilgerreise zum modernen Tourismus (Amirou 2012: 33). Pilgerreise und Tourismus sind Praktiken der Suche: „Tourismus, Ferien, Reise, Pilgern sind Arten des Ausdrucks einer Suche: Suche nach sich selbst, nach dem Anderen, nach einem Ort, an dem man wiederaufleben und wiedergeboren werden kann" (Amirou 2012: 26; Übers. E. A.; vgl. auch Bachleitner 2010: 426, Bachleitner/Penz 2000). Auch Wöhler stellt Bezüge her zwischen Tourismus und Religion: „Sich fortzubewegen und andernorts das absolute Hier zu erleben, scheint der Erlösungsweg der Postmoderne zu sein" (Wöhler 2011: 13). Wöhler bezeichnet dies als säkularisiertes Heilsschema. Im Folgenden werden zunächst die Motive dargestellt, mit denen der moderne Tourismus erklärt wird, bevor die Bezüge des Tourismus zu anderen kulturellen Praktiken genauer untersucht werden.

3.2 Reisemotive

Die Faktoren Freizeit und Wohlstand gelten als notwendige Bedingungen für Tourismus in seiner heutigen Form. Für diese gesellschaftliche Ausgangssituation gültige Motive touristischen Reiseverhaltens werden im Folgenden thematisiert. Verschiedene Autoren analysieren die Motivation für Tourismus und nennen Motive, die sich häufig überschneiden. Hier eine Zusammenstellung:

- Entspannung/Erholung: Zwänge des Alltags zurücklassen, Regeneration physischer und psychischer Kräfte (Dumazedier 1962: 28, Kaspar 1998: 27, Bachleitner 2010: 428, Freyer 2011: 206, Schmude/Namberger 2015: 68, Kagermeier 2016: 68)
- Unterhaltung/Abwechslung: Monotonie des Alltags vergessen, Aktivitäten machen, die einen Bruch mit dem Alltag bedeuten (Dumazedier 1962: 28, Bachleitner 2010: 428, Freyer 2011: 206, Schmude/Namberger 2015: 71).
- Selbstentwicklung, Bildung, Selbstfindung: zum Beispiel verborgene Talente entdecken, Fähigkeiten entwickeln, die sonst nicht gefördert werden, arbeiten an sich selbst, Neues probieren, ‚man selbst sein' (Dumazedier 1962: 28, Bachleitner 2010: 428, Amirou 2012: 43, Freyer 2011: 206).
- Therapeutische Motivation - Weiterentwicklung der Funktion Selbstentwicklung durch Amirou (2012: 46): Aktivieren aller Sinne und Benutzen physischer Fähigkeiten, auch um körperliche Leistungsfähigkeit wiederherzustellen bzw. zu erhalten, da das Arbeitsleben körperliche Fähigkeiten nicht ausschöpft.
- Suche nach sozialen Kontakten: Verarmung familiärer Bindung und Anonymität des Alltags führen zu einer Isolierung des Individuums, die im Urlaub aufgehoben werden soll. Besonders deutlich bei Gruppenreisen, Clubhotels oder Reisen für Singles (Bachleitner 2010: 428, Amirou 2012: 45-46, Schmude/Namberger 2015: 71).
- Ostentative Motivation: Die Reise dient dem Touristen zum Erwerb von Sozialkapital (Amirou 2012: 42, Kaspar 1998: 27, Freyer 2011: 206),

wobei je nach Milieu und Reise unterschiedliche Formen von Sozialkapital erworben werden. Binder (2005: 116) nennt die Kategorie des erworbenen Sozialkapitals bei Backpackern ‚Globality‘. Früher verwirklicht durch Imitation einer aristokratischen Klasse, heute eher durch Sinnsuche in Form von Suche nach sozialer Zugehörigkeit (Reiseform als Ausdruck sozialer Zugehörigkeit) (Amirou 2012: 43; vgl. auch Bätzing 2000: 199).

Die genannten Motive sind das Ergebnis empirischer Untersuchungen. Darüber hinaus beschreiben zum Beispiel Enzensberger (2006 [1958]) und Lévi-Strauss (1966) für touristische Praktiken, und Bollnow (1997) für das Wandern, eine Meta-Motivation oder Funktion. Diese Motivation besteht darin, gesellschaftliche Strukturen für einen begrenzten Zeitraum außer Kraft zu setzen. Der Tourismus/das Wandern sei demnach eine Art Gegenwelt, welche als Ziel für eine Flucht aus dem Alltag und der Gesellschaft dient. Diese Eigenschaft des Tourismus/des Wanderns, im Kern eine Suche nach Kontrast zum Alltag zu sein, wurde für Enzensberger und Bollnow zum Ausgangspunkt unterschiedlicher normativer Wertungen der jeweiligen Praxis.

Enzensberger interpretiert den Tourismus als Flucht aus dem Alltag: „Die Flut des Tourismus ist eine einzige Fluchtbewegung aus der Wirklichkeit, mit der unsere Gesellschaftsverfassung uns umstellt. Jede Flucht aber, wie töricht, wie ohnmächtig sie sein mag, kritisiert das, wovon sie sich abwendet" (Enzensberger 2006 [1958]: 202; vgl. Wöhler 2011: 18). Enzensberger bezeichnet Tourismus als blinde Rebellion. Anstatt die Lebensumwelt im Alltag zu verändern, flüchte der Tourist in eine Utopie und diese wirke als Ventil, das beständig den sich aufstauenden Druck verpuffen ließe, der zu einer Verbesserung der Zustände in der Alltagswelt notwendig wäre. Der Tourismus ist mit Enzensberger zu verstehen als eine falsche Antwort auf eine richtige Frage. Der Tourist wünsche sich demnach Veränderung. Statt jedoch den Raum zu verändern, wechselt der Tourist den Raum (Amirou 2012: 22-23).

Bollnow sieht in der Zweckentbundenheit den „entscheidenden Wesenszug des Wanderns" (Bollnow 1997: 114). „Das Wandern ist die Form, in der der Mensch aus der übergroß gewordenen Zweckhaftigkeit seines Daseins auszubrechen versucht. Das Wandern ist [...] eine Flucht" (Bollnow 1997: 117). Für Bollnow bedeuten das Wandern und die Hinwendung zur Landschaft eine Rückkehr zur Ursprünglichkeit (Bollnow 1997: 120). „Indem der Mensch im zeit- und zweckenthobenen Wandern ganz aus der ständig vorwärtsdrängenden Hast seines Alltagslebens zurücktritt, gewinnt er wieder Kontakt mit einem tieferen, im Zeitlosen ruhenden Lebensgrund" (Bollnow 1997: 120). Bollnow wertet diese Flucht aus dem Alltag, als die er das Wandern bezeichnet, positiv:

„Die beglückend erfahrene Rückkehr zum Ursprung kann nicht bedeuten, dass der Mensch in diesem Ursprungsstadium verharren sollte und dass alle weitere Entwicklung nur als Abfall von seinem ursprünglichen Wesen zu verstehen sei. [...] Worauf es ankommt, ist die Polarität zwischen den beiden Möglichkeiten und innerhalb dieser Polarität das oft verkannte Recht der Muße zu sehen, die eben nicht nur Entspannung und Erholung ist, sondern Wesenserfüllung des Menschen [...]" (Bollnow 1997: 121, 122).

Auch Lévi-Strauss versteht den Tourismus als zeitlich begrenzte Aufhebung der normalen Alltagswelt und stellt ihn auf Grundlage dieser Deutung in eine Reihe mit religiösen Riten: „Einmal im Jahr seine Kultur auszuklammern, nur um sie am Ende zu bestätigen, ist keine Erfindung von Campern oder Ferienclubs. Das heilige Ritual ist nicht weit entfernt!" (Lévi-Strauss 1966; Übers. E. A.).

3.3 Der Tourist

Die United Nations World Tourism Organization (UNWTO) definiert Tourismus wie folgt: „Tourismus ist ein soziales, kulturelles und wirtschaftliches Phänomen, das die Bewegung von Personen in Länder oder Orte außerhalb ihrer normalen Umgebung aus persönlichen oder geschäftlichen/beruflichen Gründen bezeichnet" (UNWTO 2008: 1; Übers. E. A.). Diese Definition wird für die vorliegende Arbeit um die Kriterien geschäftlich/beruflich gekürzt, denn Geschäftsreisen sind Thema dieser Arbeit nur, insofern sie in Form von Reiseberichten oder Ähnlichem die touristische Vorstellungswelt bereichert haben. Die landschaftliche Vorstellungswelt spielt für Kongress- und Businesstourismus keine Rolle, daher ist diese Art von Tourismus nicht Teil dieser Arbeit. Der Tourismus, dessen Vorstellungswelt und Bezüge zu Landschaft Thema dieser Arbeit ist, spielt sich als Urlaubsreise in der Freizeit ab. Abzüglich Geschäftsreisen und ergänzt um die oben beschriebenen Motive für Tourismus, ergibt die Definition der UNWTO eine Charakterisierung dessen, was in dieser Arbeit unter dem Begriff Tourist verstanden wird: Tourist ist, wer mit den oben beschriebenen Motiven in seiner Freizeit einen Ortswechsel heraus aus seiner normalen Umgebung vollzieht, mit der Intention in diese zurück zu kehren.

Bachleitner (2010: 422) weist darauf hin, dass weltweit fast eine Milliarde Menschen verreisen und damit vorrübergehend, bewusst oder nicht, die Rolle des Touristen ausüben. Besonders in westlichen Gesellschaften stellen die Nichtreisenden eine kleine Minderheit dar (Bachleitner 2010: 425). Dennoch sei das Wissen über Touristen laut Bachleitner unbefriedigend. Obwohl zahlreiche statistische Kennzahlen zur Beschreibung des Tourismus existieren, gelten „Touristen als eine soziale Größe, über deren Wesen, Sichtweisen und Entscheidungsverhalten man wenig Konkretes weiß, zeigt sich doch das ‚System Tourismus' insgesamt als ein komplexes trans- und interkulturelles Phänomen mit niedrigem interdisziplinären Erkenntnisstand" (Bachleitner 2010: 423). Der Tourist als Sozialtypus wird von Bauman charakterisiert:

> „Der Tourist sucht bewusst und systematisch Erfahrungen […], Erfahrungen der Differenz und Neuheit. Die Touristen wollen in ein fremdes Element eintauchen (dies soll ein angenehmes Gefühl auslösen, ein prickelndes und verjüngendes Gefühl, wie wenn man sich am Strand von den Wellen hin- und herschaukeln lässt) – dies alles jedoch unter der Bedingung, dass nichts an der Haut kleben bleibt und alles abgeschüttelt werden kann, wann immer man es wünscht. Touristen wählen die Elemente in die sie hineinspringen danach aus, wie fremd und merkwürdig sie sind, aber auch danach, wie harmlos sie sind. Man erkennt die Lieblingsplätze der Touristen an ihrer unverhohlen zur Schau gestellten (und sorgsam gepflegten) Sonderbarkeit, aber auch an überflüssigen Sicherheitsvorkehrungen und gut markierten Notausgängen. Das Fremde ist harmlos in der Tourismuswelt und Schocks kommen im ‚Package Deal' mit Sicherheit" (Bauman 1996: 29-30; Übers. E. A.).

Diese Charakterisierung weist deutlich darauf hin, dass Touristen häufig negativ betrachtet werden (MacCannell 2013 [1976]: 9). Während der Begriff ‚Reisender' positiv konnotiert ist, gilt das für den Begriff ‚Tourist' nicht. „Touristen gelten als unwissend, arrogant, unsensibel, besitzergreifend und sind Eindringlinge in die privaten und kulturellen Sphären der Bereisten. Auf der rast- und ruhelosen Suche nach Authentischem gelten Touristen als Eindringlinge in die gewachsenen sozialen und kulturellen Gefüge" (Bachleitner 2010: 433).

3.4 Religiöse Bezüge des Tourismus

Nun sollen die religiösen Bezüge des Tourismus näher untersucht werden. Wie bereits angesprochen, werden verschiedentlich religiöse Bezüge des Tourismus diskutiert, die, wie bei Amirou (2012), zum Beispiel auf Parallelen zwischen Pilgerreise und touristischer Reise verweisen. Im Folgenden wird der Bezug des Tourismus zum Passageritus und zum Paradies untersucht. Hinsichtlich ihrer Beziehung zum Passageritus können diejenigen Komponenten des Tourismus untersucht werden, die Reisen als Methode der persönlichen Veränderung erscheinen lassen. Ein Bezug des Tourismus zur religiösen Paradiessuche lässt sich untersuchen, wenn z. B. persönliche Glücks- oder Sinnsuche mit dem touristischen Bereisen von Orten verknüpft ist.

3.4.1 Passageritus

Amirou (2012: 48-49) vergleicht das Reisen mit Initiationsriten indigener Völker, die einen Jugendlichen gemäß den Regeln dieser Gesellschaften zum Erwachsenen machen. Diese werden in der Ethnologie ‚rites de passage' genannt und sind in drei Phasen unterteilbar: Separierung des Individuums, Isolierung an einem anderen Ort und Wiedereingliederung in die Gruppe (Amirou 2012: 49). Kürzere Urlaubsreisen und speziell Pauschalreisen markieren wahrscheinlich in der Regel *nicht* einen bewussten Übergang von einer Phase des Lebens in eine andere. Größere Reisen, wie etwa ein sogenanntes ‚Gap Year'[2] nach der Schule oder nach dem Studium, Freiwilligenarbeit im Ausland oder Pilgerreisen zeigen deutlicher die Charakteristik eines Passageritus. Auch die genannten Reisemotive ‚Selbstfindung' und ‚Entdecken verborgener Talente' weisen auf einen Bezug des Tourismus zum Passageritus hin.

Moderne Pilgerreisen zeigen starke Bezüge zum Muster des Passageritus und sind vom Tourismus nicht trennscharf abzugrenzen. Die Motivationsstruktur von Pilgern auf dem Jakobsweg beschreiben Kurrat und Heiser so: „Menschen pilgern, um ihr Leben zu bilanzieren, um eine Krise zu verarbeiten, um eine Auszeit vom Alltag zu nehmen, um einen Übergang zwischen zwei Lebensphasen zu vollziehen oder um einen Neustart im Leben zu initiieren" (Kurrat/Heiser 2014: 14). Bei allen genannten Motiven wird das Pilgern gezielt als Passageritus genutzt. Die Nähe der Lebenswelt des Pilgers zur Lebenswelt eines Wanderers in einer Gruppenreise verdeutlicht folgende Feststellung: „[…] konstitutive Merkmale einer Pilgerschaft [sind] das individuelle Erleben von Natur und Körperlichkeit, die soziale Interaktion in den Pilgerherbergen und die Vergemeinschaftung unter den Pilgern" (Kurrat/Heiser 2014: 13). Tagesabläufe von Wanderreisen und Pilgerreisen sind einander sehr ähnlich, umso mehr, wenn eine Wanderreise entlang eines Fernwanderweges, oder gar Pilgerweges verläuft.

3.4.1.1 Spezialfall Heldenreise

Der Begriff der Heldenreise basiert auf einer Analyse von Erzählstrukturen. Die Heldenreise ist ein Spezialfall des Passageritus. Sie ist zur Vorlage für den Aufbau von Erzählungen geworden. Als Motiv ist sie in der westlichen Erzählkultur allgegenwärtig, z. B. in zahlreichen Hollywoodproduktionen. Die Heldenreise ist

---

2   Als ‚Gap Year' werden selbstgewählte ausgedehnte Übergangsphasen zwischen Lebensabschnitten bezeichnet; besonders bei jungen Erwachsenen, die zwischen Schule und Studium oder zwischen Bachelor- und Masterstudium längere Reisen unternehmen oder Freiwilligenarbeit im Ausland leisten.

typischerweise geprägt durch eine stringente Erzählung und eine eindeutige Rollenverteilung von Gut und Böse. Das erzählerische Motiv der Heldenreise umfasst einige feste Bestandteile, wobei der Held die oben genannten drei Phasen eines Passageritus durchläuft: Aufbruch, Initiation und Rückkehr (Vogler 1998: 54). In der Postmoderne sind zunehmend von der Heldenreise abweichende Erzählschemata populär, jedoch bleibt die Heldenreise ein viel gebrauchtes Muster in Film- und Fernsehproduktionen (z. B. in Star Wars, James Bond aber auch Tatort). Joseph Campbell prägte die Bezeichnung dieses Erzählschemas als ‚Hero's Journey' (Campbell 2004 [1949]). Der Ablauf der Heldenreise soll hier dargestellt werden, da dieses Erzählformat aufgrund seiner hohen Präsenz in der Kultur für westliche Gesellschaften wohl den prägendsten Kontakt zur Struktur des Passageritus darstellt. Nach Christopher Vogler (1998: 56) ist der Ablauf der idealtypischen Heldenreise durch zwölf aufeinander folgende Stationen gekennzeichnet:

1. Gewohnte Welt, 2. Ruf des Abenteuers, 3. Weigerung, 4. Begegnung mit dem Mentor, 5. Überschreiten der ersten Schwelle, 6. Bewährungsproben/Verbündete/Feinde, 7. Vordringen zur tiefsten Höhle/zum empfindlichsten Kern, 8. Entscheidende Prüfung, 9. Belohnung, 10. Rückweg, 11. Auferstehung, 12. Rückkehr mit dem Elixier.

„Die meisten Geschichten lassen den Helden aus seiner gewohnten alltäglichen Umgebung in eine andersartige, neue und fremde Welt aufbrechen" (Vogler 1998: 57). Nachdem der Held den Ruf des Abenteuers empfangen hat (z. B. einen Hilferuf, die Aufforderung als Detektiv einen besonders kniffligen Fall zu lösen, die Bitte, Teil eines Teams zu werden, oder ein Verbrechen an Freunden, das nach Rache verlangt), weigert er sich typischerweise zunächst, dem Ruf zu folgen (Vogler 1998: 59-61). Ein Mentor hilft dem Helden in vielen Geschichten, die Angst vor dem Unbekannten zu überwinden, er macht dem Helden die Notwendigkeit seiner Mitwirkung klar und bereitet ihn auf die Gefahren in der anderen Welt vor (etwa durch Training oder die Übergabe eines Schwertes) (Vogler 1998: 62). Nach dem Aufbruch folgt die Initiation. Der Held lernt eine neue Welt mit ihren anderen Regeln kennen und er lernt, darin zurechtzukommen. Er wird Meister der neuen Umgebung. Nach einer oder mehreren Bewährungsproben muss der Held in der entscheidenden Prüfung alle seine Fähigkeiten zur Anwendung bringen (Vogler 1998: 64-68). Diese entscheidende Prüfung ist der kritische Augenblick der Geschichte, eine „Tortur, in deren Verlauf der Held stirbt (oder zu sterben scheint), um dann wiedergeboren werden zu können" (Vogler 1998: 68). Vogler verweist auf den entsprechenden Ablauf traditioneller Initiationsriten: „Dem Initianten wird zunächst durch eine furchterregende Erfahrung das Gefühl des Todes vermittelt; anschließend darf er seine Wiedergeburt als neues Mitglied der Gruppe erleben" (Vogler 1998: 69). Der Held der Erzählung „[…] übersteht die Tortur, gibt nicht auf und geht als veränderter Mensch daraus hervor" (Vogler 1998: 67-68). Nun bekommt der Held seine Belohnung: den Gral oder wichtige Informationen, „den Schatz, um dessentwillen er aufgebrochen war" (Vogler 1998: 69). Danach beginnt der Rückweg. Der Held hat den Entschluss gefasst, in seine Heimat zurückzukehren, aber „die Mächte des Todes und der Finsternis holen zu einem letzten, verzweifelten Schlag aus, ehe sie endgültig besiegt werden" (Vogler 1998: 72). Durch das Erlebnis von Tod und Wiedergeburt geprägt, kehrt der Held nach erfolgreich bestandenen Prüfungen als Anderer in die Gesellschaft zurück. Bei seiner Rückkehr bringt er etwas mit, z. B. einen Zaubertrank, nützliche Kenntnisse, die Sicherheit, in der Fremde bestehen zu können, oder die Einsicht, dass es nirgends schöner ist als zu Hause. „Schafft es der Held nicht, von seiner Prüfung in der tiefsten Höhle etwas mitzubringen, dann ist er dazu verdammt, sein Abenteuer zu wiederholen" (Vogler 1998: 74).

3.4.1.2   *Passageriten, Heldenreisen und die touristische Praxis*

Fraglich ist, inwiefern die filmische und literarische Inszenierung von Passageriten im Allgemeinen und Heldenreisen im Speziellen Einfluss auf die Planung, das Erleben und Erinnern individueller Reisepraxis ausübt und welche Rolle Landschaft dabei einnimmt. Es wurde bereits auf die Bedeutung des Mediums Film für die Entstehung und Festigung gesellschaftslandschaftlicher Vorstellungen hingewiesen (Kühne 2013: 231). Viele Filme stellen Reisen in Form von tatsächlichen Ortswechseln dar und sind zudem als Heldenreise inszeniert (wie z. B. regelmäßig bei der James Bond-Reihe, oder schon in der Odyssee). Aus Film und Literatur können somit nicht nur Orte, sondern auch räumlich verknüpfte Handlungsmuster und Erlebnisse in die individuelle Reisepraxis übernommen werden. Deutlich zeigt sich dies am sogenannten ‚Kerkeling Effekt'. Als ‚Kerkeling-Effekt' bezeichnen Kurrat/Heiser (2014: 9) den sprunghaften zahlenmäßigen Anstieg deutscher Pilger auf dem Jakobsweg nach Santiago de Compostela nach Erscheinen des Buches *Ich bin dann mal weg*, das der Entertainer Hape Kerkeling im Jahr 2006 veröffentlichte. Der ‚Kerkeling Effekt' zeigt beispielhaft den Einfluss, den ein Buch, das gesellschaftslandschaftliche Vorstellungen prägt und eine Praxis der Aneignung formuliert, nämlich die Pilgerreise, auf das Pilger-/Reiseverhalten ausüben kann.

Problematisch für den Tourismus ist an der idealtypischen Heldenreise die Motivation des aufbrechenden Helden, denn der Held der Heldenreise wird stets in die Handlung hineingezogen, ohne es zu wollen. Typischerweise wehrt er sich, wie schon Odysseus, zunächst dagegen, aufbrechen zu müssen, kommt aber um seine Pflicht nicht herum, kann seinem Schicksal nicht entgehen. Da der Held immer in die Handlung hineingezogen wird, braucht er seinen Aufbruch weder vor sich selbst, noch vor Anderen zu rechtfertigen. Überhaupt reist der Held nicht vordergründig für sich selbst, sondern um Rache zu nehmen, den heiligen Gral zu finden oder die Welt vom Bösen zu befreien. Reise und Reiseerlebnisse werden in der Heldenreise als Nebenprodukt einer Mission vermittelt, die der Held zu erfüllen hat. Dass die allgemein verbreitete Kenntnis der Dramaturgie der Heldenreise Bezüge zur Wahrnehmung eigener touristischer Reisen hat, deutet Amirou an (Amirou 2012: 105).

In einer Studie über Antarktisreisen geben Zuev und Picard (2015: 158) einen Hinweis darauf, dass zumindest spezielle Reisen als Passageritus begriffen werden können. Die Autoren untersuchen die Dramaturgie von Antarktisreisen. Diese werden von den Veranstaltern gezielt als Passageritus inszeniert. Anhand von Interviews mit Teilnehmern dieser Reisen zeigen die Autoren, dass die Deutung der Reiseerlebnisse durch die Touristen deren Interpretation als Passageritus rechtfertigt (Zuev/Picard 2015: 158).

3.4.2 Paradiessuche

Auf einen Bezug touristischen Reisens zur Suche nach dem Paradies lassen vor allem die idealtypischen Beschreibungen touristischer Reiseziele in der Werbung, aber auch in anderen tourismusbezogenen Veröffentlichungen schließen. Das Reisen und die Ferienzeit bezeichnet Löfgren (1999: 7) als Utopie: „Vacations remain one of the few managable utopias in our lives."

In der zweiten Hälfte des 18. Jahrhunderts entstand mit dem Stereotyp des ‚edlen Wilden' ein enger Bezug zwischen Reisen, der Fremde und dem Paradies (Burckhardt 2011: 279, 302). Der französische Weltumsegler Bougainville (1980 [1772]: 188) nennt Tahiti einen „Garten Eden" und auch Georg Forster (1983 [1777]: 241-296) will in Tahiti das Paradies in der Südsee erkennen (hier stellvertretend für weitere Reisende und Abenteurer) (Burckhardt 2011: 279, 303). Damit wird in der zweiten Hälfte des 18. Jahrhunderts der Stereotyp des exotischen Südseeparadieses konstituiert. Jean-Jaques Rousseau lieferte das theoretische Konzept für die Idealisierung fremder Kulturen und eine Vorlage für deren Stereotypisierung. Das Paradies bestand für den Reisenden Forster aus einem harmonischen Zusammenleben in einer gerechten Gesellschaftsordnung, dazu kamen die Gunst des warmen tropischen Klimas und eine ausgeprägte landschaftsästhetische Komponente (Forster 1983 [1777]: 241-296). Auch das Motiv der (paradiesischen) Einheit von Mensch und Natur geht auf Rousseaus Idee vom ‚Naturzustand' zurück und durchzieht praktisch das gesamte 19. Jahrhundert (Rüth 2008: 33). „Nicht allein, aber doch wesentlich auf Jean-Jaques Rousseau geht eine Begeisterung für ‚die Natur' zurück, die schon bald epidemische Ausmaße annahm und charakteristisch für den modernen Tourismus ist" (Hachtmann 2007: 60; vgl. auch Haines 1974: 3). Autoren wie Ralph Waldo Emerson, Henry David Thoreau und John Muir vermitteln das Bild eines guten Lebens abseits neuer zivilisatorischer Entwicklungen und weisen der Wildnis und der Erhabenheit der Natur eine spirituelle Rolle zu. Wie sich die Ideen dieser Autoren im Raum manifestierten, wurde in Kapitel 2.6 aufgezeigt. Die Paradiessuche als das Aufsuchen eines ‚glücklichen' Raumes betrachtet Wöhler als zentrales Reisemotiv der aktuellen touristischen Praxis:

> „Sich fortzubewegen und andernorts das absolute Hier zu erleben, scheint der Erlösungsweg der Postmoderne zu sein [...]. Die Freizeit (und damit die Tourismuswelt) ist zugleich Erlösungstat, Verwirklichungsmodus der Menschheitsgeschichte und gesellschaftliche Vermittlungsinstanz. Sie bildet dafür materiell und symbolisch Räume aus" (Wöhler 2011: 13).

Gleichzeitig entsteht für den postmodernen Menschen Unsicherheit, wo dieses Paradies aufzufinden sei, „weil es nicht mehr nur den einzigen verheißungsvollen Leitraum gibt, das ‚himmlische Jerusalem', sondern unendlich viele derartige eschatologische Räume" (Wöhler 2011: 13). Laut Wöhler vermutet der postmoderne Mensch das Glück stets an einem anderen als seinem eigenen Aufenthaltsort (Wöhler 2011: 13, hier im Anschluss an Kiefl 1997: 221). „Der heutige kategorische Imperativ lautet demnach: Suche immerfort Orte bzw. Räume auf!" (Wöhler 2011: 13).

3.5 Überlegungen zur Geographie des Tourismus

Im Tourismus werden Erfahrungen räumlich gesucht, Wunschträume werden in die Ferne projiziert (Enzensberger 2006 [1958]: 188). Im vorigen Kapitel wurden verschiedene Motive für touristisches Reisen analysiert, daraus ergeben sich Anhaltspunkte für die Geographie des Tourismus. Räumliche Paradiessuche wird zum Beispiel erst möglich, wenn ein Reiseziel als Paradies konstruiert wird. In diesem Abschnitt wird unter Rückgriff auf die Landschaftstheorie Kühnes (2013) die Räumlichkeit des Tourismus konzeptionell zu erfassen versucht, dabei stellen sich mehrere Fragen:

- Wie werden Orte zu Reisezielen?
- Wie beeinflusst das Reiseziel die Form der touristischen Aneignung?
- Wie lässt sich die konkrete Auswahl eines Reiseziels erklären?

Im Folgenden werden theoretische Ansätze dargestellt, die eine Annäherung an die gestellten Fragen ermöglichen. Das Konzept der gesellschaftlichen Landschaft wird herangezogen, um zu fragen, wie Landschaften zu Reisezielen werden. Der Ansatz des *tourist gaze* von John Urry unterscheidet zwei verschiedene Formen der Aneignung von Landschaft auf Grundlage gesellschaftslandschaftlicher Typisierungen und kann damit Hinweise darauf geben, wie eine Form der Aneignung durch die Konstruktion eines Reiseziels oder einer Sehenswürdigkeit vorgegeben sein kann. Die betriebswirtschaftliche Marketing-Theorie nach Homburg und Krohmer (2009) soll Anhaltspunkte dafür liefern, wie die konkrete Auswahl eines Reiseziels erklärbar ist.

3.5.1   Wie werden Orte zu Reisezielen?

Der Wunsch zu reisen setzt die Verknüpfung von Erwartungen mit einem Reiseziel und dem Prozess des Reisens voraus. Tourismusdestinationen sind folglich Orte mit Präsenz in der gesellschaftslandschaftlichen Vorstellungswelt, denn nur Bekanntes kann mit Vorstellungen und Erwartungen verknüpft sein. Amirou spitzt dies zu: „Niemand ist je aufgebrochen, um das absolut Unbekannte zu entdecken, denn immer wird der Drang fortzufahren von einer Vorstellung geleitet, dessen, was es auf der Reise zu entdecken gibt" (Amirou 2012: 49; Übers. E. A.). Lucius Burckhardt stellt die Frage „Was entdecken Entdecker?" und analysiert, wie Entdecker in ihren Reiseberichten auf mitgebrachte ästhetische Muster und Vorstellungen von Landschaft zurückgreifen, um einen Gesamteindruck des entdeckten Landes zu präsentieren (Burckhardt 2011: 279). Demnach ist die Reise „einer Tautologie ähnlich, denn man entdeckt dabei etwas, was man auf irgendeine Weise bereits vorher kannte" (Amirou 2012: 94; Übers. E. A.). Auch Pott befasst sich mit der Frage, wie sich Erwartungen und Vorwissen auf das Verhalten auf Reisen auswirken: „Städtetouristen lesen vor der Reise einen Reiseführer, studieren Stadtpläne [...], fahren dann in die beschriebene Stadt, sehen oder besichtigen, was sie als sehenswert erinnern [...], berichten ihre Reiseerlebnisse nach ihrer Stadtbesichtigung Freunden" (Pott 2007: 157). Gleiches gilt für Wanderreisen oder Rundreisen mit dem Auto. Keineswegs ist damit gesagt, dass die Touristen vor Ort immer ihre Erwartung bestätigt finden. Pott weist auf eine „Wechselbeziehung von touristischer Kommunikation und sinnlicher Wahrnehmung" hin, diese diene „nicht zuletzt der Kontrolle und Eichung der touristischen Entwicklung" (Pott 2007: 158). Gesellschaftslandschaftliche Vorstellungen können so zur ‚Selffulfilling Prophecy' werden, wenn Orte in ihrer physischen Substanz ihrem gesellschaftslandschaftlichen Image entsprechend angepasst werden (Kühne 2012: 232). Bekanntheit und Bedeutung von Orten sind also zentral für deren Erfolg als Reiseziel. Die Entwicklung neuer Bedeutungen ist als Teil der Kulturgeschichte ein komplexer Prozess, der aus dem Zusammenspiel verschiedener gesellschaftlicher Gruppen resultiert. Auf welchen Wegen beispielsweise das Erhabene zum landschaftlichen Stereotyp geworden ist, wurde in Kapitel 2.6 ausgeführt. Die Analyse landschaftlicher Stereotype kann einen Beitrag liefern zur Erklärung, wie Orte zu Tourismusdestinationen werden. In einem bestehenden Bedeutungssystem kommen Orte als Reiseziele infrage, die einem bekannten landschaftlichen Stereotyp entsprechend wahrgenommen werden oder Anschlussfähigkeit an einen nachgefragten Stereotyp aufweisen. Die beiden zentralen stereotypen Wahrnehmungsmodi des Lieblichen und des Erhabenen wurden bereits thematisiert und sollen im Folgenden um einige Aspekte ergänzt werden. Im empirischen Teil dieser Arbeit soll daran anknüpfend überprüft werden, inwiefern das Erhabene und das Liebliche in der touristischen Praxis mit der Deutung des Tourismus als Passageritus und Paradiessuche verknüpft sind. Anschließend wird die Unterscheidung touristischer Sehenswürdigkeiten im Raum unter dem Stichwort ‚Sakralisierung' (MacCannell 2013 [1976]: 43-44) thematisiert, denn auch die Sakralisierung ist Teil des Prozesses, der aus Orten Reiseziele macht.

3.5.1.1 Touristische Suche nach dem Erhabenen

Das Erhabene steht im Tourismus oft in Zusammenhang mit den Bergen und allgemein dem Hohen. Petrarcas Begründung für seine literarische Wanderung auf den Mont Ventoux ist bezeichnend: „Den höchsten Berg dieser Gegend [...] habe ich heute bestiegen, allein vom Drang beseelt, diesen außergewöhnlich hohen Ort zu sehen" (Petrarca 2014 [14. Jhd.]: 9). Unter dem Eindruck einer Aussicht vom Gipfel eines Berges erscheint alles Menschliche unten im Tal klein und wird als unbedeutend wahrgenommen (Amirou 2012: 86). Literarische Einsiedler wie Nietzsches Zarathustra oder Süßkinds Grenouille suchten in den Bergen die Einsamkeit; der Olymp war der Sitz der griechischen Götter, ebenso wie die Herdubreid auf Island Sitz der Nordischen Götter war: Die Berge hatten häufig Bedeutung in der Geographie der Spiritualität und stellen in vielen Religionen einen Kontakt zwischen Himmel und Erde her (Amirou 2012: 84). Thoreau schreibt: „Zum Beispiel liegt etwas in der Bergluft, das den Geist nährt und ihn beflügelt" (Thoreau 2013 [1862]: 37). „Berge werden assoziiert mit physischer, moralischer und spiritueller Erhebung, aber auch mit zwei dominierenden Gefühlen: Ein Gefühl der menschlichen Kraft, ausgedrückt durch den Willen, Berge zu ersteigen, die Höhe zu besiegen und ein zweites Gefühl der Demut und Beklommenheit angesichts ihrer Größe" (Amirou 2012: 85; Übers. E. A.). Das Erhabene

kann also als Herausforderung begriffen werden, die den Menschen zu Höchst-
leistungen motiviert und auch als Zeichen schier unglaublicher Größe und Macht
der Natur, der gegenüberstehend der Mensch sich als unbedeutend empfinden
kann. In beiden Fällen erzeugt die Erfahrung des Erhabenen einen Bruch mit dem
Alltag und relativiert die Bedeutung alltäglicher Probleme. Erhabenes kann prinzipiell auch durch Menschen geschaffen werden, aber es scheint selbst größer als
der Mensch zu sein (Burckhardt 2011: 118). Wie eng das Erhabene mit der Geschichte des Tourismus verbunden ist, wurde anhand der Geschichte seiner touristischen Erschließung in Kapitel 2.6 dargestellt (vgl. auch Bell/Lyall 2002). Das
Vorhandensein von Orten, die als erhabene Landschaft konstruiert werden, kann
die Geographie des Tourismus allein nicht erklären. Jedoch hatte die Zuwendung
zum Erhabenen entscheidende Auswirkungen auf die Geographie des Tourismus,
denn sie war eine notwendige Bedingung für die Entwicklung des alpinen Tourismus. Ohne diese kulturellen Bezüge zum Erhabenen und zu den Bergen im
Speziellen, wäre der heutige Massentourismus in den Bergen nicht vorstellbar
(Amirou 2012: 49).

3.5.1.2   Touristische Suche nach dem Lieblichen

Das Ideal der lieblichen Landschaft ist für den Tourismus mindestens ebenso
wichtig wie das Erhabene. Während dem Erhabenen immer auch eine Bedrohung
innewohnt, ist das Liebliche domestiziert und friedlich (Eschenburg 1987: 111).
Das Liebliche tritt in Form des lieblichen Ortes (‚locus amoenus‘) in der Kulturlandschaft auf oder Kulturlandschaft wird insgesamt als lieblich gedacht. Damit
wird deutlich, dass dem touristischen Verständnis von Kulturlandschaft ein enger
Landschaftsbegriff zugrunde liegt. Das Liebliche ist verbunden mit dem Begriff
der Kulturlandschaft, umso mehr, da Kulturlandschaft heute als ewige Kulturlandschaft gedacht wird (Burckhardt 2011: 92) und damit starke Bezüge zur Idee
des Paradieses als Einheit von Mensch und Natur aufweist. „Die ‚alten Kulturlandschaften‘ das klingt etwa so wie ‚die Wiege der Menschheit‘. Wie gerne beschreibt man diese schönen, alten Landschaften als ewig, die Tiberebene, das
Zweistromland, die Überschwemmungsgebiete des Nil! Und doch ist das Ganze
paradox: Kultur ist Tätigkeit, ist Erfindung, ist Fortschritt“ (Burckhardt 2011: 92).
Doch nicht immer suggerierte der Begriff Kulturlandschaft Ewigkeit. Holländi-
sche Landschaftsmaler bildeten neueste Modelle von Windmühlen ab, jedoch
nehmen wir ihre Bilder heute anders wahr als die Künstler und ihre Zeitgenossen
(Burckhardt 2011: 92). „Oder die Burgen auf ihren Hügeln: Wie lieben wir sie,
insbesondere in Ruinenform! Wollte aber heute jemand ein solches Gebäude auf
einen Hügel bauen, so würde die Behörde einschreiten, der Landschaftsschutz“

(Burckhardt 2011: 92, 93 vgl. zur Bedeutung von Ruinen Siegmund 2002). Noch im 19. Jahrhundert wurden Hotels an Stellen gebaut wie früher Burgen, nämlich mitten hinein in die Landschaft, die man bewunderte. Laut Burckhardt kann Kulturlandschaft also prinzipiell auch modern und fortschrittlich sein, dies sei aber heute nicht mehr erlaubt (Burckhardt 2011: 93). „Kulturlandschaft ist heute die Landschaft, in die man zu spät kommt. Deren Reiz darin besteht, dass man gerade noch erkennen kann, wie es einmal war; und wie es einmal war, das ist für uns so, wie es ‚eigentlich' sein müsste" (Burckhardt 2011: 93).

3.5.1.3   *Sakralisierung von Orten*

Touristische Sehenswürdigkeiten werden im Raum häufig als solche kenntlich gemacht. Diese gezielte Aufbereitung von Orten für den Tourismus bezeichnet MacCannell als Sakralisierung (MacCannell 2013 [1976]: 43). Zum Beispiel trägt die Bezeichnung eines Objekts als Sehenswürdigkeit entscheidend dazu bei, touristische Orte entstehen zu lassen. Hinweistafeln für Aussichtspunkte lotsen den Touristen in die richtige Perspektive und transportieren die Botschaft, dass es eine Landschaft zu sehen gibt. In anderen Fällen gibt es Gesetze zum Schutz der Sehenswürdigkeit, diese wird wissenschaftlich vermessen, um ihren historischen, kulturellen oder ökologischen Wert zu bestimmen (MacCannell 2013 [1976]: 44). Wissenschaftliche Erkenntnisse über den Wert der Sehenswürdigkeit werden den Touristen dann auf Infotafeln oder während einer Führung mitgeteilt (Amirou 2012: 75, 76). Der Preis einer Sehenswürdigkeit wirkt noch zusätzlich als Qualitätsindikator, etwa im Falle von Eintrittsgebühren bei einer Tropfsteinhöhle oder einem Museum. Die Tourismuswerbung macht aus physischen Objekten mythische Objekte, die eine mythische Geographie bilden, etwa mit Slogans, wie: „Entdecken Sie das wahre Tunesien" (Amirou 2012: 113; Übers. E. A.). Reklame der Tourismusbranche und Reiseführer bezeichnet Amirou als die einzigen Medien, die uns noch von Glückseligkeit und vom Paradies auf Erden verkünden (Amirou 2012: 115; vgl. Löfgren 1999: 7). In der Frage, wie Orte zu Reisezielen werden, verweisen die ästhetischen Kategorien des Lieblichen und des Erhabenen auf Prozesse, die außerhalb der touristischen Destinationen stattfinden. Ästhetische Vorlieben für bestimmte Landschaften entwickeln sich unabhängig von touristischen Destinationen und haben dennoch großen Einfluss auf diese. Die Sakralisierung von Orten ist demgegenüber Gegenstand touristischer Destinationsentwicklung. Sie bezeichnet die Ausstattung eines Ortes mit touristischer Infrastruktur, deren Vorhandensein ebenfalls Sehenswürdigkeiten popularisieren kann, etwa wenn die Markierung und Ausweisung eines Fernwanderweges mit intensiven Werbemaßnahmen verbunden wird.

3.5.2 Touristische Aneignung von Landschaft: Das Konzept des *tourist gaze* nach Urry

Das Konzept des *tourist gaze* von John Urry beschreibt die Aneignung von touristischen Attraktionen, also auch Landschaften, durch Touristen. Der *tourist gaze* ist ein Leitbild, das Wahrnehmung und Verhalten der Touristen steuert (Pagenstecher 1998: 538). Urry legt zugrunde, dass die Formen touristischer Raum-Aneignung erlernt sind und verweist auf die gesellschaftliche Landschaft als Quelle touristischer Vorstellungen:

> „Places are chosen to be gazed upon because there is an anticipation. [...] Such anticipation is constructed and sustained through a variety of non-tourist practices, such as film, newspapers, TV, magazines, records and videos which construct that gaze. [...] what is then seen is interpreted in terms of these pre-given categories" (Urry 2002: 3).

Touristen suchen das Typische, sie wollen ihre landschaftlichen Stereotype bestätigt sehen: „When for example tourists see two people kissing in Paris what they capture in the gaze is 'timeless, romantic Paris'; when a small village in England is seen, tourists think they are gazing upon the 'real olde England'" (Urry 2002: 3). Den Touristen interessieren Dinge stets in ihrer Funktion als Symbol für sich selbst (Urry 2002: 3 nach Culler 1981: 127). Urry beschreibt damit eine essentialistische Sicht der Touristen auf Destinationen. Dem Ort wird ein Wesen unterstellt, das es zu ergründen oder sogar zu erobern gilt (Amirou 2012: 114).

Den *tourist gaze* unterteilt Urry (2002: 43-44) in Bezugnahme auf Walter (1982: 299) in *romantic gaze* und *collective gaze*. Dies sind zwei unterschiedliche Modi der Wahrnehmung, des Verhaltens und der Erwartung. Der Tourist entscheidet nicht bewusst in welchem Modus eine gegebene Landschaft wahrzunehmen ist, kann sich seine Erwartungen aber prinzipiell bewusstmachen. Es handelt sich also beim Einnehmen des *tourist gaze* um einen vorbewussten Vorgang (Freud 2010: 120), wie auch die Konstruktion von Landschaft Ergebnis vorbewusster Vorgänge ist. *Romantic gaze* und *collective gaze* sind erlernte Praktiken. Als Tourist weiß man nicht nur, wie eine schöne Landschaft aussehen sollte, sondern auch, wie der Prozess der Aneignung idealerweise ablaufen sollte.

Den *romantic gaze* erklärt Urry in Bezug auf Walter (1982: 296-297) anhand der touristischen Aneignung eines Berges. Als materielles Objekt kann der Berg für seine Schönheit und Konformität mit einem stereotypen alpinen Horn bewundert werden. An der Form des Berges und seiner Konformität mit dem Stereotypen ändert sich nichts, wenn viele Touristen gleichzeitig den Berg bewundern. In Räumen, die ein Tourist als natürliche, wilde oder intakte Landschaft konstruiert, werden aber andere Touristen als störend empfunden. Dies ist eine Folge des *romantic gaze*. Im Modus des *romantic gaze* fordert der Betrachter Einsamkeit. Andere Menschen werden schneller als Störung empfunden, als dies in anderen touristischen Kontexten, etwa in einer Stadt, der Fall wäre. Urry bezeichnet in ökonomischem Vokabular die betreffenden Orte als Positionsgüter. Der Wert, der deren Konsum beigemessen wird, hängt vom Konsum desselben Gutes durch andere ab (Urry 2002: 43). An anderen Orten dagegen wünscht man sich als Tourist nicht Einsamkeit, sondern die Anwesenheit anderer Menschen. Dies trifft zum Beispiel auf Fußgängerzonen zu oder generell auf Städte, speziell auf Discos oder Straßenfeste. Aus Sicht der Touristen wäre es enttäuschend, an solchen Orten allein zu sein, denn „es sind zu einem erheblichen Teil andere Menschen, die den Reiz dieser Orte ausmachen" (Urry 2002: 43; Übers. E. A.). Sowohl bei einer amerikanischen oder asiatischen Großstadt wie auch bei einer italienischen Kleinstadt sind Menschen ein wichtiger Teil stereotyper Stadtlandschaft.

3.5.3 Authentizität

Das Konzept der Authentizität wird in der touristischen Praxis häufig aktualisiert, etwa wenn Reiseveranstalter authentische Begegnungen versprechen oder Reisende sich darüber freuen, in einer ‚typischen spanischen Tapasbar' gegessen zu haben und nicht in einem ‚Touristenlokal'. Besonders in der Form des Typischen wird das Authentische häufig aktualisiert, daher kann angenommen werden, dass Authentizität und Typizität eine wichtige Rolle für den Tourismus spielen (Schäfer 2015: 9, vgl. Salazar 2006). Der Tourist strebt danach, „Erfahrungen der Differenz zu machen" (Schäfer 2015: 258). Dabei befindet er sich „auf einer rast- und ruhelosen Suche nach Authentischem" (Bachleitner 2010: 433). „Prominentester Kandidat für das Andere, nach dem gestrebt wird, ist das Authentische" befindet Schäfer (2015: 258). Schäfer (2015: 192) beschäftigt sich auch mit dem Zusammenhang von Authentischem und Typischem. Wie das Authentische, so gründet auch das Typische immer in einer Repräsentationsbeziehung:

> „X ist typisch *für* A, etwas also typisch *für* etwas Anderes. Wenn Sushi beispielsweise typisch ist für Japan, bedeutet das, dass Sushi ein authentisches Zeichen für die japanische Kultur ist. Damit ist gemeint, dass X in besonders prägnanter Weise geeignet ist, eine bestimmte Eigenschaft oder einen wesentlichen Charakterzug von A zum Ausdruck zu bringen" (Schäfer 2015: 196-197).

Im Kontext von Tourismus und Reisen wird das Authentische ‚typisch' genannt. Der Wunsch nach Authentizität schlägt sich nieder in stereotypen Erwartungen des Touristen. Authentische Erlebnisse oder Orte entsprechen dem Wesen des Reiseziels, das der Tourist konstruiert. Die Annahme eines Wesens von Reisezielen impliziert auch die Existenz von Erlebnissen und Orten, die einem solchen

Wesen nicht entsprechen. Die „ruhelose Suche nach Authentischem" (Bachleitner 2010: 433) erklärt die große Bedeutung von Stereotypen für den Tourismus, denn als authentisch gilt im Tourismus das Typische, der Stereotyp wird für das Wahre gehalten. Bei der Suche nach dem Authentischen handelt es sich also um die Suche nach dem scheinbar Authentischen (Kagermeier 2016: 211 in Bezug auf Urry 1990), denn es wird nach dem gesucht, was dem Touristen als authentisch gilt. Aus sozialkonstruktivistischer Perspektive stellt sich die Frage nach dem ‚wirklich' Authentischem, im Vergleich zum ‚scheinbar' Authentischen nicht, da sowohl das ‚Wahre', auf das sich Authentizität bezieht als auch Authentizität selbst, im Anschluss an Schütz und Luckmann (2003) als sozial erzeugte Typisierungen verstanden werden. Unterschiedliche Touristen suchen außerdem nach unterschiedlichen Graden von Fremdheit. Das Klischee vom Touristen, der im Urlaub heimisches Essen bevorzugt, weist auf ein Spannungsfeld von Fremdheit, Authentizität und Vertrautheit im Tourismus hin.

3.5.4 Konkrete Auswahl eines Reiseziels

Die Bedeutung stereotyper landschaftlicher Kategorien wie Berge, Städte, Kulturlandschaft etc. überlagert die Bedeutung konkreter Orte. Fraglich ist, welche Rolle dem konkreten Ort bei der Reiseentscheidung zukommt, denn die Objekte des Tourismus scheinen austauschbar zu sein, wenn stereotype landschaftliche Kategorien die entscheidende Rolle bei der Reiseentscheidung spielen. Das entscheidende Kriterium ist dann, ob konkrete Objekte einer nachgefragten stereotypen Kategorie entsprechend wahrgenommen werden. Für die Austauschbarkeit touristischer Ziele spricht auch die oben genannte Feststellung, dass in westlichen Gesellschaften nur eine Minderheit nicht reist (Bachleitner 2010: 425). Tourismus ist also im Jahresrhythmus der meisten Deutschen fest eingeplant. ‚Wegfahren' wird damit zum Ziel an sich (Amirou 2012: 79) und Tourismus zum „Désir sans objet" (Amirou 2012: 78). Man reist also vor allem, weil man reisen will und weniger, weil man einen bestimmten Ort sehen will. Damit stellt sich die Frage: ‚Wohin dieses Jahr?' (Amirou 2012: 78; Übers. E. A.).

Einschub:

Einer Veröffentlichung der Firma *Google* zufolge wissen 65% der Nutzer von Reisewebsites nicht, wohin und wie sie verreisen wollen, wenn sie ihre Online-Suche nach Reiseinformationen beginnen (Google 2014).

Die physischen Eigenschaften eines konkreten Ortes sind wichtig für den Tourismus, insofern sie es ermöglichen eine Einordnung gemäß landschaftlicher Stereotype vorzunehmen (z. B. bauen Skigebiete einen Lift, der es den Besuchern ermöglicht, bestimmte Höhenmarken zu überschreiten, etwa 2000m oder 3000m, um ihre Konformität mit dem Stereotyp ‚Hochgebirge' demonstrieren zu können). Diese relevanten physischen Eigenschaften sind aber auch an vielen anderen Orten zu finden. Viele Orte können also dem Bedürfnis des Touristen entsprechen. In die engere Auswahl von Reisezielen kommt ein Ort dann, wenn er der nachgefragten stereotypen Kategorie entspricht und ausreichend bekannt ist. Bekanntheit lässt sich im Marketing mit dem ungestützten Bekanntheitsgrad in der jeweiligen Zielgruppe abbilden (Homburg/Krohmer 2009: 738). Die ungestützte Bekanntheit wird ermittelt, indem Testpersonen aufgefordert werden, ihnen bekannte Marken einer Branche zu nennen. Wenn Testpersonen eine Sportartikelmarke nennen sollen, dann könnte ihnen beispielsweise zuerst *Nike* oder *Adidas* einfallen. ‚Top of mind' ist eine Marke dann, wenn sie bei der Abfrage einer Kategorie zuerst genannt wird (Homburg/Krohmer 2009: 738). Ebenso sind in den gesellschaftlichen Vorstellungen von Landschaft Themen mit Orten verknüpft. Beispielsweise könnte jemand, der im Urlaub Hochgebirge sehen möchte, zuerst an die Schweiz oder den Himalaya denken. Wer Yoga machen will, denkt vielleicht an Indien, wer Kung-Fu oder anderen fernöstlichen Kampfsport betreibt, kennt die Shaolin Klöster und wer sich fürs Pilgern interessiert, kennt den Jakobsweg. Auch Reiseveranstalter müssen für die Auswahl ihrer Destinationen die Wünsche und Kenntnisse ihrer Kunden antizipieren. Fraglich ist hierbei, welche Orte in welchem sozialen Kontext mit welchen Themen verknüpft sind und wie sich dieses Wissen auf den Auswahlprozess von Destinationen auswirkt.

Die touristische Nachfrage richtet sich laut Krippendorf „primär nach den Reisezielen und nicht nach den Leistungen einzelner Unternehmungen" (Krippendorf 1980: 52). Die Gültigkeit dieser Aussage ist für den Pauschalreisebereich zu überprüfen. In jedem Fall ist die Reiseentscheidung letztlich nicht allein über die Bekanntheit von Destinationen oder die Einstellung zu Destinationen erklärbar, denn die Auswahl der Destination kann von anderen Teilentscheidungen der Reiseentscheidung abhängen (Freyer 2011: 208), z. B. vom verfügbaren Budget des Reisenden. Gerade im Kontext des Pauschaltourismus könnte, abweichend von der Feststellung Krippendorfs, vor der Entscheidung für eine Destination die Entscheidung für einen Reiseveranstalter getroffen werden. In einem solchen Fall limitiert das Programm dieses Veranstalters die Entscheidungsmöglichkeiten für eine Destination. Die Frage nach der Auswahl von Destinationen muss dann auf den Reiseveranstalter zielen.

3.6 Marketing im Tourismus

Das Marketingmanagement weist zahlreiche Ähnlichkeiten zu sozialkonstrukti-vistischen Ansätzen auf. Zum Beispiel werden emotionale und kognitive Bezug-nahme auf Produkte unterschieden (Homburg/Krohmer 2009: 38), genau wie Kühne emotionale und kognitive Bezugnahme auf Landschaft unterscheidet (Kühne 2013: 65). Im Marketing ist die Analyse der Bezugnahme auf Produkte Ausgangspunkt für die Konzeption geeigneter Werbung. Je nach Art der Bezug-nahme enthält die Werbung dann eher emotionale Ansprache (Transportieren von Stimmungen) oder kognitive Ansprache des Kunden (Transportieren von techni-schen Daten, Informationen) (Homburg/Krohmer 2009: 38). Eine Ähnlichkeit von Marketingmanagement und sozialkonstruktivistischer Perspektive gründet in der Beschäftigung beider Ansätze mit individueller Wahrnehmung und sozialer Bedeutung von Dingen, da beides zur Erklärung von Verhalten herangezogen wird. Die Konsumentenverhaltensforschung integriert Erkenntnisse von Soziolo-gie, Psychologie und biologischer Verhaltensforschung und bildet die Grundlage des Marketingmanagements. Das Ziel der Konsumentenverhaltensforschung ist die „Entwicklung von Empfehlungen für den Einsatz der Marketinginstrumente" (Homburg/Krohmer 2009: 27). Ein wichtiges Ziel des Marketingmanagements ist Kundenzufriedenheit insofern diese zu Kundenloyalität führt. Daraus resultiert im Marketing eine Orientierung an den Wünschen des Kunden, die durch das an-gebotene Produkt erfüllt werden sollen. Kundenzufriedenheit oder allgemein Zu-friedenheit entsteht, wenn Erwartungen erfüllt oder übertroffen werden (Hom-burg/Krohmer 2009: 45).

Im Tourismus ist das Destinationsmarketing vom Marketing der Reisever-anstalter zu unterscheiden. Für das Destinationsmarketing kann „die Dienstleis-tungskette innerhalb eines bestimmten geographischen Raumes als eigentliches Produkt definiert werden. […] Dieses Produkt steht im Wettbewerb mit anderen, muss folglich als eigenständige unabhängige Geschäftseinheit geführt werden" (Bieger 2002: 157). Das Produkt von Reiseveranstaltern besteht aus der spezifi-schen Reiseform, die ein Unternehmen anbietet und dem Reiseziel. Beim Desti-nationsmarketing wie auch beim betriebswirtschaftlichen Marketing von Reise-veranstaltern, ist ein Ort oder eine Region als Reiseziel wesentlicher Bestandteil des Produktes. Daher sind beide Formen des touristischen Marketings bestrebt, ein möglichst positives Image der angebotenen Reiseziele zu vermitteln. Dieser Aspekt des touristischen Marketings ist zentral für die vorliegende Untersuchung, deren Ziel es ist zu überprüfen, welche Konzepte von Landschaft ins touristische Marketing eingebunden werden und wie das touristische Marketing Landschaft benutzt, um Reiseziele zu bewerben.

Das Marketing ist ursprünglich ein unternehmerisches Konzept, welches im Tourismus auf Staaten, Regionen oder wie auch immer abgegrenzte Tourismusdestinationen angewendet wird (Krippendorf 1980: 52, vgl. Beyer 1995, Balderjahn 2014). Im Gegensatz zum Konsumgütermarkt ist das Marketing für Tourismusdestinationen in seiner Wirkung auf den Kunden kaum von anderen Informationen über die betreffenden Räume zu trennen. Orte oder Landschaften sind nicht in erster Linie Produkte, sondern ihr physisches Ausgangsmaterial erfüllt als Teil der Welt gleichzeitig viele verschiedene Funktionen für viele verschiedene Nutzer. In den Medien kommen Räume zudem auch in anderer Funktion vor, beispielsweise als Kulisse von Filmen. Alle Medien, die einen Ort thematisieren, wirken unabhängig von ihrer Intention als Werbung, vor allem gilt dies für Reiseberichte, Reiseführer, Filme, Reisemagazine, oder den Reiseteil der Zeitung, denn sie schaffen Aufmerksamkeit und Bekanntheit. Der vermeintlich wichtigste Teil des touristischen Produktes, nämlich der konkrete Ort, ist kein kontrollierbares Produkt wie es Konsumgüter sind. Meldungen über Epidemien, politische Konflikte oder Vulkanausbrüche überlagern das touristische Marketing und wirken meist stärker als dieses (Freyer 2011: 472, vgl. Hankinson 2004). Begreift man die Aussagen der touristischen Werbung als Diskurs, so sind derartige Meldungen als Dislokationen anzusprechen (Leibenath/Otto 2012: 122; vgl. Kapitel 2.2.3 und 4.5.1). Trotz dieser Unsicherheit bleiben die Steuerung von Erwartungen, das Wecken von Wünschen sowie das Erzeugen von Bedürfnissen zentrale Ziele des Tourismusmarketings seitens der Reiseveranstalter.

Inhaltlich ist Marketing essentialisierend, denn das Ziel des Marketings ist leicht kommunizierbare Eindeutigkeit. Der Markenbildungsprozess erfordert das Definieren von Markenkern und Markenpersönlichkeit oder auch Charakter einer Marke (Homburg/Krohmer 2009: 607-609). Dieser Prozess ist besonders im Destinationsmarketing von großer Wichtigkeit, da Tourismusregionen wie das Burgund, die Toskana oder der Schwarzwald bereits mit gesellschaftslandschaftlichen Vorstellungen verbunden sind, ihnen also schon vor allem Marketing ein Charakter zugeschrieben wird, mit dem das Destinationsmarketing, um wirkungsvoll sein zu können, arbeiten muss (Morgan/Pritchard/Pride 2004: 13). Der gesamte Markenbildungsprozess ist gezielte Essentialisierung und Aufladung von Objekten mit Bedeutung. Das Ziel des Marketings ist es, die Marke zu einem Zeichen werden zu lassen (Morgan/Pritchard 2004: 60-61), denn „Kaufentscheidungen werden längst nicht mehr aus funktionalen oder preislichen Überlegungen heraus getroffen. In der Postmoderne sind Waren und Dienstleistungen verzaubert worden" (Wöhler 2011: 45). Güter werden nach ihrem symbolischen Gehalt gekauft, „folglich mutieren Kaufentscheidungen und Konsum in der Postmoderne zu einer semiotischen Arbeit, zu einer verstehend-interpretativen Alltagswissenschaft" (Wöhler 2011: 45). Amirou geht davon aus, dass die Tourismuswerbung in diesem Prozess keine neuen ästhetischen Muster, wie etwa das Liebliche oder das Erhabene erschaffen könne, so wie es die Kunst vermag. Die Werbung könne, laut Amirou, nur bestehende Ästhetiken zitieren, die bereits funktionieren (Amirou 2012: 115).

3.7 Aspekte der Geschichte des Tourismus

Eine Herkunftslinie des Tourismus auszumachen ist schwierig, die touristische Vorstellungswelt hat viele verschiedene Quellen. Die Fahrten der Entdecker, die Pilgerreisen, Berichte von Abenteurern, wirtschaftlicher und wissenschaftlicher Austausch, Feldzüge oder Nomadismus und später parallel dazu Bildungs- und Urlaubsreisen sorgten für räumliche Mobilität und Kontakt mit dem Fremden. All diese verschiedenen Schichten lieferten Bilder für die touristische Vorstellungswelt (Amirou 2012: 25). Tourismus im Sinne dieser Arbeit, also verstanden als Urlaubsreise, die in der Freizeit stattfindet, gab es bereits in der Antike und auch schon im ‚Neuen Reich' des alten Ägyptens „gingen privilegierte Bevölkerungskreise zu Bildungszwecken und zum bloßen Vergnügen auf Reisen" (Hachtmann 2007: 26-27). Im Folgenden soll keine detaillierte Geschichte des Tourismus geschrieben werden, stattdessen wird schlaglichtartig für verschiedene Epochen betrachtet, wie gereist wurde und wie sich im Tourismus die Bedeutung von Landschaft veränderte. Auch auf die Bedeutung von Reiseführern (Buch) und Fremdenführern oder Reiseleitern (Personen) soll hingewiesen werden.

Die Überlieferung geschriebener Reiseführer ist für viele Epochen Beleg für die Existenz des Tourismus und Indiz für den Umfang und die Ausprägungen des gesellschaftlichen Phänomens Reisen. Reiseliteratur hat schon lange die Vorstellungen von Orten beeinflusst und die Aneignung vor Ort strukturiert. Der Reiseführer weist auf Sehenswürdigkeiten hin und macht Dinge durch deren Bezeichnung und die damit verbundene Unterscheidung von der ungenannt bleibenden Umgebung zu Sehenswürdigkeiten. Auch Fremdenführer oder Reiseleiter sind seit langer Zeit Teil touristischen Reisens. Die Dienste ortskundiger Personen für seine Zwecke zu nutzen ist keine Erfindung des Tourismus, sondern wurde von anderen Aktivitäten übernommen (Handelsreisen, Kriegsführung etc.). Bereits der Schriftsteller Pausanias bediente sich „der mündlichen Mitteilung an Ort und Stelle, [...] besonders derer von *exegetai* (Erklärern) oder *perihegetai*, d.h. eigentlichen Fremdenführern" (Laager 1998: 631). Pausanias bereiste im zweiten Jahrhundert nach Christus Griechenland und verfasste die älteste reine Reiseliteratur: die *Beschreibung Griechenlands*. Wie es in heutigen Reiseführern üblich ist, benennt der Autor Sehenswürdigkeiten und beschreibt diese detailliert. Dabei interessiert er sich besonders für alles Religiöse. „Außerdem scheint er Werke archaischer und klassischer Zeit – was durchaus dem Geist der ‚griechischen Renaissance' entsprach – denen der hellenischen Epoche vorzuziehen" (Laager 1998: 634). Schon in der Antike war Reisen also mit dem Wunsch des Reisens in der Zeit verbunden, dabei gilt das Interesse Artefakten bestimmter historischer Epochen. „Wenn [bei Pausanias; E. A.] Landschaftsbeschreibungen eher in den Hintergrund treten, so entspricht dies einer antiken Grundhaltung: Im Zentrum steht der Mensch und das von ihm geschaffene Werk" (Laager 1998: 635).

Auch Pilgerreisen oder Wallfahrten gab es schon zu antiker Zeit, beispielsweise zum Apollontempel von Delphi, aber auch in anderen Kulturkreisen (Amirou 2012: 84). Christliche Pilgerreisen entwickelten sich bereits im frühen Mittelalter. Der Kirchenlehrer Hieronymos empfahl zu Beginn des fünften Jahrhunderts die Pilgerreise nach Jerusalem und unternahm diese auch selbst. Ziele der Pilger waren zunächst Orte im Heiligen Land, die mit dem Leben Jesu in Verbindung gebracht wurden, Jerusalem wurde „zu einer Art Urpilgerort der Christenheit" (Herbers 2014: 76). Bald darauf wurden auch die Grabstätten der Apostel zu Pilgerzielen: Die Gräber von Petrus und Paulus in Rom und im Hochmittelalter dann das Grab des Apostels Jakob im damaligen Rückzugsgebiet der spanischen Christen (Hachtmann 2007: 40). Pilgerreisen standen im engen Zusammenhang mit Reliquienverehrung. Pilger suchten an den heiligen Stätten (und heiligen Gegenständen im Falle der Reliquienverehrung) die Wunderkraft Gottes. Ein christlicher Pilgerort ist in der Regel mit einem Heiligen verbunden, in dessen Leben sich die Wunderkraft Gottes offenbart hatte. Der Pilger hoffte nun, dass diese Wunderkraft auch auf den Ort übergegangen sei, an dem der Heilige gelebt hat, oder an dem sein Körper begraben liegt und von diesem Ort nun auf ihn übergehen möge (Herbers 2014: 77). Pilgerreisen hatten damit vordergründig eine sehr konkrete Motivationsstruktur. Motive waren die Vergebung von Sünden, Heilung von Krankheiten und allgemein die Erlangung von körperlichem Heil und Seelenheil. Die Auswertung von Reiseberichten mittelalterlicher Pilger weist laut Herbers (2014) jedoch auf eine Vielfalt verschiedener wirksamer Motivationen: „Reiselust, Fernweh, akute Sorgen in der Heimat und wirtschaftliche Motive können vielfach Pilger auf den Weg gebracht haben" (Herbers 2014: 80; vgl. auch Hachtmann 2007: 42, Knoll 2016: 18). Bei der Analyse von Pilgerberichten stellt Herbers fest, „dass eine strikte Scheidung zwischen Pilger- und Reisebericht nicht möglich ist" (Herbers 2014: 84). „Namentlich bei den Pilgerfahrten gen Rom traten mit Beginn der frühen Neuzeit schlichte Reiselust und Fernweh oder Flucht vor der heimatlichen Enge zunehmend in den Vordergrund" (Hachtmann 2007: 42). Besonders Angehörige adliger Familien pilgerten regelmäßig und verbanden oftmals Pilgerreisen mit diplomatischen Zielen (Herbers 2014: 85).

Es gab Bittpilgerfahrten, zum Beispiel bei unerfülltem Kinderwunsch, und Dankpilgerfahrten, zum Beispiel wenn ein Kinderwunsch durch die Wundertätigkeit des angebeteten Heiligen erfüllt worden war (Herbers 2014: 77). Zur Pilgerreise brach man freiwillig auf oder man wurde zur Strafe geschickt, um Buße zu tun. Im ‚Jubeljahr' 1300 gewährte der Papst allen Pilgern, die nach Rom kamen, vollkommenen Ablass. Die Intervalle besonderer kirchlicher Feste, die viele Pilger anzogen, wurden nach dem Jahr 1300 nicht nur in Rom, sondern auch in anderen Pilgerorten stetig verkürzt. So kamen häufiger mehr Pilger in die jeweiligen Pilgerorte. Santiago de Compostela verkürzte das Intervall der ‚Heiligen Jahre' im 15. Jahrhundert auf die heute gültige Länge von sechs bis sieben Jahren (Herbers 2014: 78-79); ‚Heiliges Jahr' ist seitdem immer, wenn der Feiertag des Heiligen Jakob auf einen Sonntag fällt. In den ‚Heiligen Jahren' erhöhte sich in Santiago de Compostela bis in die 1990er Jahre die Menge der Pilger um ein Vielfaches. Seit den 1990er Jahren pilgern jährlich derart viele Menschen auf dem Jakobsweg, dass der Effekt der heiligen Jahre kleiner geworden ist im Vergleich zur ‚Grundauslastung' des Jakobsweges in normalen Jahren (Kurrat/Heiser 2014: 8).

Die christliche Pilgertradition misst der Landschaft wenig Bedeutung zu, doch war das Pilgern stets mit einer langsamen Reise zu Fuß verbunden, sodass die durchwanderten Räume notwendigerweise auch einen Eindruck im Pilger hinterlassen mussten. Ästhetische Betrachtungen von Landschaft konnten unter Umständen, wie die wahre Reisemotivation, einfach nicht offen artikuliert werden (Hachtmann 2007: 42). Jedoch erzeugten besonders schriftliche Pilgerführer landschaftliche Stereotype, indem sie Vorurteile über die durchreisten Länder transportierten. Stereotype Beschreibungen vor allem der Bewohner zu durchquerender Landstriche hinsichtlich deren Gastfreundschaft oder Gefährlichkeit sind Hinweise auf die Orientierungsbedürftigkeit und Furcht vor dem Fremden (Herbers 2014: 86, 87). Im 19. Jahrhundert integrierte die Kirche durch den Kult um Marienerscheinungen in Grotten mit heilsamen Wasser einen stärkeren Bezug zu natürlichen Objekten, die dem ästhetischen Schema von lieblich/erhaben entsprechen, wie zum Beispiel in Lourdes, das heute eines der meistbesuchten europäischen Pilgerziele geworden ist.

Als Zeugnis des Epochenwechsels zwischen Mittelalter und Neuzeit wurde *Die Besteigung des Mont Ventoux* von Francesco Petrarca bezeichnet (Burckhardt 2014 [1860]: 35, Ritter 1990 [1963]: 25-26, Steinmann 2014: 46). Petrarca wird aufgrund seines Berichtes über eine Besteigung des Mont Ventoux als Begründer des Bergtourismus angesehen (Steinmann 2014: 44), was durch die von ihm selbst beschriebene Motivation, auf den Berg zu steigen gerechtfertigt ist (Lippmann 2016: 85). Ebenso gut lässt sich argumentieren, dass Petrarca nicht an der Begründung des Bergtourismus interessiert gewesen ist, denn sein Bergerlebnis endet in einer Abwendung vom Bergsteigen und einer Hinwendung zu Gott. Petrarca versucht sich in der ästhetischen Betrachtung der Welt, aber er wendet sich wieder von ihr ab und der geistigen Welt zu (Petrarca 2014 [1336]: 23-25). Die Hinwendung zur gegenwärtigen Welt schritt indessen voran. Zahlreiche Entdeckerreisen in der Zeit der europäischen Expansion seit der Renaissance brachten Wissen, Geschichten und stereotype Vorstellungen von weit entfernten Gegenden der Welt nach Europa. Auch unter dem Eindruck neuer wissenschaftlicher Erkenntnisse entwickelte sich die Zuwendung zur diesseitigen Welt weiter.

Vom 16. Jahrhundert bis zum 18. Jahrhundert war die ‚Grand Tour' oder ‚Kavaliersreise' für junge Adlige standesgemäß, wenn nicht obligatorisch (Hachtmann 2007: 43). Englische Adlige schickten ihre Söhne zu Bildungsreisen auf das europäische Festland, meist nach Frankreich und Italien. Adlige anderer europäischer Länder und ab dem 18. Jahrhundert in zunehmenden Maße auch das Bürgertum, übernahmen nach und nach die Mode. Die Aneignung der Landschaft dieser Reisenden orientierte sich besonders an der Entwicklung der Landschaftsmalerei (Löfgren 1999: 19-20). Aus der Landschaftsmalerei entstand der Englische Garten und aus diesem wiederum entwickelte sich die Lust am Erhabenen, als sein Landschaftsbild nämlich nicht mehr neu war und an Reiz zu verlieren begann (Löfgren 1999: 27). Es folgte die touristische Aneignung des Erhabenen wie in Kapitel 2.6 beschrieben. Die individuelle Aneignung des Englischen Gartens, wie auch der erhabenen Natur war in dieser Zeit stets mit den Raumpraktiken des Spaziergangs oder der Wanderung verbunden.

Im 19. Jahrhundert konnten sich durch die technischen Entwicklungen größere Teile der Bevölkerung eine Reise leisten. Mit dem Bau der Eisenbahnen und Bergbahnen verändert sich auch die Aneignung von Landschaft. Die Eisenbahn ist stärker am Ziel orientiert als es die Reise zu Fuß, per Pferd oder Pferdewagen war. Reisende verschiedener Stände waren zuvor „auf den Besuch der am Wege liegenden Herbergen angewiesen" (Burckhardt 2011: 267) und hatten durch die langsamere Reiseform engeren Kontakt zur durchreisten Umgebung. Die Eisenbahn bringt den Touristen direkt an den Zielort, die Reise wird zur Anreise. Der Zielort hat damit viel größere Wichtigkeit als die Orte, die während der Reise passiert werden. Darin liegt ein Unterschied zum Beispiel zur Grand Tour (und auch zum Backpacking) oder zur individuellen Reise mit dem Auto. Bei den Zielorten der Eisenbahnreise des 19. Jahrhunderts muss es sich um Orte mit außergewöhnlichen Qualitäten handeln. Landschaften werden nicht mehr unbedingt erwandert, sondern stärker bildhaft wahrgenommen, wie Lucius Burckhardt herausstellt:

„Der Zielort musste nämlich jenes ‚Typische', dass auf dem Spaziergang als Integrationsleistung erarbeitet wird, an einem Punkte gewährleisten. Der Gast des 19. Jahrhunderts bezieht sein Hotelzimmer, schlägt die Vorhänge zurück und sieht aus seinem Fenster – sofern er eines der teuren Zimmer genommen hat – das Idealbild der typischen Alpen oder Nordsee- oder Mittelmeerlandschaft vor sich liegen; im Idealfall stimmt das vom Fenster gerahmte Bild mit jenem überein, dass der Reisende im Reiseprospekt schon gefunden hat" (Burckhardt 2011: 268).

Als Folge der Mobilität breiterer Schichten der europäischen und amerikanischen Gesellschaften, entwickelte sich im 19. Jahrhundert die Tourismusbranche. Reiseliteratur erschien ab den 1820er Jahren für immer mehr Destinationen (Müller 2012: 11-12). Der Verleger John Murray führt mit dem *Red Book* das Format des modernen Reiseführers ein. *Red Books* erschienen in einheitlicher Aufmachung für verschiedene Destinationen und beinhalteten mehr praktische Informationen als vorangegangene Reiseliteratur (Müller 2012: 34). Darüber hinaus etabliert Murray das Stern-Ranking für Sehenswürdigkeiten (Enzensberger 2006 [1958]: 186). Der Buchhändler Karl Baedeker übernimmt das Format der Red Books für seine ab dem Jahr 1836 erscheinenden Reiseführer (Müller 2012: 36, Stausberg 2010: 152-153).

In den Alpen wird der Fremdenführer in Form des Bergführers zu einem Berufsbild, aber auch an anderen Orten geben Reiseberichte Aufschluss über einen Berufsstand des Fremdenführers oder Cicerones. Im Jahr 1832 erschien der Reisebericht *Tales of the Alhambra* von Washington Irving. Der Autor kommentiert darin das Angebot eines Fremdenführers, der ihm am Eingang der Alhambra seine Dienste anbietet: „I have a traveller's dislike to officious ciceroni, and did not altogether like the garb of the applicant" (Irving 1868 [1832]: 53). Theodor Fontane dagegen lobt seinen Fremdenführer am schottischen Loch Leven für seine Begeisterungsfähigkeit (Fontane 2013 [1860]: 190): „Was diesen Mann weit über all die Hunderte von Führern erhebt, die ich kennengelernt habe, war seine unaffektierte Begeisterung für den See und das Inselschloss, dem wir jetzt zuruderten". Der Reiseleiter, der eine Reisegruppe aus dem Heimatland in die Destination begleitet, entsteht ebenfalls im 19. Jahrhundert mit der Erfindung der Pauschalreise durch Thomas Cook (Enzensberger 2006 [1958]: 196). Im Jahr 1841 führte Thomas Cook die erste organisierte Gruppenreise mit der Eisenbahn durch. Diese war als sozialtouristische Initiative gegen Alkoholismus angelegt und hatte eine Großveranstaltung gegen Alkoholmissbrauch zum Ziel. In den folgenden Jahren weitete Thomas Cook sein Angebot rasch auf Ziele in verschiedenen europäischen Ländern aus und soziale Intentionen traten in den Hintergrund (Hachtmann 2007: 66-67).

Bis in die 1970er Jahre war die Eisenbahn das wichtigste Fortbewegungsmittel für touristisches Reisen in Deutschland. Ab den 1950er Jahren wurde die Reise im eigenen Automobil zunehmend populär (Hachtmann 2007: 142, 163).

Mit der Reise im eigenen Automobil scheint die Situation des Spaziergangs wiederhergestellt, „da [das Auto] individuell gesteuert werden kann und nicht an Schienen gebunden ist" (Burckhardt 2011: 270). Der Autofahrer braucht sein Ziel nicht vorher festzulegen, er „kann durch das Fenster schauen, die gesehenen Punkte im Sinne des Spaziergängers zu Landschaften integrieren, er kann auch die Richtung wechseln, wenn er mit den gesehenen Eindrücken nicht zufrieden ist, oder parkieren und verweilen, wenn ihm ein Punkt […] besonders bemerkenswert erscheint" (Burckhardt 2011: 270). Doch der Autofahrer hat einen deutlich weiteren Aktionsradius als der Spaziergänger. Er muss größere und inhomogenere Räume zu Landschaft integrieren und das bei geringerer verfügbarer Aufmerksamkeit während der Fortbewegung:

> „Wer das Burgund durchfährt, der sieht große Städte, Autobahnen, Fabrikanlagen, hässliche Siedlungen, ja er sieht auch die erwarteten Weinberge, Weindörfer und die romanischen oder gotischen Kirchen. Aber was ist nun ‚typisch Burgund'? - Die Integrationsleistung ist zu groß, die Subsumtion unter das gelernte Bild ist zu unmöglich, traurig kehrt der Autofahrer zurück und erzählt seinen Freunden, dass das Burgund auch nicht mehr sei, was es mal war" (Burckhardt 2011: 270).

Mit der Reise per Automobil ist auch die Möglichkeit entstanden, mehrere ähnliche Orte in kurzer Zeit anzusteuern. „Offensichtlich ist der Tourist auf der Suche nach dem idealen Bild des Gletschers, nach der Gletscherhaftigkeit des Gletschers, das einem nur durch die Besichtigung von mehreren Exemplaren klar wird" (Burckhardt 2011: 271; vgl. auch Schäfer 2015). Gleiches gilt etwa für die Kirchenarchitektur einer Region. Aus der Möglichkeit auf der Autobahn in kurzer Zeit weite Strecken zurückzulegen, resultiert eine geringe Spontanität, etwa zum Verweilen oder Wechseln der Richtung, sodass Autoreisen meist vorher geplant werden. Das Reiseverhalten mit dem Auto orientiert sich dann an Ziel-Orten: „Der touristische Ort wird zum ‚Stützpunkt', von welchem aus dann die kleineren Fahrten unternommen werden. […] Die touristischen Orte werben nicht mehr mit den Qualitäten des eigenen Ortes, sondern empfehlen sich als Ausgangspunkte zum Besuch anderer Orte" (Burckhardt 2011: 272).

Die Flugreise ist wie die Bahnreise stark zielgerichtet und dient der Anreise in eine Region, innerhalb der dann mit anderen Verkehrsmitteln gereist wird. Für die Konstruktion von Landschaft ist sie insofern von Bedeutung, als dass sie das Bereisen weit entfernter Orte einer größeren Masse von Touristen ermöglicht. Damit können weit entfernte Räume zum aktiven Bestandteil der touristischen Vorstellungswelt werden, womit die Bedeutung von Stereotypen weiter zugenommen haben dürfte, denn je weniger Bezug die Alltagswelt von Touristen zu deren Reisezielen hat, desto stärker dominieren Stereotype die Vorstellung von diesen Reisezielen (Kühne 2013: 22). Als Fortbewegungsart scheint die Flugreise trotz der grundsätzlich verschiedenen Perspektive, die sie bietet, wenig Einfluss auf die Konstruktion von Landschaft genommen zu haben.

Mit diesen Aspekten der Tourismusgeschichte endet das Kapitel. Tourismus ist von verschiedenen sozialwissenschaftlichen Disziplinen gedeutet worden. Vergleiche mit religiösen Praktiken zielen auf ein Verständnis der Funktion des Tourismus als kulturelle Praxis. Viele geographische Arbeiten zum Tourismus fragen nach räumlichen Auswirkungen des Tourismus, etwa nach dessen sozio-ökonomischen Auswirkungen auf die Regionalentwicklung anhand von Fallbeispielen. Eine spezifisch geographische Dimension des Tourismus ist jedoch bisher kaum konzeptualisiert worden und zwar die Frage, wie die touristische Produktion geographische Vorstellungen erzeugt und inwiefern sie selbst von existierenden geographischen Vorstellungen abhängig ist. Diese Fragen möchte die vorliegende Untersuchung thematisieren. Die vorgestellten Analysedimensionen aus tourismustheoretischen Konzepten werden im folgenden empirischen Teil der Untersuchung wichtig. Hier soll überprüft werden, inwiefern Konzepte wie *tourist gaze*, Heldenreise oder Paradiessuche helfen können, die empirischen Beobachtungen zu beschreiben.

4 Methodik

4.1 Ziele

Im vorangegangenen Theorieteil der Arbeit wurden die Themen ‚Landschaft' und ‚Tourismus' anhand des aktuellen Standes der wissenschaftlichen Diskussion analytisch aufgearbeitet. Ausgehend von den verschiedenen theoretischen Zugängen zu Landschaft und Tourismus sollen nun die im touristischen Produktionsprozess getroffenen Aussagen danach befragt werden, welche Inhalte diese Aussagen über Landschaft transportieren. Der touristische Produktionsprozess wird also auf den in ihm enthaltenen Landschaftsdiskurs hin analysiert. Dabei wird überprüft, in welcher Form sich die aus der Theorie entnommenen Analysen und Interpretationen des Tourismus in den Landschaften des Tourismus wiederfinden. Die übergeordnete Frage lautet: Welche Bedeutung hat Landschaft in den unterschiedlichen Phasen der touristischen Produktion? Um zu einer Antwort auf diese übergeordnete Frage zu kommen, sollen folgende Fragen bearbeitet werden:

- Auf welche sozial vermittelten Landschaftskonstruktionen stützt sich die touristische Konstruktion von Landschaft?
- Welche Bedeutung hat Landschaft in der Werbung von Reiseveranstaltern?
- Welche Bedeutung hat Landschaft bei der Auswahl von Reisezielen durch Reiseveranstalter?
- Wie wird die Aneignung von Landschaften während der Reise vom Veranstalter vermittelt?
- Wie eignen sich Touristen Landschaft an?
- Inwiefern finden sich die in dieser Arbeit dargestellten tourismustheoretischen Deutungsmuster (Passageritus und Paradiessuche) in der Bezugnahme des Tourismus auf Landschaft?

In den folgenden methodologischen Überlegungen soll eine empirische Vorgehensweise erarbeitet werden, die zur Beantwortung dieser Fragen geeignet ist. Nach der empirischen Bearbeitung dieser Fragen soll festgestellt werden, welchen Beitrag das sozialkonstruktivistische Konzept von Landschaft zu geographischen

Fragen der Tourismusforschung liefern kann: Lässt sich das sozialkonstruktivistische Konzept von Landschaft auf Fragen der Lokalisierung von Tourismus anwenden? Wie lassen sich mit dem sozialkonstruktivistischen Konzept von Landschaft Erwartungen und Verhaltensweisen von Touristen analysieren?

4.2 Methodologische Positionierung

Nach der Darstellung der sozialkonstruktivistischen Landschaftstheorie ergibt sich folgende Ausgangslage: Landschaft ist sozial konstruiert; die Idealtypen der heimatlichen Normallandschaft und der stereotypen Landschaft lassen sich gegenüberstellen, wobei für den Tourismus der Konstruktionsprozess stereotyper Landschaft besonders wichtig ist, weil landschaftliche Stereotype die Vorstellungen von Räumen umso mehr prägen, je weniger diese Räume aus eigener Anschauung bekannt sind. Aus konstruktivistischer Perspektive sind „Methoden kein neutrales Medium der (Realitäts-) Erkenntnis, sondern deren Formgeber" (Scholl 2011: 172). Grundsätzlich ermöglichen Methoden demnach keine neutrale Erkenntnisgewinnung, sondern Forschungsergebnisse sind als sogenannte Beobachtungen zweiter Ordnung[3] zu verstehen (Scholl 2011: 169). Im Fall dieser Arbeit wird ein tourismuswirtschaftlicher Landschaftsdiskurs zum Gegenstand eines wissenschaftlichen Diskurses, der seinerseits prinzipiell auch Gegenstand eines Diskurses und damit einer Beobachtung werden kann. Die sozialkonstruktivistische Grundperspektive der Arbeit rückt das Konzept ‚Diskurs' in das Zentrum der Aufmerksamkeit, denn in Diskursen werden handlungswirksame Bedeutungen erzeugt (Glasze/Mattissek 2009: 13) und auch Landschaft ist aus sozialkonstruktivistischer Perspektive als Ergebnis eines Diskurses um die Deutung einzelner Objekte zu verstehen. Diskurstheorieorientierte Ansätze werden meist mit qualitativen Methoden verbunden, denn bei der Analyse von Diskursen soll etwas rekonstruiert werden, das „in sich sinnhaft ist und dessen Sinn es zu erschließen und in wissenschaftliche Konzepte zu übertragen gilt" (Przyborski/Wohlrab-Sahr 2014: 118). Dies erfordert eine interpretative Vorgehensweise.

---

3   Beobachtung ist ein zentraler Begriff im Werk Niklas Luhmanns. „Beobachten ist das unterscheidende Bezeichnen" (Luhmann 2001: 125). Die Beobachtung „A ist" unterscheidet A von Anderem, indem sie A benennt. Es handelt sich um eine Beobachtung erster Ordnung. Eine Beobachtung einer Beobachtung wird Beobachtung zweiter Ordnung genannt, etwa die Aussage „Es ist wahr, dass A ist" (Luhmann 2001: 225). Aus sozialkonstruktivistischer Perspektive sind Ergebnisse sozialwissenschaftlicher Forschung ebenfalls Beobachtungen über Beobachtungen. Ontologische Fragen nach dem Wesen von Landschaft oder danach, was Landschaft wirklich sei, lassen sich aus dieser Perspektive nicht stellen (Kühne 2013: 34-35).

Im Vergleich zu qualitativen Methoden zielen quantitative Methoden stärker auf eine Standardisierung der Vorgehensweise (Kelle 2008: 35). Standardisierte Ergebnisse verursachen einen geringeren Aufwand bei der Auswertung und ermöglichen es somit, die Anzahl der auszuwertenden Ergebnisse zu erhöhen. Eine größere Stichprobe wird üblicherweise mit höherer Zuverlässigkeit der Ergebnisse in Verbindung gebracht (Häder/Häder 2014: 286-288). Eine strikte Trennung von qualitativer und quantitativer Methodik anhand bestimmter Merkmale lässt sich schwer begründen, denn „in der konkreten Forschung durchdringen sich das Feststellen von Häufigkeiten und die Ausdeutung von Sachverhalten – und zwar in jeder Phase der Forschung" (Reichertz 2014: 74). Eher handelt es sich bei dieser Zweiteilung um Idealtypen, die als Ausdruck jeweils unterschiedlicher Forschungskulturen und teilweise auch als Ausdruck unterschiedlicher erkenntnistheoretischer Hintergründe zu verstehen sind (Reichertz 2014: 74, Kelle 2008: 9-10). Hinsichtlich der Forschungsziele und damit auch der Ansichten, was gute Forschung sei, lassen sich quantitative und qualitative Methoden unterscheiden: „Verallgemeinerbarkeit der Befunde, Objektivität und Wiederholbarkeit der Datenerhebung und Datenanalyse auf der einen Seite, adäquate Erfassung der Sinndeutungs- und Sinnsetzungsprozesse der Akteure und der ihnen zugrundeliegenden Wissensbestände auf der anderen Seite" (Kelle 2008: 35). Während die quantitative Forschungstradition Objektivität als Forschungsziel ausgibt, ist eine diskurstheoretische Position mit Kritik an Objektivitätsglauben verbunden (Glasze/Mattissek 2009: 27), sodass die Gewinnung objektiver Erkenntnis als Leitbild diskurstheorieorientierter sozialkonstruktivistischer Forschung ausfällt.

Obwohl quantifizierende Methoden weniger im Kontext sozialkonstruktivistischer Forschung zur Anwendung kommen, ist eine quantitative Vorgehensweise prinzipiell auch mit sozialkonstruktivistischer, diskurstheorieorientierter Forschung kompatibel (Weber/Kühne/Jenal/Sanio/Langer/Igel 2016: 29; vgl. auch Scholl 2011: 162 und Leibenath/Otto 2012: 123), etwa um mit sogenannten lexikometrischen Verfahren Diskursschwerpunkte anhand von Worthäufigkeiten oder der Häufigkeit der Wiederholung narrativer Strukturen zu identifizieren. Derartige quantitative Verfahren kommen jedoch bei der Analyse von Diskursen an Grenzen, da sie zwar die Häufigkeit von Wörtern und Wortfolgen aufzeigen können, aber über die Qualität der Analyseeinheiten keine Aussage zulassen (Weber/Kühne/Jenal/Sanio/Langer/Igel 2016: 29, hier in Bezug auf Glasze 2007, Abs. 44). Grundsätzlich gilt es bei der Anwendung empirischer Methoden die erkenntnistheoretischen Prämissen des gewählten theoretischen Konzepts zu beachten, im Falle einer sozialkonstruktivistischen und diskurstheoretischen Herangehensweise gilt: die „Konstruiertheit von Erkenntnis impliziert ontologische Abstinenz" (Scholl 2011: 163; vgl. Leibenath/Otto 2012: 123).

Eine lexikometrische Vorgehensweise mit einer einfachen Frequenzanalyse (Dzudzek/Glasze /Mattissek/Schirmel 2009: 240-241) bildet in der vorliegenden Arbeit den ersten Schritt der Diskursanalyse und hat das Ziel, den Gebrauch des Wortes ‚Landschaft' in der Tourismuswerbung herauszustellen. Diesem quantitativen Zugriff sind jedoch enge Grenzen gesetzt, weswegen der weitere Forschungsablauf auf einen qualitativen Zugriff auf den Landschaftsdiskurs setzt. Die quantitative Analyse ist ein Startpunkt, ermöglicht aber keine zufriedenstellende Analyse der Bedeutung von Landschaft im touristischen Produktionsprozess. Dies erklärt sich folgendermaßen: In Werbetexten kommt das Wort Landschaft bei einigen Reiseveranstaltern häufig vor, während andere Reiseveranstalter es selten gebrauchen, dafür aber konkrete Beschreibungen nutzen, um Landschaftseindrücke zu transportieren. Landschaftseindrücke entstehen unabhängig vom Wort Landschaft, das gilt für Bilder ganz selbstverständlich, ist aber für Texte ebenfalls gültig. Nach Dzudzek/Glasze/Mattissek/Schirmel stoßen lexikometrische Verfahren an Grenzen, wenn „ungesagtes oder implizites Wissen (etwa Prämissen, die als selbstverständlich vorausgesetzt werden)" erfasst werden sollen (Dzudzek/Glasze/Mattissek/Schirmel 2009: 254). Eine qualitative Analyse, die festlegt, welche Beschreibungen als Landschaftsbeschreibungen gelten können, müsste also zumindest einer Quantifizierung vorausgehen, die über die Erhebung der Häufigkeit des Wortes hinausgehen wollte, womit das Feld der quantifizierenden Methoden bereits in Richtung interpretativer qualitativer Methoden verlassen wird. Auf Grund dieser Überlegungen zu den Grenzen quantitativer Verfahren bei der Analyse von Diskursen und vor dem Hintergrund der gewählten sozialkonstruktivistisch-diskurstheorieorientierten   Grundperspektive konzentriert sich die vorliegende Arbeit, mit Ausnahme des beschriebenen Startpunkts der Diskursanalyse, auf eine qualitative Methodik.

4.3 Gliederung der empirischen Vorgehensweise

Die empirische Vorgehensweise dieser Arbeit orientiert sich am Konzept der vier Dimensionen von Landschaft nach Kühne (2013). Jedoch werden nicht alle vier Dimensionen von Landschaft gleichermaßen in die Analyse eingebunden. Die Dimensionen ‚gesellschaftliche Landschaft' und ‚angeeignete physische Landschaft' werden detailliert behandelt, während die Dimensionen ‚individuell aktualisierte Landschaft' und ‚externer Raum' nicht separat behandelt werden. Diese Vorgehensweise ergibt sich aus der Fokussierung auf den Produktionsprozess touristischer Reisen. Die gesellschaftliche Landschaft bezeichnet Vorstellungen, Stereotype und Gefühlskonventionen in Bezug auf Landschaft. Mit dem analytischen Begriff der gesellschaftlichen Landschaft lässt sich also das Reservoir an landschaftlichen Vorstellungen untersuchen, das für den Tourismus wichtig ist. Diese Dimension von Landschaft wird anhand von Fallbeispielen dargestellt. Im Anschluss wird die Landschaft des Tourismusmarketings als teilgesellschaftliche Landschaft mittels einer diskursanalytischen Methodik beschrieben und durch Interviews mit produktverantwortlichen Mitarbeitern von Reiseveranstaltern ergänzt. Die individuell aktualisierte gesellschaftliche Landschaft bezieht sich auf die Vorstellungen, die individuelle Personen von Landschaft haben und die damit individuelle Personen zu Handlungen bewegen können. Interessant wäre in diesem Kontext zum Beispiel die Frage, welche Medien in besonderem Maße die individuellen Vorstellungen von Landschaft prägen und somit Reisewünsche auslösen. Die Fokussierung auf den Produktionsprozess von touristischen Reisen lässt eine Behandlung solcher Fragen nur am Rande zu. Zwar wird auch der Konsum von Pauschalreisen vor allem im Hinblick auf die Bedeutung von Landschaft thematisiert, nicht aber die zugrundeliegende Konsumentscheidung. Auch die Dimension des externen Raumes spielt in dieser Untersuchung eine untergeordnete Rolle, da in dieser Arbeit nicht nach den Auswirkungen von Reisen auf die Zielgebiete gefragt wird und die sozialkonstruktivistische Perspektive der Arbeit eine Behandlung des externen Raumes als Referenzebene für landschaftliche Wertungen ausschließt. Die angeeignete physische Landschaft wird wiederum detailliert behandelt, da der Prozess der Aneignung von Landschaft den Kern der Dienstleistung eines Reiseveranstalters darstellt. Beim Prozess der Aneignung von Landschaft fallen Produktion und Konsum der Dienstleistung räumlich und zeitlich zusammen. Die Aneignung von Landschaft wird in der vorliegenden Untersuchung von zwei Seiten erschlossen: von Seiten der Produktion durch den Reiseveranstalter mittels Diskursanalyse und Interviews und von Seiten des Konsums durch die Reisenden mittels Interviews und teilnehmender Beobachtung. Die Darstellung der Ergebnisse folgt dem Aufbau der Dimensionen bei Kühne (2013). Festzuhalten ist, dass für den Forschungsablauf keine Notwendigkeit besteht, die eine oder andere Dimension zuerst und die weiteren darauf aufbauend zu behandeln, da die Dimensionen durch gegenseitige Bezüge in beide Richtungen miteinander verbunden sind, weswegen die Ergebnisse der Analyse einer Dimension in die Analyse einer anderen Dimension integriert werden können.

4.4 Fallbeispiele: Die gesellschaftliche Landschaft als Basis touristischer Aneignungsformen von Landschaft

Die touristische Aneignung von Landschaft und generell touristischer Umgang mit Landschaft haben kulturelle Vorbilder (vgl. Kapitel 2). Die gesellschaftliche

Landschaft wird in dieser Arbeit als beispielgebend für die touristische Aneignung von Landschaft verstanden. Landschaftliche Stereotype werden durch Literatur, Malerei, Film und andere kulturelle Praktiken erzeugt und verfestigt (vgl. Kapitel 2.5.4).

Gesellschaftliche Landschaft ist eine abstrakte analytische Kategorie und bezeichnet alle landschaftlichen Vorstellungen, seien sie positiv oder negativ. Der Begriff gesellschaftliche Landschaft repräsentiert die Gesamtheit aller Diskurse über Landschaft, von denen einige Bezüge zum Tourismus haben, da sie an der Konstruktion von Orten als Reiseziele mitwirken. Nicht allein ästhetische Wertungen und landschaftliche Gefühlskonventionen sind beispielgebend für die touristische Praxis, sondern in besonderem Maße sind dies auch Aneignungsformen von Landschaft (etwa mit Landschaften verbundene Raumpraktiken). Sie lassen sich ebenfalls als Teil der gesellschaftlichen Landschaft fassen. Mit Hilfe von Fallbeispielen sollen unterschiedliche Formen der ästhetischen Wertschätzung und touristischen Aneignung von Landschaft exemplarisch dargestellt werden. Texte und Bilder stehen dabei im Fokus, denn die Werbung von Reiseveranstaltern nutzt vor allem diese Medien zur Darstellung von Landschaft. Besonders Texte dienen häufig auch zur Moderation des Aneignungsprozesses von Landschaft auf Reisen. Zum Beispiel werden auf Reisen literarische Texte gelesen, die (oder deren Autor) dem Reisenden bekannt sind und die der Reisende mit dem Ort verbindet.

Die Fallbeispiele stellen eine individuell aktualisierte gesellschaftliche Landschaft des jeweiligen Autors dar. Als verfügbarer Text oder als verfügbares Bild sind sie jedoch gleichzeitig Teil der gesellschaftlichen Landschaft. „Die Genese der gesellschaftlichen Landschaft ist konstitutiv mit der individuellen Ebene verbunden" (Kühne 2013: 62). In dieser Arbeit interessieren die Texte und Bilder nicht als Ausdruck individuell aktualisierter gesellschaftlicher Landschaft, etwa des Autors Theodor Fontane, sondern als Text oder Bild eines Autors/Malers/Fotographen, dessen Landschaftsbeschreibung im Landschaftsdiskurs der Tourismuswirtschaft zitiert wird. Um die gesellschaftliche Landschaft mithilfe der ausgewählten Texte und Bilder herauszuarbeiten, wird eine kurze, diskurstheorieorientierte Inhaltsanalyse an den ausgewählten Fallbeispielen (Bild oder Text) durchgeführt. Diese Analyse fokussiert auf das Motiv Landschaft in den Beispielen und soll im Zusammenspiel mit der Analyse von Werbetexten und -bildern im nächsten Schritt Hinweise zur Stabilität des Landschaftsdiskurses im Tourismus geben. Diese schlaglichtartigen Analysen haben nicht den Anspruch umfassender Literatur- oder Bildanalysen. Sie wollen nicht das Werk des Autors erklären oder fragen, warum dieser Landschaft darstellte (Erklären der individuell aktualisierten Landschaft), sondern sollen lediglich zeigen, warum die ausgewählten Beispiele von Bedeutung für den modernen Tourismus sind (Lamnek 2005: 484-485 zu diesen unterschiedlichen Richtungen der Inhaltsanalyse).

Da die Anzahl von Bildern und Texten, die als Vorbilder für den Tourismus dienen bzw. mit dem touristischen Landschaftsdiskurs korrespondieren, unbegrenzt groß ist, soll diese Dimension von Landschaft anhand einiger Fallbeispiele dargestellt werden. Die Auswahl der Fallbeispiele leitet sich aus der Tourismustheorie und der Landschaftstheorie ab. Aneignungsformen von Landschaft, die im theoretischen Teil aufgearbeitet wurden, werden durch Fallbeispiele dargestellt. Ergänzt wird diese Auswahl um Aneignungsformen von Landschaft, deren Relevanz die empirische Untersuchung der touristischen Produktion anzeigt (Fontaine 2017: 94, 109-110 zur Auswahl von Fallbeispielen).

Diese Analyse kann nicht den Anspruch haben, aktuelle Landschaftskonstruktionen der Werbung durch einzelne Fallbeispiele zu erklären, denn „die soziale Wirklichkeit lässt sich nicht auf eine Ursache zurückführen, sondern ist immer überdeterminiert, geht also auf eine Vielzahl von untereinander verbundenen Ursachen zurück" (Glasze/Mattissek 2009: 157). Die Fallbeispiele sollen lediglich zeigen, dass der jeweilige ausgewählte Aspekt des touristischen Zugriffs auf Landschaft Teil eines größeren und kontinuierlichen Diskurses im Tourismus um das Thema Landschaft ist. Auch ermöglicht dieser Ansatz keine Quantifizierung, etwa welche Aneignungsform am häufigsten angewendet wird oder am wichtigsten ist. Vielmehr werden idealtypische Ausprägungen verschiedener Aneignungsformen und Landschaftspräferenzen entwickelt und einander gegenübergestellt. Es wird dabei nicht möglich sein, die Aneignungsformen trennscharf voneinander zu unterscheiden. Anstatt trennscharfer Klassifizierungen, sollen anhand von Texten und Bildern idealtypische Formen der Aneignung von Landschaft dargestellt werden, die im weiteren Verlauf der Arbeit als Diskussionsgrundlage dienen können.

Die Darstellung der gesellschaftlichen Landschaft mit Hilfe von Fallbeispielen ist relevant, da der Landschaftsdiskurs der Tourismuswerbung häufig historische Landschaftsdiskurse zitiert und historische Landschaftsbeschreibungen nicht selten wie zum Beweis von Werbeaussagen gebraucht werden. Als Quellen des touristischen Landschaftsdiskurses sind historische Landschaftsbeschreibungen anzusehen, ohne diese ist er nicht sinnvoll zu rekonstruieren. Auf Basis der in dieser Arbeit dargestellten Tourismustheorie soll gezeigt werden, dass die verschiedenen Praktiken des Tourismus, darunter die landschaftlichen Praktiken und damit letztlich die Bezugnahme des Tourismus auf Landschaft, in der Kulturgeschichte verwurzelt sind. Im empirischen Teil dieser Arbeit soll belegt werden, dass die Praxis des Tourismus immer wieder aus dem Fundus der Kulturgeschichte zitiert. Beide Aspekte, die Darstellung des historisch entwickelten touristischen Zugangs zu Landschaft, wie auch die Analyse aktueller Landschaftsdarstellungen der Tourismuswerbung, sollen den Konstruktionscharakter von Landschaft im Tourismus aufzeigen und können die Bedeutung der gesellschaftlichen Landschaft als Basis für die soziale Konstruktion von Landschaft durch die Tourismuswirtschaft beleuchten (Kühne 2013: 64).

4.5 Diskursanalyse und Interviews: Teilgesellschaftliche Landschaft des Tourismusmarketings

4.5.1 Diskurstheorie nach Laclau und Mouffe

Der Darstellung von Landschaft in der Werbung von Reiseveranstaltern liegen bestimmte Muster zugrunde, welche die Landschaftsdarstellungen verschiedener Reiseveranstalter und anderer touristischer Akteure als Diskurs qualifizieren, so die Annahme, die das Vorgehen dieser Arbeit leitet[4]. Dieser spezielle Landschaftsdiskurs der Tourismuswelt kann gemäß dem Konzept der vier Dimensionen von Landschaft als teilgesellschaftliche Landschaft verstanden werden und soll mit Hilfe einer diskursanalytischen Vorgehensweise nachgezeichnet werden. „Die Diskursanalyse ist eine Forschungsperspektive, die es sich zum Ziel setzt, Diskurse, d.h. übersituative und überindividuelle Praktiken der Wissens- bzw. Sinnproduktion zu analysieren" (Traue/Pfahl/Schürman 2014: 494).

Als theoretischer Bezugspunkt dient dieser Arbeit die Diskurstheorie Ernesto Laclaus und Chantal Mouffes (Laclau/Mouffe 1985). Mit der Perspektive dieser Diskurstheorie lassen sich der Konstruktionscharakter und die Wirkmächtigkeit von Landschaft in den Mittelpunkt rücken; somit wird eine Analyse der Produktion von Vorstellungswelten möglich (Kühne/Weber/Weber 2013: 39, Weber 2015: 100). „Laclau und Mouffe verfolgen einen dezidiert politischen Anspruch: Die Kritik an essentialistischen Denkschemata soll die Chance für neue emanzipatorische Praktiken eröffnen" (Glasze/Mattissek 2009: 154). Aus einem antiessentialistischen Verständnis von Gesellschaft werden politische Konflikte „nicht als objektiv gegeben, sondern als instabile Ergebnisse diskursiver Identifizierungs- und Grenzziehungsprozesse konzeptionalisiert" (Glasze/Mattissek 2009: 154). Gleichermaßen wird Landschaft mit demselben Diskurskonzept analysierbar als instabiles Ergebnis diskursiver Identifizierungs- und Grenzziehungsprozesse, dessen Artikulation (durch Reiseveranstalter) ebenso Interessen zugrunde liegen, wie der Artikulation politischer Standpunkte in anderen Diskursen.

---

4   Kühne/Weber/Weber (2013) haben dargestellt, dass die Landschaftsdarstellungen des touristischen Regionalmarketings im Salzburger Land als Diskurs verstanden werden können.

Im Folgenden soll nachvollzogen werden, wie nach der Diskurstheorie Laclaus und Mouffes Landschaft mit Bedeutung aufgeladen wird. Dafür werden zunächst die notwendigen Grundlagen dargestellt.

Im alltagsweltlichen Verständnis verweist ein Signifikant (Bezeichnendes) auf ein Signifikat (Bezeichnetes) (Leibenath/Otto 2012: 121), das Wort ‚Karte' hat eine leicht verständliche Bedeutung, indem es auf ein Objekt ‚Karte' verweist. Nach poststrukturalistischem Verständnis, dem die Diskurstheorie von Laclau und Mouffe zugeordnet wird, gibt es keine feste Verbindung zwischen Signifikat und Signifikant. Der Signifikant ‚Karte' kann z. B. im Kontext Orientierung (Landkarte) oder Geldabheben (Kreditkarte) oder Essen (Speisekarte) auf verschiedene Objekte verweisen. Jeder Signifikant kann unendlich viele unterschiedliche Bedeutungen haben, er ist überdeterminiert (Glasze/Mattissek 2009: 157). An keiner Stelle existiert eine feste Verbindung von Signifikat und Signifikant; ihre Bedeutung erhalten Signifikanten nur in Relation zu anderen Signifikanten (Leibenath/Otto 2012: 121). Nach Laclau und Mouffe kann Bedeutung nie endgültig fixiert werden, damit sind sämtliche gesellschaftlichen Strukturen, Identifizierungen und Grenzziehungen immer kontingent. „Die Unmöglichkeit einer endgültigen Fixierung impliziert nach Laclau und Mouffe, dass immer neue partielle, temporäre Fixierungen möglich und notwendig werden" (Glasze/Mattissek 2009: 157).

Das Diskurskonzept von Laclau und Mouffe geht über Sprache hinaus und integriert jede Art von sozialer Interaktion. Es gibt zwar eine Welt jenseits der Diskurse, „aber eine solche Welt wird ihrer Konzeption nach für die Menschen nur dann relevant, wenn sie diskursiv von Menschen und für Menschen mit Sinn versehen wird" (Glasze/Mattissek 2009: 159). Es gibt folglich keine außerdiskursliche Sinnproduktion und damit keine Referenzebene für die Zuweisung von Bedeutungen. Das Innen und Außen von Diskursen ist in dieser Diskurstheorie durch die Begriffe ‚Momente' und ‚Elemente' konzeptualisiert. Unterschiedliche Positionen, die in einem Diskurs artikuliert werden, nennen Laclau und Mouffe ‚Momente'. Als ‚Elemente' werden dagegen Positionen bezeichnet, die in anderen Diskursen existieren, aber im betrachteten Diskurs (noch) nicht artikuliert wurden. Wird ein Element artikuliert, so impliziert dies eine Bedeutungszuschreibung, also den Versuch Bedeutung zu fixieren. Ein Element wird so zu einem Moment des Diskurses (Glasze/Mattissek 2009: 159). Den Diskurs definieren Laclau und Mouffe (1985: 112) als Versuch, Bedeutung zu fixieren.

In jedem Diskurs werden Signifikanten in Beziehung zueinander gesetzt, verschiedene Beziehungen von Signifikanten sind denkbar. Eine mögliche Beziehung ist die Äquivalenz. Das Äquivalentsetzen von Signifikanten bedeutet, etwas mit etwas Anderem in Bezug auf ein Drittes gleichzusetzen (Leibenath/Otto 2012: 121 hier in Bezug auf Laclau/Mouffe 1985: 128 und Nonhoff 2006: 87 f.). Dies

verdeutlicht beispielhaft ein Zitat aus einer Reisebeschreibung eines Reiseveranstalters:

> „Hawaii hat landschaftlich alles zu bieten, was man sich nur vorstellen kann: Satt-
> grüne Regenwälder, beeindruckende Vulkanlandschaften, imposante Canyons und
> traumhaft schöne Strände" (WIKINGER Wanderreise Hawaii Aktiv)

Regenwälder, Vulkanlandschaften, Canyons und Strände sind unterschiedlich
voneinander, werden aber gleichgesetzt in Bezug auf Landschaft als ein Drittes
(Leibenath/Otto 2012: 121). Diskurse konstituieren sich außerdem wesentlich
durch Abgrenzung (Kühne/Weber/Weber 2013: 40). Das ‚konstitutive Außen' eines Diskurses ist dabei nicht alles, was außerhalb des Diskurses liegt, sondern,
„nur das, was notwendigerweise ausgeschlossen werden muss, damit seine in-
nere ‚Reinheit' nicht verletzt wird" (Stäheli 2000: 25; vgl. Leibenath/Otto
2012: 122). Abgrenzung kann sich im Aufbau einer zweiten, antagonistischen
Äquivalenzkette mittels Etablierung von Kontraritätsbeziehungen manifestieren
(Leibenath/Otto 2012: 122). Reisen mit der Bahn könnte zum Beispiel beworben
werden mit dem Hinweis auf negative ökologische Auswirkungen des Fliegens.
Jedoch bezieht bereits ein positiv formulierter Hinweis auf umweltfreundliches
Reisen mit der Bahn seine Wirksamkeit aus der Abgrenzung von umweltschädli-
cheren Verkehrsmitteln, denn niemand würde die Bahn in erster Linie benutzen,
um Umwelt zu schützen, sondern um von einem Ort zum anderen zu gelangen.

Entlang von Äquivalenzketten können Momente, die nur darin übereinstimmen, dass sie sich gegenüber demselben Außen abgrenzen, einen Diskurs stabili-
sieren. Knotenpunkte in einer solchen Äquivalenzkette werden als leere Signifikanten bezeichnet, da ihre eigene Position ‚leer' genug sein muss, um die verschiedenen Momente repräsentieren zu können (Glasze/Mattissek 2009: 165). Alternative Diskurse können durch eine solche Abgrenzung nach außen unterdrückt
und marginalisiert werden (Glasze/Mattissek 2009: 162). Dennoch können Diskurse niemals abgeschlossen und Bedeutungen niemals endgültig fixiert werden.
„Die Struktur eines Diskurses steht in permanenter Gefahr gestört zu werden, indem andersartige Äquivalenzketten artikuliert werden" (Leibenath/Otto 2012:
122). Diesem Umstand trägt folgendes Zitat einer Reisebeschreibung Rechnung:

> „Wenn Sie in kürzester Zeit die Kunststädte von Andalusien kennenlernen, aber auch
> in einigen der schönsten Landschaften Südspaniens, weitab von den Bettenburgen
> der Küste, wandern möchten, sind Sie auf dieser Reise richtig" (STUDIOSUS Anda-
> lusien).

Während die Tourismuswerbung in diesem Fall die Region Südspanien mit Hilfe
der Landschaft als begehrenswertes Reiseziel darstellen möchte, antizipiert der
Reiseveranstalter gleichzeitig, dass Südspanien in einem anderen Diskurs als Ort

der ‚Bettenburgen' gilt. Dieser kritische Diskurs bedroht potentiell den Werbediskurs. Grundsätzliche Störungen, die die „Einheit und scheinbare Geschlossenheit eines Diskurses" (Leibenath/Otto 2012: 122) jederzeit zerstören können, werden als Dislokationen bezeichnet. Im Kontext der Tourismuswerbung sind das z. B. Naturkatastrophen, Krankheitsepidemien oder politische Krisen, Kriege und Terrorismus (vgl. Schmude/Namberger 2015: 125).

4.5.2 *Operationalisierung des Diskurskonzeptes für die Untersuchung*

Die diskursanalytische Behandlung von Tourismuswerbung beginnt mit der Zusammenstellung eines Textkorpus (Kühne/Weber/Weber 2013: 42-43, Weber 2013: 68-69). Für diese Untersuchung werden Katalogtexte und Bilder von vier Reiseveranstaltern ausgewertet. Es handelt sich dabei um Anbieter von Wanderreisen, Fahrradreisen und Studienreisen. Die Firmen sind von unterschiedlicher Größe in Bezug auf Umsatz und Teilnehmerzahlen pro Jahr. Alle untersuchten Reiseveranstalter drucken Kataloge, veröffentlichen aber denselben Inhalt ergänzt um zusätzliche Informationen auf ihren Internetpräsenzen. Jede Reise wird mit einer eigenen Beschreibung, die aus Bild und Text besteht, beworben. Texte und Bilder wurden für diese Untersuchung von den Internetpräsenzen der Reiseveranstalter kopiert. Von den vier untersuchten Veranstaltern produziert nur eine Firma destinationsspezifische Videos für einige Destinationen. Die anderen Reiseveranstalter haben Videos als Imagewerbung für das Unternehmen allgemein veröffentlicht, bewerben aber die konkreten Reisen mit Text und Bild. Daher fokussiert diese Diskursanalyse auf die Medien Text und Bild. „Bilder bieten wie Text, in den sie häufig übersetzt werden, kein Abbild der Realität, sondern wirken performativ auf die Wahrnehmung ein, indem sie bestimmte Szenen in bestimmter Perspektive zeigen und andere weglassen" (Kühne/Weber/Weber 2013: 41). Die Reiseveranstalter ordnen ihr Produktangebot nach unterschiedlichen Kriterien, die als Produktkategorien erfasst werden. So unterteilt ein Reiseveranstalter sein Angebot zum Beispiel in Radreisen, Wander- und Kulturreisen und Fernreisen. Die anderen Veranstalter benutzen andere Produktkategorien.

Bei der Diskursanalyse „geht es um die Rekonstruktion typischer Inhalte, die mehrere Positionen als zusammenhängenden Diskurs qualifizieren" (Hokema 2013: 21). Im Fokus der Analyse stehen folglich nicht einzelne Bilder oder Textausschnitte, sondern eine Vielzahl von Texten und Bildern sollen miteinander in Beziehung gesetzt werden (Kühne/Weber/Weber 2013: 42). „Der Fragestellung liegt die Vorstellung zugrunde, dass sich die große Bandbreite der Äußerungen über Landschaft auf zentrale Kernaussagen, die jeweils Diskursstränge oder Diskurse repräsentieren, reduzieren lässt" (Hokema 2013: 23). Der Vergleich einer Vielzahl von Fällen ermöglicht die Ableitung derartiger Kernaussagen.

Den ersten Schritt der Diskursanalyse bildet eine einfache Frequenzanalyse aller Werbetexte mit dem Ziel der quantitativen Erfassung der Verwendung des Wortes ‚Landschaft' (vgl. Weber 2015: 104). Die Analyse arbeitet mit dem Wortbestandteil oder Lexem *Landschaft-*, um auch die Pluralform *Landschaften* oder Adjektive wie *landschaftlich* zu erfassen, da diese für die Analyse als gleichwertig betrachtet werden (Dzudzek/Glasze/Mattissek/Schirmel 2009: 240). Zur Interpretation der Ergebnisse werden die Reisebeschreibungen nach Veranstalter und Produktkategorie sortiert. Folgende Fragen sollen damit beantwortet werden:

- Wie unterscheidet sich der Gebrauch des Wortes Landschaft zwischen den Reiseveranstaltern?
- Wie unterscheidet sich der Gebrauch des Wortes Landschaft in Abhängigkeit von den jeweiligen Produktkategorien der Reiseveranstalter?

In der darauffolgenden qualitativen Analyse werden die Texte und Bilder auf wiederkehrende Regelmäßigkeiten überprüft: Welche Bildelemente werden häufig verwendet? Welche Beschreibungen und narrativen Muster wiederholen sich? Das Ziel ist zunächst, wiederkehrende Argumentationslogiken zu erfassen, mit denen Bedeutungen verfestigt werden (Kühne/Weber/Weber 2013: 42). Festgestellte Regelmäßigkeiten können als Diskursstränge analysiert werden. Dabei wird gefragt, auf welche Stereotypen diese Diskursstränge zurückgreifen. Die Diskursanalyse soll mehrere Fragen zur Bedeutung von Landschaft in der Tourismuswerbung beantworten. Zunächst soll geklärt werden, was unter Landschaft im Bereich der Tourismuswirtschaft zu verstehen ist. Welche Dinge sind im Landschaftsdiskurs der Tourismuswelt Teil von Landschaft oder äquivalent gesetzt zu Landschaft? Auf diese Weise soll die Frage beantwortet werden, ob sich Landschaft analysieren lässt, wenn das Wort ‚Landschaft' nicht genannt ist. Anschließend wird die Relevanz von Landschaft in der Tourismuswerbung beleuchtet. Wie oft kommt Landschaft vor? Wie wichtig ist Landschaft für die Tourismuswerbung? Nach diesen allgemeinen Fragen zur Bedeutung von Landschaft für die Tourismuswerbung, soll die Landschaft des Tourismus genau skizziert werden. Dabei werden folgende Fragen gestellt:

- Welche Stereotypen werden von der Tourismuswerbung transportiert und damit verfestigt?
- Welche Dinge werden mit Landschaft äquivalenziert und wie wird das beschrieben, was als Landschaft angesprochen wird?

- Welche Aussagen sind im Diskurs über Landschaft gestattet und welche Aspekte werden marginalisiert? (Kühne/Weber/Weber 2013: 37)
- Auf welche Strategien lassen die Werbetexte und Bilder schließen? Welche Rolle spielen essentialisierende Beschreibungen von Landschaft?

Entlang dieser Fragen soll die Konstruktion von Landschaft in der Tourismuswerbung auf Grundlage des Diskurskonzepts von Laclau und Mouffe erschlossen werden, um eine Beurteilung der Bedeutung von Landschaft in der Tourismuswerbung zu ermöglichen.

4.5.3 Leitfadeninterviews in den Unternehmen

Ergänzend zur Diskursanalyse soll die Bedeutung stereotyper landschaftlicher Vorstellungen für die Auswahl und Bewerbung von Reisezielen durch Reiseveranstalter in Leitfadeninterviews mit Mitarbeitern der Reiseveranstalter erhoben werden. In den Leitfadeninterviews sollen Fragen thematisiert werden, die sich durch eine Diskursanalyse nicht beantworten lassen. Beispielsweise lässt sich aus der Werbung erschließen, welche Reiseziele ausgewählt wurden, jedoch nicht unbedingt die vollständige Begründung, warum diese ausgewählt wurden und auch nicht, warum andere Ziele nicht ausgewählt wurden. Die Diskursanalyse kann zwar Hinweise zur Beantwortung dieser Fragen geben, jedoch können auch andere Gründe für die Auswahl der Reiseziele vorliegen, die der Diskursanalyse verborgen bleiben (z. B. teure Flug- oder Hotelpreise, Konkurrenzsituation, etc.). Das Ziel der Interviews ist es, die Prozesse zu beschreiben, die in den Unternehmen die Auswahl von Reisezielen leiten, um dann die Bedeutung von Landschaft in diesen Prozessen ermessen zu können. Diese Prozesse sind bislang nicht beschrieben und könnten sich zwischen den Unternehmen unterscheiden. Daher wird eine flexible Interviewform benötigt, die sich einerseits an einem Leitfaden orientiert, da das Interview bestimmte, festgelegte Fragen beantworten soll. Andererseits erfordern die potentiell unterschiedlichen Situationen in den Unternehmen die Möglichkeit zu flexiblen Nachfragen, unterschiedlichen Frageformulierungen und Änderungen in der Abfolge der Fragen. Diese Anforderungen erfüllt am besten die Interviewform des teilstandardisierten Interviews oder Leitfadeninterviews (Hopf 2008: 351; vgl. auch Helfferich 2014: 565). Die Bedeutung von Landschaft für die Auswahl von Reisezielen einerseits und für die Bewerbung von Reisezielen andererseits, soll nacheinander abgefragt werden. Folgende Fragen sollen beantwortet werden:

- Welche Destinationen werden aufgrund welcher Einschätzungen (nicht) ins Programm aufgenommen?
- Wie erklären sich die Mitarbeiter Trends in der Nachfrage nach Destinationen?
- Wie werden Katalogtexte geschrieben? Welche Dinge müssen beschrieben werden?
- Wie wichtig ist Landschaft bei der Auswahl von Destinationen?
- Wie wichtig ist Landschaft für die Bewerbung von Destinationen?

4.6 Teilnehmende Beobachtung und Interviews mit Reiseleitern: Angeeignete physische Landschaft

Der Prozess der Aneignung von Landschaft durch die Reisenden ist der Kern des Angebots einer Pauschalreise. Die Analyse der touristischen Aneignung von Landschaft wird in dieser Arbeit unterteilt in eine Analyse der touristischen Produktion und eine Analyse des touristischen Konsums. Der besondere Zugang dieser Arbeit zum Feld besteht in der Möglichkeit zur teilnehmenden Beobachtung der Aneignung von Landschaft während der Reise. Der Prozess der Aneignung von Landschaft lässt sich schwer in quantifizierbaren Daten darstellen, da er während der eigenen Reiseleitertätigkeit nur in einer Situation der teilnehmenden Beobachtung erhoben werden kann, deren Aufzeichnung nicht praktikabel ist, oder aus Interviews mit Reiseleitern rekonstruiert werden müsste. Eine Erhebung mittels Fragebögen würde den Reiseablauf stören und ist von Seiten der Reiseveranstalter unerwünscht. Quantifizierbare Daten sind für diesen Bereich somit nicht verfügbar, wenn die Erhebung den beschriebenen Zugang zum Feld nutzen und während der Reise stattfinden soll.

4.6.1 Interviews mit Reiseleitern und Analyse des Programms

An der Produktion einer Reise wirken Innen- und Außendienst eines Reiseveranstalters mit. Mitarbeiter des Innendienstes wählen in Abstimmung mit der Geschäftsleitung Destinationen aus und planen und organisieren ein Programm, welches der Reiseleiter, der die Reise vor Ort umsetzt, mehr oder weniger frei interpretieren kann. So entscheidet in der Regel der Reiseleiter, welche Themen er seiner Gruppe in welchem Rahmen vermittelt. Die Analyse der Produktion der touristischen Reise erfolgt durch eine Analyse des Programms und insbesondere der Aneignungsformen von Landschaft, die das Programm des Veranstalters für eine Reise vorgibt. Die Rolle des Reiseleiters bei der Aneignung von Landschaft wird durch Reflexion der eigenen Vorgehensweise und durch Leitfadeninterviews mit Reiseleiterkollegen erhoben. Zwei übergeordnete Fragen leiten die Vorgehensweise:

- Welche Bedeutung hat Landschaft in der Arbeit des Reiseleiters?
- Welche Bedeutung hat der Reiseleiter bei der Aneignung von Landschaft?

Um diese Fragen beantworten zu können, werden weitere Fragen notwendig. Folgende Aspekte sollen in Interviews mit Reiseleitern erhoben werden:

- Was erzählen Reiseleiter? Was sind aus Sicht der Reiseleiter die wichtigsten Themen, die auf einer Reise vermittelt werden müssen?
- Welche Objekte werden vor Ort in die Erklärungen der Reiseleiter einbezogen?
- Welche Rolle spielt Landschaft in der Arbeit der Reiseleiter?
- Welche Nachfragen stellen die Gäste?
- Was gefällt Gästen auf der Reise nicht? Welche Themen geben Gästen Anlass zur Beschwerde?

Wie bei der Befragung des Innendienstes der Reiseveranstalter, eignet sich hier eine teilstandardisierte, leitfadengestützte Interviewform am besten, denn der Fokus der Erhebung ist klar auf das Thema Landschaft gerichtet. Daher muss das Interview zuvor festgelegte Fragen beantworten. Vor allem benötigt der Interviewer jedoch Flexibilität in der Formulierung der Fragen und die Möglichkeit Nachfragen zu stellen (Hopf 2008: 351). Außerdem muss der Interviewer den Befragten mehr mit situationsangepassten Erzählaufforderungen als mit vorformulierten Fragen in die Lage versetzen, seine Assoziationsketten zu artikulieren (Helfferich 2014: 565).

4.6.2 Teilnehmende Beobachtung

Die Analyse des Konsums des touristischen Produktes und insbesondere die Analyse der Aneignung von Landschaft seitens der Touristen orientiert sich methodisch an der Ethnographie und ist als teilnehmende Beobachtung angelegt. Die Ethnographie hat das Ziel, „die Anderen (und ihre – je nach theoretischer Präferenz: Handlungen, Praktiken, Diskurse, insgesamt: Kultur) zu verstehen" (Knoblauch 2014: 523). Sie analysiert soziale Wirklichkeiten im Vollzug, Forscher und Erforschte „begegnen sich auf dem Feld der Erforschten" (Knoblauch 2014: 523;

vgl. auch Fontaine 2017: 115). Ergebnis jeder teilnehmenden Beobachtung ist eine Konstruktion oder Beobachtung zweiter Ordnung (Luhmann 2001: 225). Merkens (1989: 14-15) spricht dies als grundlegendes Problem der Methode an:

> „Auf der einen Seite gibt es das soziale Handeln von zwei oder mehr Individuen, in dem diese ihre Bedeutungen erwerben, erproben und einsetzen. Daneben gibt es Be-obachter von Situationen sozialen Handelns, und diese Beobachter unterstellen dem sozialen Handeln der beobachteten Individuen aus ihrer Perspektive einen sozialen Sinn: Sie bilden Konstruktionen über die Konstruktionen der Handelnden aus. Wie weit solche Konstruktionen zutreffen, hängt von der Kenntnis der Lebenswelt der Handelnden ab" (Merkens 1989: 14-15).

Vorwissen spielt in diesem Zusammenhang eine entscheidende Rolle bei jeder teilnehmenden Beobachtung, umso mehr, wenn diese im eigenen Kulturkreis, o-der wie im Falle dieser Untersuchung, im eigenen, vertrauten Arbeitsumfeld durchgeführt wird (Merkens 1989: 11; vgl. auch Berger/Luckmann 1991). Wäh-rend die Kulturinkompetenz den Ethnographen im fremder kultureller Umgebung anfangs „in den Status eines Kindes versetzt, das andauernd ‚dumme Fragen' stellt" (Mulder van de Graaf/Rottenburg 1989: 28-29), ist diese Situation abge-mildert bei teilnehmenden Beobachtungen im eigenen Kulturkreis. Im Falle der vorliegenden Untersuchung besteht eine soziale Beziehung zwischen Beobachter und Erforschten, da der Beobachter gleichzeitig die Rolle des Reiseleiters aus-füllt. Insofern handelt es sich um eine aktive teilnehmende Beobachtung in wel-cher der Beobachter mit den Beobachteten interagiert (Fontaine 2017: 115-116). Außerdem verfügt der Beobachter aufgrund seiner Position als Reiseleiter über ein besonderes Maß an Vorwissen über die beobachtete Situation.

Vorwissen und daraus abgeleitete Vermutungen lenken in der Feldforschung die Aufmerksamkeit des Beobachters. Ereignisse, die zum Vorwissen passen, o-der im krassen Gegensatz zu diesem stehen, werden registriert. Somit strukturiert das Vorwissen die Welt des Beobachters dadurch, dass er sich für bestimmte Dinge interessiert und andere Dinge nicht bemerkt, da er ihnen keine Bedeutung zumisst (Merkens 1989: 11, hier in Bezug auf Blumer 1981). Beobachtung lässt sich also als Bedeutungszuschreibung für Objekte und damit im Kern als Inter-pretationsvorgang verstehen (Merkens 1989: 11-12). „Bei qualitativen Methoden und damit auch der teilnehmenden Beobachtung bildet der Prozess der Interpre-tation den Kern des Vorgehens" (Merkens 1989: 12). Daraus folgt jedoch nicht, dass die Ergebnisse teilnehmender Beobachtungen lediglich individuelle, subjek-tive Weltsichten zutage fördern, denn Bedeutungen entstehen in der Auseinan-dersetzung mit Dingen in sozialen Interaktionen (Blumer 1969: 2-5 und Kapitel 2.2.2 dieser Arbeit). Bedeutungen sind folglich weder den Dingen innewohnend, noch entstehen sie als Resultat individueller Willkür, sondern sie sind sozial ge-teilt und individuell interpretiert. Daher sind sie prinzipiell der Erschließung durch Interpretation zugänglich (Merkens 1989: 12-13, Knudsen/Metro-Roland/Soper/Greer 2008: 4). Dies gilt für Konstruktionen erster Ordnung ebenso, wie für Konstruktionen zweiter Ordnung.

Die Untersuchung hat das Ziel, die sozial geteilten Bedeutungen von Landschaft im Tourismus zu erschließen. Beim touristischen Konsum soll vor allem die Bedeutung stereotyper Aneignungsformen von Landschaft analysiert werden. Wie läuft die Aneignung von Landschaft ab und welche Stereotype spielen dabei eine Rolle? In welchen Situationen äußern Reisegäste Wohlgefallen an ‚Landschaft' und wann ist überhaupt auf einer Reise von Landschaft die Rede? Besonders informelle Gespräche mit Reiseteilnehmern besitzen im Fall dieser Untersuchung das Potential, dem Forscher Informationen zu liefern, deren Abfrage bei der Vorstrukturierung von Interviews nicht bedacht worden wäre (Misoch 2015: 114).

Die teilnehmende Beobachtung in Verbindung mit informellen Gesprächen, die von Girtler (2004: 66) als ero-epische Gespräche (vgl. auch Kühne/Schönwald 2015: 287) und von Misoch als ethnographische Interviews konzeptionalisiert wurden (Misoch 2015: 114), verspricht in diesem Einsatzbereich bessere Ergebnisse als standardisierte Methoden, denn einerseits müssen Gespräche während der Reise den Assoziationen der Touristen folgen, um deren Vorstellungswelt erschließen zu können (Mulder van de Graaf/Rottenburg 1989: 29) und andererseits sollen eben nicht ausschließlich Gesprächsinhalte aus Interviewsituationen analysiert werden. Der Zugang zum Feld mittels teilnehmender Beobachtung ermöglicht es, spontane Reaktionen und geäußerte Eindrücke der Reiseteilnehmer zu erfassen. Der Ausdruck von Gefallen oder Missfallen ist der teilnehmenden Beobachtung unmittelbar zugänglich, während in einer Interviewsituation gestellte Fragen zum Verhalten auf Reisen zu sozial erwünschten Antworten führen können und in jedem Fall weniger unmittelbar sind. Darüber hinaus ist eine teilnehmende Beobachtung in Kombination mit ero-epischen/ethnographischen Interviews unter den gegebenen Umständen sehr gut durchführbar, da sich während der Reise zahlreiche Gespräche mit Reiseteilnehmern zu unterschiedlichen Themen ergeben und der Reiseleiter seine Gruppe ohnehin beobachtet. Andererseits stört eine Vorgehensweise mittels standardisierter Interviews oder Fragebögen den Reiseablauf und ist von Seiten der Reiseveranstalter unerwünscht und daher schwierig durchzuführen.

Die Verknüpfung der genannten methodischen Zugänge bietet verschiedene, sich ergänzende Blickwinkel auf die Landschaft des Tourismus. Dabei ist die genannte Kombination von Methoden vor allem dazu geeignet, ein umfassendes Bild des Forschungsgegenstands zu erstellen (Kelle 2014: 157), indem sie die Bedeutung von Landschaft auf verschiedenen Ebenen der touristischen Produktion erforscht. Die verschiedenen Ebenen, die in dieser Arbeit untersucht werden sollen, erfordern unterschiedliche Methoden. Die Dimension der gesellschaftlichen Landschaft lässt sich nicht umfassend analysieren, sondern nur durch Fallbeispiele skizzieren, während bei der Analyse der teilgesellschaftlichen Landschaft verschiedene Methoden kombiniert werden können, um Ergebnisse bestmöglich abzusichern. Eine quantitative diskurstheorie-orientierte Vorgehensweise ist geeignet, um in einem ersten Schritt die Bedeutung des Landschaftsbegriffs überblicksartig zu erfassen und somit erste Hinweise für eine Fokussierung der qualitativen Analyse zu geben. In Interviews können die Ergebnisse der qualitativen Analyse abgesichert werden. Für die Erhebung und Analyse der Aneignung von Landschaft bietet eine Methodenkombination von teilnehmender Beobachtung und ero-epischen Interviews eine geeignete Vorgehensweise, um den speziellen Zugang zum Feld, den die Arbeit als Reiseleiter mit sich bringt, voll ausnutzen zu können. Interviews mit Reiseleitern erweitern die eigenen Beobachtungen der Reiseleiterpraxis und erlauben es, gemeinsam mit diesen, ein umfassendes Bild der Vermittlung von Landschaft durch Reiseleiter zu erstellen.

5 Die gesellschaftliche Landschaft als Quelle landschaftlicher Stereotype

Landschaftsdarstellungen der Tourismuswerbung beziehen sich implizit und auch explizit auf vorhandene Landschaftsdarstellungen aus Literatur, Malerei und anderen Medien (Kühne/Weber/Weber 2013). Diese Beziehungsstruktur soll mit den Mitteln der sozialkonstruktivistischen Landschaftstheorie (nach Kühne 2013) analysiert werden. Dazu wird im Folgenden das Modell der vier Dimensionen von Landschaft herangezogen, das in Kapitel 2.4 vorgestellt wurde. Die Quellen auf welche die touristische Praxis verweist, werden dabei als gesellschaftliche Landschaft gefasst. Die gesellschaftliche Landschaft bezeichnet den gesellschaftlichen Wissensbestand über Landschaft. Diese abstrakte Kategorie wird in der vorliegenden Untersuchung durch verschiedene Textbeispiele und zwei Bilder repräsentiert. Dabei soll die Bedeutung landschaftlicher Vorstellungen herausgearbeitet werden, die im Kontext dieser Arbeit darin besteht, Vorbilder für die touristische Praxis zu liefern. Die Fallbeispiele stehen repräsentativ für eine unüberschaubare Vielfalt medialer Inhalte, die den kulturellen Kontext darstellen, vor dem die untersuchten Pauschalreisen zu verstehen sind. Gängige Praktiken des Tourismus sind z. B. die Beschäftigung mit der Geschichte der bereisten Region als Methode von Reiseleitern und Touristen, die Zuwendung zum Erhabenen, das Genießen von Ausblicken oder die Abgrenzung vom Massentourismus. Dies sind Motive, an denen sich die touristische Produktion und ihr Umgang mit Landschaft unter anderem orientieren. Die Fallbeispiele sollen darlegen, dass es sich bei diesen Motiven, wie auch bei touristischen Landschaftsvorstellungen und touristischen Formen des Umgangs mit Landschaft, um kulturelle Praktiken von mehr oder weniger temporärer Stabilität handelt und nicht um Zufälligkeiten, Sonderfälle oder Erfindungen der untersuchten Reiseveranstalter. Das Angebot der Reiseveranstalter kann von den Kunden vielmehr nur vor diesem kulturellen Hintergrund als sinnvoll betrachtet werden. Die Stabilität landschaftlicher Vorstellungen bedeutet dabei nicht, dass nicht auch Innovationen und Neuentdeckungen möglich seien. Die Wirkungsweise gesellschaftslandschaftlicher Vorstellungen im Tourismus verdeutlichen einleitend die folgenden Zitate:

> „Der Krimi *Bretonische Verhältnisse* begeistert die Deutschen für die Bretagne. Dort staunen Hoteliers und Restaurantbetreiber nun über Gäste, die alle dieselben Gerichte

bestellen, literweise Kaffee trinken und nach Mordschauplätzen suchen" (*Spiegel Online* 2013).

„Morgens in der Frühe jedoch überraschte der Herzog sich selbst mit dem innigen Wunsch, nach London zu reisen. Das Verlangen überkommt ihn, als er am Feuer sitzt und in einem Band Dickens liest. Das Buch schildert englisches Leben in Bildern, denen er lange nachhängt und die ihn immer neugieriger machen" (de Botton 2013: 27).

Literatur kann Vorstellungen erzeugen, die Menschen zu Reisen motivieren. Besonders in der Tourismusbranche weiß man um die Kraft landschaftlicher Vorstellungen und versucht sie zu wirtschaftlichen Zwecken einzusetzen. Aus diesem Grund benutzen Reiseveranstalter Landschaftsdarstellungen in ihrer Werbung, wie in der Diskursanalyse zu zeigen sein wird. Wer Vorstellungen von Landschaft erzeugen kann, also Landschaft mit Bedeutung belegen kann, besitzt Macht, Menschen zu Handlungen zu motivieren, denn „Menschen handeln Dingen gegenüber auf Grundlage der Bedeutung, die diese Dinge für sie haben" (Blumer 1969: 2). Ob die Tourismusbranche selbst innovative Landschaftsdeutungen hervorbringt, vorhandene Deutungen modifiziert oder lediglich zitiert, ist daher interessant im Hinblick auf die Frage, wie Orte zu Reisezielen werden. Die folgenden Textbeispiele sollen es ermöglichen, die Landschaftsdarstellungen der Tourismusbranche in einen Kontext zu stellen. Die Landschaftsdarstellungen der Tourismuswerbung werden in dieser Arbeit als teilgesellschaftliche Landschaft bezeichnet. Damit wird an dieser Stelle eine Homogenität touristischer Landschaftsdarstellungen unterstellt, die es rechtfertigen würde, von einer teilgesellschaftlichen Landschaft zu sprechen. Bärbel Kühne (2002: 68-71) konnte zeigen, wie Werbung für verschiedenste Produkte in stereotypen Mustern auf das Thema ‚Natur' Bezug nimmt. Sie konnte somit immer wieder aktualisierte Naturbilder der Werbung herausarbeiten. Ob sich derartige Muster in den touristischen Landschaftsbeschreibungen nachweisen lassen, soll die diskursanalytische Untersuchung der Tourismuswerbung zeigen.

5.1 Das Verhältnis von individuell aktualisierter gesellschaftlicher Landschaft und (teil-) gesellschaftlicher Landschaft

Der ‚Band Dickens' und der Kriminalroman *Bretonische Verhältnisse* aus den oben genannten Zitaten drücken die individuell aktualisierte gesellschaftliche Landschaft ihrer Autoren aus und sind als Bücher gleichzeitig Teil der gesellschaftlichen Landschaft bzw. Trägermedien gesellschaftslandschaftlicher Vorstellungen. Als solches vermag es ein Buch, individuelle landschaftliche Vorstellungen zu aktualisieren, weil es Räume mit Bedeutung belegt und als Einheiten abgrenzt, indem es sie darstellt. Diese Vorstellungen erzeugen Wünsche und Erwartungen. Der ‚Band Dickens' erzeugt im genannten Beispiel den Wunsch, das Dargestellte zu sehen oder allgemeiner, sich das Dargestellte anzueignen und vermittelt dazu eine konkrete Erwartung an das Erlebnis der Aneignung. In diesem Fall wird keine besondere Aneignungsform beschrieben. Der Protagonist will einfach nur den Gegenstand der Literatur in Wirklichkeit sehen, weil er erwartet, diese Wirklichkeit müsse auf ihn ebenso einen positiven Eindruck machen, wie die Schilderung. In anderen Fällen ziehen landschaftliche Deutungen stärker die Praxis der Aneignung mit ein und machen diese zum Teil der landschaftlichen Vorstellung. Dies wird insbesondere bei der Verbindung von Wandern und Landschaft deutlich, wie in Kapitel 5.8 gezeigt wird (vgl. zur Verbindung von Wandern und Landschaft Bollnow 1997, Burckhardt 2011). Auch der Kriminalroman *Bretonische Verhältnisse* motiviert laut *Spiegel Online* Touristen nicht nur dazu, die Schauplätze der Geschichte aufzusuchen, sondern darüber hinaus bestellen sie in Restaurants das, was der Protagonist im Buch bestellte. Das betreffende Essen wurde also zum Teil der Vorstellungen vom Reiseziel.

Gesellschaftliche Landschaft ist in Form konkreter Texte, Bilder oder anderer medialer Darstellungen Ausgangspunkt für individuelle Aktualisierungen. Die Dimension der individuell aktualisierten Landschaft bezeichnet das, was eine Person über Landschaft weiß. Aktualisierungen der individuellen landschaftlichen Vorstellungen sind demnach Teil des individuellen Wissenserwerbs. In der individuellen Auseinandersetzung mit Landschaft können innovative Deutungen von Landschaft entstehen, die durch institutionalisierte Formen der Wissensvermittlung, wie etwa das Schreiben und Veröffentlichen von Büchern, in den Wissensbestand einer Gesellschaft über Landschaft eingehen können (Kühne 2013: 62). Finden Landschaftsdeutungen aus Büchern oder anderen Medien Verbreitung, so können sie soziale Relevanzen prägen, also z. B. Verknüpfungen von Landschaften mit Raumpraktiken oder Gefühlskonventionen für bestimmte Landschaftselemente Popularität verschaffen. Die Prägung gesellschaftlicher Relevanzen geschieht im Diskurs und ist daher von Machtverhältnissen abhängig (Kühne 2008: 194).

An dieser Stelle soll noch betont werden, dass es sich bei den Dimensionen von Landschaft um Konstrukte handelt, die eine systematische Untersuchung von Landschaft ermöglichen sollen und im wissenschaftlichen Kontext dieser Untersuchung ebenso der Komplexitätsreduktion dienen, wie das Wort ‚Landschaft' im untersuchten Diskurs. Wie beim alltäglichen Gebrauch des Begriffs ‚Landschaft', so kann auch beim Gebrauch der Analysedimensionen ihr Konstruktionscharakter in Vergessenheit geraten. Wenn in dieser Arbeit die Rede davon ist, die gesellschaftliche Landschaft ‚enthalte' z. B. verschiedene Vorstellungen und Gefühlskonventionen, dann ist dies eine Vereinfachung und soll bedeuten, dass diese

Vorstellungen und Konventionen Teil dessen sind, was als gesellschaftliche Landschaft bezeichnet werden soll. Ebenso ist ein ‚Zusammenspiel verschiedener Dimensionen' als Abstraktion und Konstrukt eines solchen zu verstehen, das dazu dient, mehrere Beispiele zu integrieren, um ein Muster deutlich zu machen.

Im Folgenden werden Motive beschrieben, die durch wiederholte Aktualisierungen zu Stereotypen geworden sind, sodass sie nun als allgemein bekannt gelten können. Es werden also Textbeispiele besprochen, die entweder ausdrücken, was anzueignen wert ist oder wie etwas anzueignen und zu deuten ist. Die Zusammenstellung der Fallbeispiele kann keinen Anspruch auf Vollständigkeit erheben. Sie zeigt einige Beispiele, welche für die untersuchten Reiseformen immer wieder relevant sind und soll vermitteln, welche Bedeutung die Dimension der gesellschaftlichen Landschaft für den Tourismus hat. Die ausgewählten Textausschnitte stehen beispielhaft für die Aussagen jener „schöpferischen Geister", deren Worte im Kontext des Tourismus unbewusst übernommen und nachgesprochen werden, wie Lehmann schreibt (Lehmann 1986 [1964]: 197). Reisen von Schriftstellern, Künstlern, Filmhelden usw. bieten dem Tourismus ein unermessliches Reservoir möglicher Erlebnisse und Deutungen von Landschaft. Grundsätzlich wird die Aneignung von Landschaft durch Reisende immer durch eine Form der Aneignung vollzogen, etwa durch Betrachten, Spazierengehen, Radfahren, das Aufsuchen von Aussichtspunkten oder eine Kombination verschiedener Aneignungsformen. Jede Darstellung einer solchen Praxis liefert eine Vorlage dafür, was man selbst in der Landschaft machen könnte, wie man sich Landschaft sinnvoll erschließen, mit anderen Worten: aneignen kann.

5.2 Die Bedeutung von Geschichte, Mythen und Sagen bei der touristischen Aneignung von Landschaft

Geschichte und Geschichten spielen bei der Aneignung von Landschaft auf Reisen eine bedeutende Rolle, denn die Beschäftigung mit Geschichte ist im Kontext des touristischen Reisens selbstverständlich geworden und hat als kulturelle Praxis eine lange Tradition. In der *Beschreibung Griechenlands* des antiken Reisenden Pausanias wird deutlich, dass in seinem Fall die Beschäftigung mit Geschichte und Mythologie dem touristischen Reisen vorausgeht. Viele der von Pausanias thematisierten Sehenswürdigkeiten lassen sich hinsichtlich Auswahl und Beschreibung durch den Autor in drei Kategorien ordnen: Erstens werden bekannte kulturelle (meist bauliche) Hinterlassenschaften vergangener Epochen beschrieben und in die Geschichte und Mythologie eingeordnet (Narrative Muster 1).

Narrative Muster 1: Sehenswürdigkeiten bei Pausanias (1)

„Der Tempel des Asklepios ist hinsichtlich der Kultstatuen des Gottes und seiner Söhne sowie der Gemälde sehenswert. Im Tempel befindet sich auch der Brunnen, bei dem Ares Poseidons' Sohn Halirrhotios, der Ares' Tochter Alkkippe geschändet hatte, getötet haben soll, und wegen dieses Mordes soll an diesem Ort zum ersten Mal ein Gericht getagt haben" (Pausanias 1998 [2. Jhd. n. Chr.]: 38).

Zweitens wird die Bedeutung weniger bekannter Sehenswürdigkeiten aus der Mythologie abgeleitet. Man könnte solche Sehenswürdigkeiten ‚Orte des Geschehens' nennen. Sie werden lediglich genannt und bilden den Ausgangspunkt für eine Erzählung (Narrative Muster 2)

Narrative Muster 2: Sehenswürdigkeiten bei Pausanias (2)

„Wer diesen Weg geht, trifft auf einen Brunnen, der Anthion heißt. Pamphos hat gedichtet, dass Demeter, nachdem ihre Tochter geraubt worden war, in Gestalt einer Greisin an diesem Brunnen gesessen sei. Daraufhin sei sie, sich für eine Agieverin ausgebend, von den Töchtern des Keleos zu deren Mutter geführt worden, und Metaneira habe ihr die Erziehung ihres Sohnes anvertraut [...]" (Pausanias 1998 [2. Jhd. n. Chr]: 72).

Der Brunnen selbst interessiert hier nicht wegen seiner Form oder Gestaltung, sondern wegen einer Geschichte, die mit ihm verknüpft wird. Pausanias zeigt mit seinem starken Bezug zur Geschichte und zum Mythos, wie Erzählungen Objekte mit Bedeutung aufladen und damit Sehenswürdigkeiten diskursiv hervorbringen. MacCannell nennt Informationen über Sehenswürdigkeiten ‚Marker' (MacCannell 2013 [1976]: 110) und stellt fest, dass es ein Limit gebe, wie weit Marker die Abwesenheit von Sehenswürdigkeiten kompensieren können (MacCannell 2013 [1976]: 115). Dabei bezieht sich MacCannell einerseits auf Orte, wie den genannten Brunnen, die als anzueignendes Objekt nicht spektakulär gefunden werden, sondern, die ihre Sehenswürdigkeit aus ihrer Verknüpfung mit einer Geschichte erhalten (Die Geschichte fungiert dann als ‚off-sight Marker'). Als Marker anzusprechen sind nach MacCannell auch Hinweisschilder wie ‚Hier wohnte George Washington' oder Hinweise zu südlichsten oder nördlichsten Punkten von irgendwie abgegrenzten Gebieten oder Hinweisschilder am Äquator oder Polarkreis. Marker verweisen in diesen Fällen vor Ort auf ‚Sehenswürdigkeiten', die selbst unsichtbar bleiben (‚on-sight marker'). MacCannells Unterscheidung von ‚Sehenswürdigkeiten' (‚sight') und deren Repräsentation durch Marker ist im Sinne dieser Arbeit problematisch, denn aus sozialkonstruktivistischer Perspektive macht die in sozialen Prozessen zugeschriebene Bedeutung Dinge zu Sehenswürdigkeiten und „Menschen handeln Dingen gegenüber auf Grundlage der Bedeutung, die diese Dinge für sie haben" (Blumer 1969: 2). Aus Sicht sozialkonstruktivistischer Landschaftsforschung ist demnach alles, was unhinterfragt und selbstverständlich eine Sehenswürdigkeit ist, als Resultat sedimentierter Diskurse mit großer gesellschaftlicher Reichweite anzusprechen. So haben Pyramiden, das Kolosseum, aber auch der Polarkreis in verschiedenen außertouristischen Diskursen eine Bedeutung. Die Bedeutung von Dingen als Sehenswürdigkeit wird dann im Tourismusdiskurs zugeschrieben. Der Unterschied zwischen einem Hinweisschild am Polarkreis und dem Kolosseum als ‚Sehenswürdigkeit' ist aus sozialkonstruktivistischer Perspektive nicht in der Materialität zu suchen, sondern vielmehr in unserem Zugang zur Materialität, der von Vorwissen geprägt ist. „Struktur und Inhalt unserer Wahrnehmung [sind] auch durch unser Vorverständnis als subjektive Zutat bestimmt" (Preglau 1997: 68). So wird Wissen über große, alte Gebäude von vielen Menschen geteilt, genau wie Deutungsmöglichkeiten dieser Gebäude, denn jeder Mensch hat irgendwelches Wissen über Gebäude erlernt, mindestens verfügt er über Erfahrungen mit Gebäuden, genauso wie er ganz allgemeines Wissen über die Bedeutung von Größenverhältnissen erlernt hat. Ein Gebäude das unüblich groß oder alt ist, oder sogar das größte oder höchste, muss demnach wie selbstverständlich auf Grund seiner Besonderheit als ‚Sehenswürdigkeit' gedeutet werden. Bei der Frage, welche Dinge als ‚Sehenswürdigkeiten' gelten können, spielen gesellschaftliche Deutungshoheiten eine wichtige Rolle, was sich besonders offensichtlich bei der Identifizierung von Kunst zeigt. Die *Fettecke* von Joseph Beuys ist ein Kunstwerk, weil ein Künstler sie installierte. Ohne Vorwissen ist sie nicht als Kunst erkennbar. Das gleiche gilt auch für Landschaft und ‚Sehenswürdigkeiten' im Allgemeinen. Beim Kolosseum wie beim Polarkreis oder einem Schlachtfeld und allen anderen möglichen ‚Sehenswürdigkeiten', hängt es somit vom Vorwissen des Besuchers ab, ob er sich die ‚Sehenswürdigkeit' sinnvoll erschließen kann oder nicht (Steinecke 2016: 25). Dies trifft beim Kolosseum auf mehr Menschen zu als beim Polarkreis, einem Schlachtfeld oder Beuys' *Fettecke*, weswegen das Kolosseum von niemandem in seiner ‚Sehenswürdigkeit' hinterfragt wird, während die *Fettecke* von einer Reinigungskraft als Verschmutzung und nicht als Kunstwerk identifiziert und entfernt wurde (Kirbach 1987). Es sei noch auf einen weiteren Aspekt der Unterscheidung von Marker und Sehenswürdigkeit verwiesen. Wie MacCannell bemerkt, stehen nicht nur Marker für etwas anderes, sondern auch Sehenswürdigkeiten im Sinne MacCannells sind ihrerseits Marker und stehen auch für etwas Anderes (‚sight→marker→sight transformation'; MacCannell 2013 [1976]: 131-132), indem sie beim Betrachter gemäß seiner Deutung der Sehenswürdigkeit kognitive oder emotionale Prozesse auslösen (MacCannell 2013 [1976]: 131-132). In MacCannells Beispiel steht der Eifelturm als Symbol für Paris, er ist also als Sehenswürdigkeit gleichzeitig ein Marker für die Sehenswürdigkeit Paris. Sehenswürdigkeiten lösen durch ihre symbolische Bedeutung weitreichende Emotionen aus. So gilt Paris als Stadt der Liebe und diese Symbolik wird ebenfalls durch den Eifelturm (und andere Sehenswürdigkeiten) symbolisiert. Gleiches gilt auch für andere Sehenswürdigkeiten. Folgende Zitate aus einem Dumont-Kunstreiseführer formulieren die Symbolik von Palästen und Ruinen im Allgemeinen:

Narrative Muster 3: Objektivierung von Ideen in Sehenswürdigkeiten

„Kunstreiseführer führen in vergangene Zeiten. Das macht ihren Charme aus, denn wer ist schon mit der Gegenwart zufrieden? In ein fremdes Land zu reisen, in dem man keine Arbeit und keine Wohnung suchen muss und sich frei von solchen Notwendigkeiten im Schatten von Tempeln und Pyramiden, Palästen und Ruinen dem Genius großer und vergangener Zeiten anheimzugeben, hat von jeher zu den besonderen Genüssen bürgerlichen Geisteslebens gehört" (Pippke/Leinberger 2009: 10).

„Der Gardasee ist eine historische Landschaft. Seine Ufer sind übersät mit Zeugnissen aus über 2000 Jahren Geschichte. Der Blick über die römischen Ruinen von Sirmione auf den mediterranen See eröffnet eines der schönsten Landschaftsbilder Oberitaliens" (Pippke/Leinberger 2009: 11).

Die beiden Zitate verknüpfen Landschaft mit historischen Sehenswürdigkeiten, die als Marker und Symbol für den ‚Genius großer und vergangener Zeiten‘ stehen. Landschaft ist hier Medium einer Sozialkritik, nämlich einer Kritik an der Moderne, die gleichzeitig als zeitlose Konstante ‚bürgerlichen Geisteslebens‘ relativiert wird. Ein zentraler Aspekt von Sehenswürdigkeiten wird explizit gemacht, nämlich die Wirkung der symbolischen Aufladung von Sehenswürdigkeiten auf den Betrachter.

Eine weitere Art der Aneignung von Orten auf Reisen lässt sich bei Pausanias von den beiden bereits beschriebenen Vorgehensweisen unterscheiden: Orte, deren physische Struktur in irgendeiner Art und Weise als bemerkenswert aufgefallen ist, werden in einen mythologischen Kontext eingeordnet, dadurch erklärt und mit einer vorgefertigten Deutung versehen (Narrative Muster 4).

Narrative Muster 4: Sehenswürdigkeiten bei Pausanias (3)

„Nahe bei diesem Herd (Altar) befindet sich ein Stein; es heißt, Apollon habe seine Leier auf diesen Stein niedergelegt, als er Alkathoos half, die Mauer zu erbauen […]. Wirft man nun einen kleinen Stein darauf, erklingt er genau wie eine angeschlagene Leier. Dies hat sogar mich erstaunt […]" (Pausanias 1998 [2. Jhd. n. Chr.]: 75).
„Nur wenig von der Ebene entfernt liegt der Berg des Pan mit einer sehenswerten Höhle. Der Zugang ist eng, ist man aber einmal hineingegangen, so findet man Räume und Badeplätze sowie die sogenannte ‚Ziegenherde des Pan': Steine, die zum großen Teil Ziegen gleichen" (Pausanias 1998 [2. Jhd. n. Chr.]: 62).

Über derartige Orte, die den Menschen skurril und auffällig erscheinen, existieren weltweit vergleichbare Geschichten, mit denen das scheinbar Abnormale – und dadurch Erklärungsbedürftige – erklärt wird (z. B. das Teufelsloch und der Lusengipfel im Nationalpark Bayerischer Wald, verschiedene versteinerte Trolle in Island oder Traumzeitdeutungen von Felsen in Australien). Derartige Formationen mitsamt dazugehörigen Geschichten erfahren spätestens seit Pausanias Wertschätzung als touristische Attraktionen. In allen drei genannten Fällen bildet die Sehenswürdigkeit den Ausgangspunkt für eine Beschäftigung mit Geschichte oder Mythen. Diese leiten also die persönliche Aneignung und machen die materielle Sehenswürdigkeit gleichzeitig zum Marker und Ausgangspunkt für etwas Anderes. Als Marker verweist die Sehenswürdigkeit auf Gefühle und Geschichten, die sie dem, der etwas Anschlussfähiges weiß, zur Sehenswürdigkeit machen.

Knappe zwei Jahrtausende nach Pausanias spielt für den Autor Eckhardt Peterich die Beschäftigung mit Geschichte und Geschichten ebenfalls eine bedeutende Rolle bei der Aneignung von Landschaft. Das folgende Zitat aus seiner Beschreibung Sardiniens zeigt, dass dem Autor die Abwesenheit ihm bekannter Geschichte und Geschichten Schwierigkeiten bei einer für ihn sinnvollen Aneignung der Landschaft bereitet, gleichwohl er die betreffende Landschaft im Modus der Erhabenheit schnell zu deuten weiß:

Narrative Muster 5: Abwesenheit anschlussfähiger Geschichten

„Das urtümlich Phantastische des Gesteins erzeugte, mit der Kargheit der Pflanzenwelt verbunden, erst Melancholie, dann Verzauberung, Entrückung. Wir fühlten uns vereinsamt und vereinzelt, vom übrigen Europa durch viel mehr als nur die tyrrhenische See getrennt, seelisch und geistig von unsern Quellen abgeschnitten, einer fremden, zwar großartigen, aber gewalttätigen Natur ausgeliefert, in der

Mensch und Menschenwerk, besonders im Vergleich mit den überreichen italienischen Kulturlandschaften, nur eine sehr bescheidene Rolle spielten und in der uns nicht einmal – wie das in Griechenland so oft und stark geschieht – die Sage und ihre Gestalten zu Hilfe kamen. Diese überwältigende Einfachheit, diese Einschichtigkeit, die Lawrence so richtig beobachtet und beschrieben hatte, beeindruckten uns tief. Wir hatten das Gefühl, uns in einem fast geschichtslosen Lande zu bewegen (ein Gefühl, das ich später in den Tropen wiedererleben sollte), sahen uns in einer urzeitlichen Welt, deren Alter uns unberechenbar erschien" (Peterich 1986 [1963]: 751).

Peterich zieht die Beschreibung einer ‚großartigen, aber gewalttätigen Natur' für seine Charakterisierung Sardiniens heran und konstruiert eine erhabene Gegenwelt zur Zivilisation, zu den ‚überreichen italienischen Kulturlandschaften', wie er schreibt. Er aktualisiert eine Trennung gemäß dem Schema Kulturlandschaft/Naturlandschaft, das in Kapitel 2.5.1 dargestellt wurde.

5.3 Erfüllung stereotyper Erwartungen

Beim Betrachten von Landschaft wird die Erfüllung stereotyper landschaftlicher Vorstellungen in der Regel positiv bewertet. Hier scheinen Konzepte aus der betriebswirtschaftlich orientierten Konsumentenverhaltensforschung übertragbar zu sein, wonach Zufriedenheit beim Konsum von Produkten durch Erfüllung oder Übertreffen von Erwartungen des Konsumenten entsteht (Homburg/Krohmer 2009: 45; vgl. Kapitel 3.6). Erwartungen sind folglich zentral für positive Erlebnisse, nicht nur beim Kauf von Gütern, sondern auch für die Aneignung von Landschaft. An dieser Stelle soll noch einmal auf die beiden Eingangszitate dieser Arbeit verwiesen werden. Zuerst auf Georg Forsters Landschaftsbeschreibung auf Tahiti:

Narrative Muster 6: Stereotype Erwartungen (1)

„Zum Nachtisch ergötzte sich das Auge an der vor uns liegenden wildnisartigen Landschaft, die Salvator Rosa nicht schöner hätte malen können. Sie war ganz im Geschmack dieses Künstlers und bestand aus Felsen, mit Wäldern gekrönt, deren Alter in die Zeiten vor der Sündfluth hinauf zu reichen schien, und zwischen welche sich aller Orten Wasserbäche mit schäumenden Ungestüm herabstürzten" (Forster 1983 [1777]: 137).

Deutlich wird in diesem Abschnitt, dass der Weltumsegler Georg Forster mit einer landschaftlichen Idealvorstellung reist, an der er das Gesehene auf Reisen misst. Vorhandene Deutungen von Landschaft bringt er in die Aneignung physischer Landschaft mit ein. Diese mitgebrachte Schablone dient ihm zum Identifizieren von schöner Landschaft. Weiterhin benennt Forster Formationen, die für ihn eine wildnisartige Landschaft ausmachen. Er äquivalenziert Felsen, alte Wälder und stürzende, schäumende Bäche mit wildnisartiger Landschaft. Im Vergleich hierzu ein Ausschnitt aus dem Eingangszitat von Theodor Fontanes Reise nach Schottland:

Narrative Muster 7: Stereotype Erwartungen (2)

„Der Killicrankie Pass ist imposanter als die Trossachs. Der Grund dafür scheint mir darin zu liegen, dass die Felswände sich noch näher und schroffer gegenüberstehen, dass der Garry, der ganz den Charakter eines lauten und reißenden Bergwassers hat, die romantische Szene mehr belebt als das unbedeutende Wässerchen, das die Trossachs mehr durchschleicht als durchschäumt, und dass drittens und letztens das Vorwiegen des Laubholzes über das Nadelholz den Wettstreit zugunsten des Killicrankie-Passes entscheidet" (Fontane (2013) [1860]: 129)

Auch Fontane beschreibt Felsen, Laub- und Nadelholz und einen Bach bzw. er vergleicht zwei Bäche. Beiden Autoren kann anhand dieser Zitate eine gewisse Einigkeit darüber unterstellt werden, wie ein wilder Bach idealerweise auszusehen habe und wie er ästhetisch zu bewerten sei. Der Leser dieser Texte lernt überdies, welche Dinge gemeinsam eine Landschaft ergeben. Das, was Salvator Rosas Gemälde für Georg Forster bedeutete, das bedeutete Georg Forsters Reisebericht für viele nachfolgende Reisende. Forster beschreibt den Stereotyp wildnisartiger Landschaft mit dazugehörigen Elementen, wie Felsen, Wäldern und Bächen, die schäumend und ungestüm herabstürzen. Die Deutung einer solchen Landschaft als ‚das Auge ergötzend' drückt Forsters Wertschätzung aus. Verschiedene Landschaftselemente werden also von Forster beschrieben. Der Autor festigt mit seiner Beschreibung einen landschaftlichen Stereotyp, den er selbst auf den Maler Salvator Rosa zurückführt. Auf wen ein Stereotyp letztlich zurück geht, lässt sich nur schwer beantworten und ist für diese Untersuchung auch nicht entscheidend. Interessant ist für diese Arbeit weniger die Suche nach dem Ursprung derartiger Beschreibungen, als die Frage, wie sie diskursiv verfestigt, weiterentwickelt und von anderen gesellschaftlichen Teilsystemen aufgegriffen werden. Forsters Schilderung belegt die Beliebtheit stereotyper Wildnislandschaft bereits vor der Romantik, während in dieser Arbeit bereits gezeigt wurde, wie besonders die Romantik das Wilde und Erhabene schätzte (vgl. Kapitel 2.6) und schließlich Fontanes

Schilderung die Kontinuität der Beliebtheit von Wildnis auch nach der Romantik aufzeigt. Die Kunst kann als das gesellschaftliche Teilsystem identifiziert werden, in dem innovative Landschaftsdeutungen ausformuliert werden, egal ob in Ton, Text, Bild oder Film. Dieser künstlerische bzw. literarische Landschaftsdiskurs gibt vor, welche Formationen als Landschaft anzusprechen sind, welche Landschaften Wertschätzung verdienen und wie sie individuell angeeignet werden können.

5.4 Die Aneignung: *Romantic gaze*

Über die Aneignung von Landschaft existieren ebenso wirkmächtige Stereotype, wie über das, was als Landschaft angesprochen und wertgeschätzt werden kann. Jean-Jaques Rousseau hat eine Form der Aneignung von Landschaft beschrieben, die in dieser Arbeit im Anschluss an John Urry als *romantic gaze* bezeichnet wurde (zur Konzeption des *tourist gaze* vgl. Kapitel 3.5.2). Rousseau hat den Wusch, mit der Natur allein zu sein, prägnant formuliert:

Narrative Muster 8: *Romantic gaze* bei Rousseau

„Nun suchte ich mit ruhigerem Schritt einen wilden Ort im Walde, eine verlassene Stelle, wo nichts Menschenhände verriet und Knechtschaft und Herrschaft anzeigte, einen Zufluchtsort, wohin ich zuerst vorgedrungen zu sein glauben konnte und wo kein quälender Dritter sich zwischen die Natur und mich stellen konnte. Hier schien sie in meinen Augen eine immer neue Pracht zu entfalten. Das Gold des Ginsters und der Purpur des Heidekrautes blendeten meine Augen mit einem Reichtum, der mein Herz rührte, die Majestät der Bäume, die mich mit ihrem Schatten umfingen, die Zartheit der Sträucher, die mich umgaben, die staunenswürdige Verschiedenheit der Kräuter und Blumen, die ich mit meinen Füßen zu Boden trat, hielten meinen Geist in einer beständigen Abwechslung schwebend zwischen der Betrachtung und der Bewunderung. Das Nebeneinander so vieler anziehender Gegenstände, die sich um meine Aufmerksamkeit stritten, lockte mich wechselweise vom einen zum anderen und beförderte meine träumerische und träge Laune und ließ mich oft heimlich zu mir selbst sagen: Nein, in seinem größten Glanze war Salomo nie so gekleidet wie eines von diesen" (Rousseau 1981 [1762]: 488).

Rousseau beschreibt weniger als Forster und Fontane ein Landschaftsbild. Er beschreibt stattdessen Details, ein ‚Nebeneinander so vieler anziehender Gegenstände'. Mehrere Aspekte von Rousseaus Schilderung sind für den heutigen Tourismus von zentraler Wichtigkeit. Rousseau äußert den Wunsch, mit der Natur allein zu sein, er will keine Spuren von Menschen sehen. Dieses Motiv nennt Urry *romantic gaze*. Es handelt sich dabei um einen Modus der touristischen Aneignung von Landschaft. Die stereotype Aneignung von als Natur konstruierten Räumen findet demnach allein statt (Urry 2002: 43-44). Rousseau beschreibt ein natürliches Paradies, dass durch Anwesenheit anderer Menschen in seiner Lieblichkeit und Vollkommenheit gestört würde. Ein weiterer Aspekt gesellschaftslandschaftlicher Deutungen betrifft die begeisterte, überschäumende Beschreibung des Gesehenen und dessen Interpretation als Wunder ('Das Gold des Ginsters und das Purpur des Heidekrauts, immer neue, sich entfaltende Pracht, Gold, Purpur, Reichtum, der mein Herz rührte, Majestät der Bäume und Zartheit der Sträucher'). Für den Tourismus ist diese Deutung der Welt von großem Wert, da in erster Linie positive Deutungen dazu in der Lage sind, den Wunsch nach Nachahmung zu wecken. Die Beschreibung eines Ortes als voll von zauberhaften Wundern rückt dieses Motiv in die Nähe des Paradies-Motives. Rousseau konstruiert die Natur als bessere Gegenwelt, den Naturzustand als Ideal und als paradiesisch. Der *romantic gaze* von Rousseau hat also Bezüge zur Deutung von Reisen als Suche nach dem Paradies durch seine wunderhafte Beschreibung der Natur. Fraglich ist jedoch, ob Rousseau eine Landschaft beschreibt. Er beschreibt Dinge, die zusammen genommen 'einen wilden Ort im Walde' ausmachen. Ob der Autor selbst den beschriebenen Ort als Landschaft bezeichnet hätte, muss unbeantwortet bleiben, zumal die Bedeutung des französischsprachigen Landschaftsbegriffs deutlich von der des deutschsprachigen abweicht (Drexler 2011: 18, Antrop 2015: 57). Aus Sicht sozialkonstruktivistischer Landschaftsforschung handelt es sich um eine Zusammenschau von Objekten, die einer Deutung unterzogen werden, um dann gemeinsam eine Einheit zu bilden ('wilder Ort im Walde'), weswegen sich die Beschreibung unproblematisch als Landschaft analysieren lässt.

Eine weitere berühmte Darstellung des *romantic gaze* ist der *Wanderer über dem Nebelmeer* von Caspar David Friedrich. Auch hier ist nicht nur eine Landschaft dargestellt, sondern genauso prominent wie bei Rousseau ist die Form der Aneignung als Thema der Darstellung präsent. Der Wanderer ist mit der großartigen Natur allein. Das Landschaftsbild verfolgt nicht das Ziel der realistischen Darstellung eines bestimmten Ortes, sondern komponiert verschiedene Elemente mit dem Ziel, Landschaft und Atmosphäre zu einer Aussage zu verdichten. Der Wanderer setzt sich allein den Naturgewalten aus, er hat in aufrecht-stolzer Pose den Berg erobert. Wenn die Herausforderung eines (Natur-) Erlebnisses betont wird, dann hat der *romantic gaze* Bezüge zum Motiv des Passageritus. Die Landschaft kann dann als herausfordernde Gegenwelt konstruiert werden, in welcher sich der Reisende allein gegen eine großartige, in ihrer Erhabenheit aber auch bedrohliche Natur stellt und durch dieses Erlebnis selbst etwas gewinnt. Ist der Reisende nicht allein, etwa aufgrund der Anwesenheit anderer Touristen, so verschwindet die imaginierte Besonderheit dieser Herausforderung. Somit lässt sich sagen, dass beide Motive, nämlich Passageritus und Paradies-Motiv durch Beschreibung einer Landschaft und durch Beschreibung der Aneignung einer Landschaft vermittelt werden können. Gleichzeitig zielt die Malerei Caspar David Friedrichs keineswegs auf die Beherrschung der Natur durch den Menschen. Vielmehr vermittelt das Bild den Wunsch nach Wiederherstellung einer ‚Einheit von Mensch und Natur‘ und regt ein wertschätzendes Verhältnis gegenüber dem Erhabenen der Natur an. Caspar David Friedrich zeigt eine Natur, die vom Menschen unbeeinflusst ist und wendet sich kritisierend ab von „den Unwirtlichkeiten der industriellen Produktion des heraufkommenden Fabrikwesens" (Schneider 2011: 193). Die Natur ist bei Caspar David Friedrich nicht die Sphäre der Produktion. Die Natur ist hier eine „ihr Eigenrecht stumm behauptende Macht" (Schneider 2011: 192), der sich der Mensch andächtig-kontemplativ nähern kann und soll. „Unabhängig davon, ob es sich um den Künstler selbst handelt, der da vor uns auf dem Berg steht, oder um eine andere identifizierbare Person, ist die Figur doch in erster Linie eine Metapher der kontemplativen Schau" (Büttner 2006: 266). Der Wanderer über dem Nebelmeer verhält sich anschauend zur Natur, er erkennt ihre Erhabenheit, das heißt ihre Göttlichkeit. Das Bild kann demnach als ästhetische Kompensierung des Verlustes der Religion in der Aufklärung verstanden werden, denn „die Beziehung zur Landschaft wird hier als ein geradezu religiöses Verhältnis" dargestellt (Schneider 2011: 191) (vgl. hierzu die Naturaneignung Conrad Gesners in Kapitel 5.6).

Abbildung 1: Caspar David Friedrich (1774 - 1840): Der Wanderer über dem Nebelmeer (um 1817).

Copyright: Hamburger Kunsthalle / bpk. Fotonachweis: Elke Walford.

5.5 Der ‚Charakter' einer Landschaft

Die Kunst verdichtet Landschaft in ihren Darstellungen häufig zu einer Aussage. Resultat dieser Vorgehensweise ist die Konstruktion eines ‚Wesens' oder ‚Charakters' von Landschaften. Dies entspricht einem essentialistischen Verständnis von Landschaft und prägt vielfach auch das Sehen von Landschaft außerhalb der Kunst. Verbreitet ist die essentialistische Beschreibung eines ‚Charakters' von Landschaften, aber auch von Regionen, Ländern oder Städten. Landschaft wird in solchen Fällen als materiell existierendes Objekt gedacht, das ein ‚Wesen' hat und damit auch über essenzielle und akzidentielle Eigenschaften verfügt, wie in

Kapitel 2.5.2 dargestellt wurde. Folgendes Beispiel aus einem Reiseführer über den Jakobsweg verdeutlicht diesen Aspekt (Narrative Muster 9).

Narrative Muster 9: Harmonie und Typizität von Landschaften

„Es gibt Landschaften in Europa, die gleichermaßen einmalig, typisch und unverwechselbar sind. Die Toskana zum Beispiel, vor allem zwischen Florenz und Siena, mit ihrer ‚Wogenden Anmut der Hügel‘ (Carducci), ‚wo das silbergraue Largo der Oliven und das Andante der hellgrünen Weinberge konzertiert mit dem Stakkato der schlanken Zypressen‘ (H. Sing ‚Toskana‘). Zur Harmonie und Originalität einer Landschaft gehören ihre Topographie, die Architektur ihrer Dörfer und Städte, ihre Menschen und deren Brauchtum, ihr Klima und ihre Tier- und Pflanzenwelt. Oberbayern besitzt diese Harmonie, Andalusien im Süden Spaniens, Galicien in dessen Norden, Arkadien auf der Peloponnes und – BURGUND" (Sing 1988: 59).

Der Autor bringt eine essentialistische Sichtweise auf Landschaft zum Ausdruck, die im Tourismus verbreitet ist. Außerdem präsentiert er eine Auflistung der Dinge, die im touristischen Gebrauch Landschaft ausmachen und die „zur Harmonie und Originalität einer Landschaft gehören" (Sing 1988: 59): Topographie, Architektur von Dörfern und Städten, Menschen und deren Brauchtum, Klima, Tier- und Pflanzenwelt. Auf Grundlage eines solchen essentialistischen Landschaftsverständnisses, werden Dinge, die nicht zum postulierten ‚Charakter‘ der Landschaft zu passen scheinen häufig problematisiert (vgl. Burckhardt 2011: 270).

5.6 Das Erhabene in den Bergen und die Deutung des Erhabenen

Die Raumpraxis des Wanderns spielt in den hier untersuchten Reiseangeboten eine wichtige Rolle und ist eng mit Berglandschaften verbunden. Für diese Untersuchung ist daher das Erhabene vor allem im Kontext der Berge bedeutsam. Auch das Meer wird häufig im Modus der Erhabenheit beschrieben, spielt aber für die hier behandelten Formen des Tourismus eine untergeordnete Rolle. In wissenschaftlichen Diskursen um Ästhetiktheorie wurde das Erhabene in der Postmoderne rehabilitiert (Pries 1995: 35), während es aus der touristischen Praxis nie verschwand oder auch nur an Relevanz einbüßte. Besonders im Kontext der touristischen Bezugnahme auf Berglandschaft war die ästhetische Dimension des Erhabenen stets von Bedeutung. Enzensberger beschreibt den Alpinismus als Triebfeder des Tourismus (Enzensberger 2006 [1958]: 190). Dies trifft gewiss in besonderem Maße auf den touristischen Umgang mit Bergen zu. Der Alpinismus ist ein sich immer wieder erneuernder Trend, der sich seit seinem ‚goldenen Zeitalter‘ im 19. Jahrhundert (vgl. Kapitel 2.6) über die Vereinnahmung alpinistischer Expeditionen im Dritten Reich, die Erstbesteigung des Mount Everest mit (1953) und ohne Sauerstoff (1978) bis zum Sportklettern in die aktuelle Zeit fortschreibt. Zwei Motive und Deutungen der Berge sind für den Tourismus besonders wichtig: einerseits die Bedeutungsaufladung des Erhabenen der Berge für sich genommen und andererseits die Kontrastierung des Erhabenen am Lieblichen der Almen, Wälder und Täler. Die Höhe der Berge hat eine spirituelle Konnotation, denn sie wird häufig als Kontaktpunkt von Himmel und Erde imaginiert (Amirou 2012: 84). Als spiritueller Raum verstanden, wirken Höhe und Erhabenheit auf den Menschen. Rousseau schreibt:

Narrative Muster 10: Berge bei Rousseau

„Die Gedanken nehmen etwas Großes, Erhabenes an, wie es den Gegenständen entspricht, die uns vor Augen liegen, eine gewisse selige Ruhe, worin nichts Brennendes und Sinnliches ist. Es scheint, als ob man, sich erhebend über die Wohnstätten der Sterblichen, alle niederen, irdischen Gefühle zurückließe, als ob die Seele, je mehr man sich der ätherischen Region nähert, etwas von deren unwandelbarer Reinheit annähme“ (Rousseau 1980 [1761]: 68).

Das folgende Zitat von Konrad Gesner (1516-1565) verdeutlicht diesen Aspekt und zeigt, wie die Berge mit Bedeutung aufgeladen werden und für etwas Anderes stehen. Die Berge werden als Wunder beschrieben und rechtfertigen eine aktive Zuwendung (Narrative Muster 11). Das „Schauspiel des Weltalls“ (Gesner zitiert nach Grupp 2008: 33-34) bewundern auch die Protagonisten in Caspar David Friedrichs Darstellungen, wie etwa der *Wanderer über dem Nebelmeer*. Bemerkenswert an Konrad Gesner ist der frühe Zeitpunkt seiner Zuwendung zur Natur im 16. Jahrhundert (Büttner 2008: 7-8).

Narrative Muster 11: Berge sind als Wunder Verkörperung des höchsten Wesens

„Ich habe mir vorgenommen, sehr geehrter Vogel, fortan, so lange mir Gott das Leben gibt, jährlich mehrere oder wenigstens einen Berg zu besteigen, wenn die Pflanzen in Blüte sind, teils um diese kennenzulernen, teils um den Körper auf eine ehrenwerte Weise zu üben und den Geist zu ergötzen. Denn welche Lust ist es, und, nicht wahr, welches Vergnügen für den ergriffenen Geist, die gewaltige

Masse der Gebirge wie ein Schauspiel zu bewundern und das Haupt gleichsam in die Wolken zu erheben. Ich weiß nicht, wie es zugeht, dass durch diese unbegreiflichen Höhen das Gemüt erschüttert und hingerissen wird zur Betrachtung des erhabenen Baumeisters. Die stumpfen Geistes sind, wundern sich über nichts, sie brüten in ihren Stuben und sehen nicht das große Schauspiel des Weltalls; in ihren Winkel verkrochen […] denken sie nicht daran, dass das menschliche Geschlecht auf der Welt ist, damit es aus ihren Wundern etwas Höheres, ja das höchste Wesen selbst begreife […] (Gesner [16. Jhd.] zitiert aus Grupp 2008: 33-34; vgl. auch Fischer 1966: 25 und Büttner 2008: 8).

Neben der Zuwendung zu den Bergen und der damit verbundenen Raumpraxis und Aneignungsform des Wanderns, verdeutlicht dieses Zitat einen Aspekt, der für die touristische Aneignung von Landschaft von grundsätzlicher Wichtigkeit ist. Berge werden – wie zuvor bei Rousseau die Natur im Allgemeinen – als Wunder bezeichnet, also als Gegenstände, denen Bewunderung angemessen ist. Konrad Gesner fordert Hinwendung und Wertschätzung für ‚das große Schauspiel des Weltalls‘. Einen Kontrast dazu schafft ein Zitat aus Umberto Ecos *Der Name der Rose* (Narrative Muster 12).

Narrative Muster 12: Bedeutungsveränderung

„Einst schauten wir zum Himmel empor und hatten für den Schlamm der Materie nur einen verächtlichen Blick, heute sehen wir zur Erde nieder und glauben nur noch kraft ihres Zeugnisses an den Himmel" (Eco 1986: 602).

Umberto Eco beschreibt eine Bedeutungsveränderung der Landschaft, die für die Epochenschwelle von Mittelalter und Renaissance angenommen wird bzw. mit der diese Epocheneinteilung teilweise begründet wird (Steinmann 2014: 43). Der Reisebericht *Die Besteigung des Mont Ventoux* von Francesco Petrarca steht als klassisches Beispiel für diese Epochenschwelle und ein Schwanken zwischen bewundernder Hinwendung und Abwendung von der ästhetischen Wahrnehmung der Welt als Landschaft (Burckhardt 2014 [1860]: 35, Ritter 1990 [1963]: 25-26, Steinmann 2014: 46). Eine solche Trennung von Epochen und einem ihnen jeweils eigenen Bezug zu Landschaft wird von anderen Autoren in Zweifel gezogen (z. B. Büttner 2007). Büttner argumentiert anhand antiker Texte und mittelalterlicher Malerei, dass auch in früheren Epochen ein „ausgeprägtes Empfinden für die Schönheiten der Natur" (Büttner 2007: 14) nachweisbar sei. „Eine Landschaft konnte schon in der Antike etwas bedeuten und zum Beispiel als Gleichnis der göttlich durchwalteten Natur verstanden werden […] und daran sollte sich […]

auch nach dem Ende der alten Welt nichts ändern" (Büttner 2007: 14; vgl. auch Büttner 2011: 13).

5.6.1 Aneignung von Landschaft in spiritueller Versenkung

In der Beschreibung Konrad Gesners ist das Erhabene transzendent. Es wird mit Bedeutung aufgeladen und steht für etwas, nämlich für das ‚höchste Wesen', welches sich in der Zuwendung zum Erhabenen begreifen lasse. Hier wird also im Sinne MacCannells der Berg zu einem Marker für das höchste Wesen. Noch konkreter als Gesner beschreibt Hermann Hesse in seiner Erzählung *Siddhartha*, wie durch eine gezielte mentale Konzentration auf eine landschaftliche Wahrnehmung das höchste Wesen erkannt werden kann. Das höchste Wesen wird hier als Erleuchtung, als Erreichen des Nirwana durch das Erkennen der Einheit der Welt gedacht. In diesem Fall schaut der Protagonist Siddhartha einen Fluss an. Landschaft wird hier wie bei Gesner mit Bedeutung aufgeladen, indem Natur – hier ein Fluss – als Medium der Offenbarung von Funktionsweisen und Sinn der Welt beschrieben wird:

Narrative Muster 13: Spirituelle Versenkung durch Betrachten von Landschaft

„Sanft klang der vielstimmige Gesang des Flusses. Siddhartha schaute ins Wasser, und im ziehenden Wasser erschienen ihm Bilder: sein Vater erschien, einsam, um den Sohn trauernd, er selbst erschien, einsam, um den Sohn trauernd, [...] es erschien sein Sohn, einsam auch er, der Knabe, begehrlich auf der brennenden Bahn seiner jungen Wünsche stürmend, jeder auf sein Ziel gerichtet, jeder vom Ziel besessen, jeder leidend. Der Fluss sang mit einer Stimme des Leidens, sehnlich sang er, sehnlich floss er seinem Ziele zu, klagend klang seine Stimme. [...] Siddhartha bemühte sich, besser zu hören. Das Bild des Vaters, sein eigenes Bild, das Bild des Sohnes flossen ineinander, auch Kamalas Bild erschien und zerfloss, und das Bild Govindas, und andre Bilder, und flossen ineinander über, wurden alle zum Fluss, strebten alle als Fluss dem Ziele zu, sehnlich, begehrend, leidend, und des Flusses Stimme klang voll Sehnsucht, voll von brennendem Weh, voll von unstillbarem Verlangen. Zum Ziele strebte der Fluss, Siddhartha sah ihn eilen, den Fluss, der aus ihm und den Seinen und aus allen Menschen bestand, die er je gesehen hatte, alle die Wellen und Wasser eilten, leidend, Zielen zu, vielen Zielen, dem Wasserfall, dem See, der Stromschnelle, dem Meere, und alle Ziele wurden erreicht, und jedem folgte ein neues, und aus dem Wasser ward Dampf und stieg in den Himmel, ward Regen und stürzte aus dem Himmel herab, ward

Quelle, ward Bach, ward Fluss, strebte aufs neue, floss aufs neue. Aber die sehnliche Stimme hatte sich verändert. Noch tönte sie, leidvoll, suchend, aber andre Stimmen gesellten sich zu ihr, Stimmen der Freude und des Leides, gute und böse Stimmen, lachende und trauernde, hundert Stimmen, tausend Stimmen. Siddhartha lauschte. Er war nun ganz Lauscher, ganz ins Zuhören vertieft, ganz leer, ganz einsaugend, er fühlte, dass er nun das Lauschen zu Ende gelernt habe. Oft schon hatte er all dies gehört, diese vielen Stimmen im Fluss, heute klang es neu. Schon konnte er die vielen Stimmen nicht mehr unterscheiden, nicht frohe von weinenden, nicht kindliche von männlichen, sie gehörten alle zusammen, Klage der Sehnsucht und Lachen des Wissenden, Schrei des Zorns und Stöhnen der Sterbenden, alles war eins, alles war ineinander verwoben und verknüpft, tausendfach verschlungen. Und alles zusammen, alle Stimmen, alle Ziele, alles Sehnen, alle Leiden, alle Lust, alles Gute und Böse, alles zusammen war die Welt. Alles zusammen war der Fluss des Geschehens, war die Musik des Lebens. Und wenn Siddhartha aufmerksam diesem Fluss, diesem tausendstimmigen Liede lauschte, wenn er nicht auf das Leid, noch auf das Lachen hörte, das Ganze, die Einheit vernahm, dann bestand das große Lied der tausend Stimmen aus einem einzigen Worte, das hieß Om: die Vollendung" (Hesse 1974 [1922]: 108-109).

5.6.2   Kontrast von Erhabenem und Lieblichem in den Bergen

Darstellungen von Berglandschaften thematisieren häufig einen Kontrast von Erhabenheit und Lieblichkeit. Bätzing bezeichnet diesen kompositorischen Gegensatz als Basis der Landschaftsästhetik der Berge (Bätzing 2015: 15). Zwei Beispiele aus der Literatur und ein Beispiel aus der Malerei sollen dieses Thema illustrieren. Bei Herrmann Hesse kontrastieren ‚malerische Dörfer' an ‚hohen, zackig wilden Fels- und Schneebergen', bei Rousseau kontrastieren Klüfte und ‚dicke' Waldungen mit ‚lachenden' Wiesen (Narrative Muster 14).

Narrative Muster 14: Liebliches und Erhabenes

„Ich hatte auch keine Landkarte und lief durch alle die malerischen Dörfer und an allen den hohen, zackig wilden Fels- und Schneebergen vorbei, ohne mich um ihre Namen zu kümmern" (Hesse 2010 [1905]: 24).

„[...] bald öffnete sich neben mir ein endloser Strom, eine Kluft, deren Tiefe das Auge nicht ermessen konnte. Manchmal verlor ich mich in das Dunkel einer dicken Waldung; manchmal war ich beim Austritt aus einer Schlucht durch den Anblick einer lachenden Wiese gelabt. Ein staunenswürdiges Gemisch von wilder und angebauter Natur verriet überall die Hand des Menschen, wo man hätte glauben sollen, dass sie niemals hin gedrungen wäre [...]" (Rousseau 1980 [1761]: 66).

Das Gemälde Jaques André Albert Lugardons zeigt eine Bildkomposition aus erhabenen schroffen Bergen im Hintergrund und einer lieblichen Almlandschaft im Vordergrund. Diese Bildkomposition findet sich häufig und variantenreich in der Malerei und wird regelmäßig in Werbefotos für Wanderreisen aktualisiert (vgl. Kapitel 6.4.2.1).

Abbildung 2: Jaques André Albert Lugardon (1827 - 1909): Kühe auf der Wiese vor Eiger und Jungfrau (ohne Datierung).

Bildquelle: Schweizerisches Institut für Kunstwissenschaft 2010. Copyright: Koller Auktionen, Zürich.

Die Berge kontrastieren grundsätzlich an anderen Landschaften, die nicht als Berge konstruiert werden, also z. B. an einer flachen oder hügeligen Wald- und Wiesenlandschaft. Dieser Kontrast wird in der literarischen, wie auch der bildlichen Darstellung dadurch geschärft, dass das Andere, das nicht (erhabener) Berg ist, in die Darstellung hineingeholt wird. Dafür muss ein Teil des Motivs als Gegensatz des Erhabenen stilisiert werden. Der daraus entstehende Kontrast zum Lieblichen schärft das Erhabene. Dieser stilistische Kontrast von Erhabenem und Lieblichem macht die ästhetische Dimension des Pittoresken aus (Kühne 2013:

141; vgl. Kapitel 2.5.3). Lugardon malte die *Kühe auf der Wiese vor Eiger und Jungfrau* gegen Ende des 19. Jahrhunderts. Es handelt sich um einen Blick auf Eiger und Jungfrau von der Wengernalp. Obwohl das Bild nicht datiert ist, kann vermutet werden, dass es zwischen den Jahren 1870 und 1900 entstanden ist, da der Maler in diesem Zeitraum jährlich das Berner Oberland besuchte und ähnliche (datierte) Gemälde in diesem Zeitraum anfertigte (Babey 2005). Lugardon wendete sich der Landschaftsmalerei erst in einer späteren Schaffensphase zu, während er zuvor auf die Darstellung von Tieren spezialisiert war, die auch in seinen Bergpanoramen häufig vorkommen. Er malte seine Berglandschaften auf Grundlage von Photographien, wofür er von Zeitgenossen kritisiert wurde. Ab dem Jahr 1851 besuchte Lugardon die École des Beaux-Arts in Paris (Babey 2005). Vor dem zeitgeschichtlichen Hintergrund der Industrialisierung und der Umgestaltung von Paris durch Georges-Eugène Haussmann ab dem Jahr 1850 (Büttner 2011: 25) können Lugardons Landschaftspanoramen als Idealisierung der bäuerlichen Almwirtschaft und als Modernekritik gelesen werden. Dies gilt umso mehr, wenn man die Geschichte des Motivs, der Wengernalp, in die Betrachtung miteinbezieht. Die Wengernalp war bereits zu Lugardons Zeiten ein touristischer ‚Hotspot‘. Ihre Entwicklung spiegelt die Entwicklung des alpinen Tourismus wie sie in Kapitel 2.6 beschrieben wurde. Im frühen 19. Jahrhundert wurde sie von den ersten Reisenden entdeckt. Lord Byron besuchte die Wengernalp im Jahr 1816 (von Almen o.J.: 2), gemalt wurde das Motiv ‚Kühe auf Wengernalp vor Eiger und Jungfrau‘ bereits von etlichen Malern vor Lugardon, etwa von Maximilien de Meuron im Jahr 1823, dessen Bild *Vue du Grand Eiger, prise du petit lac sur le paysage de la Wengern Alp* (Schweizerisches Institut für Kunstwissenschaft 2016) Lugardon in seinem Bild *Blick auf den Eiger von der Wengern Alp gesehen* kopierte (Schweizerisches Institut für Kunstwissenschaft 2016a). Die Auswahl der Berg-Motive durch Lugardon kann also nicht als innovativ gelten. Im Jahr 1835 wurde auf der Wengernalp ein Gasthaus gebaut, 1865 ein Hotel und im Jahr 1893 wurde die Wengernalpbahn eröffnet, die schon bald wegen großem touristischen Andrang erweitert wurde (von Almen o.J.: 2, Dringenberg 2004). Diese touristische Entwicklung blendet Lugardon auf seiner Darstellung der *Kühe auf der Wiese vor Eiger und Jungfrau* aus. Das Bild teilt damit wesentliche Charakteristika aktueller touristischer Bildsprache, die ebenfalls Touristen und touristische Infrastruktur aus ihren idealisierten Landschaftsdarstellungen verbannt (vgl. Kapitel 6). In die Epochenabfolge der Kunstgeschichte lassen sich Lugardons Alpenpanoramen somit nicht ohne weiteres einordnen, denn für die Periode, in der er sie malte, gilt gemeinhin der Impressionismus als stilprägend. Impressionisten wie Claude Monet stehen jedoch nicht für eine Abkehr von der Moderne und eine Idealisierung des Traditionellen, wie sie Lugardon darstellt. Vielmehr sind „Stadtlandschaften […] typisch für die Malerei der Impressionisten, die in ihren

Gemälden Paris als Metropole des Fortschritts priesen" (Büttner 2006: 313). So stellte etwa Monet ab 1870 auf vielen Bildern Eisenbahnmotive dar (Büttner 2006: 313).

5.6.3 Die Aussicht von oben

Berge sind eng verknüpft mit der touristischen Aneignungsform des Ausblicks. Die Zusammenschau von Lieblichem und Erhabenem aus einer Perspektive, wie sie Lugardon in Abbildung 2 zeigt, stellt das Thema der Aussicht auf Berge dar. Beim Wandern geht es besonders in den Bergen häufig darum, sich unter körperlicher Anstrengung (oder auch mit der Seilbahn) einen Ausblick von oben nach unten zu erarbeiten. Für diese touristische Aneignungsform von Landschaft gibt Adalbert Stifter in seiner Erzählung *Der Hochwald* ein Vorbild:

Narrative Muster 15: Ausblick von Oben

„Über alle Wipfel der dunklen Tannen hin ergießt sich Dir nach jeder Richtung eine unermessene Aussicht, strömend in deine Augen und sie fast mit Glanz erdrückend. Dein staunender und verwirrter Blick ergeht sich über viele, viele grüne Bergesgipfel, in webendem Sonnendufte schwebend, und gerät dann hinter ihnen in einen blauen Schleierstreifen – es ist das gesegnete Land jenseits der Donau mit seinen Getreidehängen und Obstwäldern – bis der Blick endlich auf jenen ungeheuren Halbmond trifft, der den Gesichtskreis einfasset: die Norischen Alpen. Der große Briel glänzt an heitern Tagen wie eine lichte Flocke am Himmelsblaue hängend, – der Traunstein zeichnet eine blasse Wolkenkontur in den Kristall des Firmaments. Der Hauch der ganzen Alpenkette zieht wie ein luftiger Feengürtel um den Himmel, bis er hinausgeht in zarte, kaum sichtbare Lichtschleier, drinnen weiße Punkte zittern, wahrscheinlich die Schneeberge der ferneren Züge. Dann wende den Blick nach nordwärts; da ruhen die breiten Waldesrücken und steigen lieblich schwarzblau dämmernd ab gegen den Silberblick der Moldau; - westlich blauet Forst an Forst in angenehmer Färbung, und manche zarte, schöne, blaue Rauchsäule steigt fern aus ihm zu dem heiteren Himmel auf. Es wohnet unsäglich viel Liebes und Wehmütiges in diesem Anblick" (Stifter 1974 [1842]).

Stifters Beschreibung der Alpenkette als ‚luftiger Feengürtel' aktualisiert die Deutung der Welt als Wunder ebenso wie das Staunen über eine Aussicht, welche die ‚Augen fast mit Glanz erdrückt'. Die Welt, die hier beschrieben wird, ist verzaubert und dies nicht zuletzt durch den Blick von oben, vom Berg herunter. Stifters Beschreibung einer Bergwanderung und eines Fernblicks von oben auf die Welt entspricht dem Zeitgeist und der touristischen Rezeption des Erhabenen im 19. Jahrhundert (vgl. Kapitel 2.6). In den 1820er Jahren begann die touristische Erschließung des Erhabenen in den Bergen und in den 1870er Jahren wurden die Berge mit der Installation von Bergbahnen und Berghotels massentauglich. Mitten in diesem Zeitraum, der das Erhabene und die Berge so schätzte, veröffentlichte Stifter im Jahr 1842 seine Erzählung *Der Hochwald* mit der zitierten Würdigung eines Ausblicks.

5.7 Die Aneignung von Landschaft beim Wandern

Beschreibungen des Wanderns und Beschreibungen von Landschaft sind thematisch kaum voneinander zu trennen, denn wo übers Wandern geschrieben wird, ist meist auch von Landschaft die Rede. Wandern diene einerseits dazu „den Körper auf eine ehrenwerte Weise zu üben" (Gesner zitiert nach Grupp 2008: 33-34), wird aber vor allem als besonders geeignete Raumpraxis zur Aneignung der Landschaft beschrieben. Wie zahlreiche andere Autoren, beschreibt Jean-Jaques Rousseau das Reisen zu Fuß als passende Form, die Landschaft kennenzulernen. Max Frisch und Joseph von Eichendorff haben das Thema Wandern mit derselben Zielrichtung behandelt: Wandern als Form der Aneignung von Landschaft, die besonders geeignet ist, die ‚Wunder der Welt' zu erkennen:

Narrative Muster 16: Wandern und Landschaft

„Zu Fuß reisen heißt reisen wie Thales, Plato und Pythagoras. Es ist mir schwer fasslich, wie sich ein Philosoph entschließen kann, anders zu reisen und sich selbst um die Gelegenheit zu bringen, die Reichtümer zu erforschen, über welche sein Fuß dahinschreitet und welche die Natur in verschwenderischer Fülle vor seinen Blicken ausbreitet" (Rousseau o.J. [1762]).

„Wem Gott will rechte Gunst erweisen, den schickt er in die weite Welt, dem will er seine Wunder weisen, in Berg und Wald und Strom und Feld" (von Eichendorff 2012 [1822]: 212).

„Und man muss gepilgert sein, auch weil die Landschaft nicht wie ein schlechtes Buch ist, wo man die mittleren Seiten einfach überschlagen kann und das Ende dennoch begreift, nein, man muss ihre leisen Übergänge mitmachen" (Frisch 2012 [1936]: 275).

In Kapitel 2.5.5 wurde die enge Verbindung von Landschaft und Wandern bereits deutlich. Burckhardt (2011: 83, 251) wie auch Bollnow (1997: 113) verweisen auf eine symbiotische Beziehung von Wanderung bzw. Spaziergang und Landschaft. Für Bollnow bedeutet das Wandern eine Hinwendung zur Landschaft und eine Rückkehr zur Ursprünglichkeit (Bollnow 1997: 120). Die zitierten Autoren (Rousseau, von Eichendorff, Frisch) idealisieren das Wandern und verfestigen die Vorstellung einer sinnhaften Aneignung von Landschaft beim Wandern.

5.8 Landschaft und die Aktualisierung des Gegensatzes von Natur und Kultur

Beschreibungen von Landschaft aktualisieren mit dem Landschaftsbegriff regelmäßig einen Gegensatz von Natur und Kultur. Landschaft wird in dieser Konstellation mit Natur äquivalenziert und Kultur gegenübergestellt, wie die folgenden zwei Beispiele zeigen. Die Berliner Zeitung *Der Tagesspiegel* berichtet im Kontext der Internationalen Tourismusbörse 2016 in Berlin über eine Marketing-Kampagne, die einer diskursiv verfestigten Deutungspraxis Norwegens als Naturreiseziel eine weitere Facette hinzufügen soll. Dabei wird Landschaft mit Natur äquivalenziert und von Kultur abgegrenzt. Diese Gegenüberstellung ist im Tourismus allgegenwärtig. Da die Sphären der Kultur und der Natur voneinander geschieden werden, kann Eckhardt Peterich im zweiten Beispiel unterschiedliche Methoden benennen, mit denen beide Gegenstände der touristischen Praxis (Natur und Kultur) zur sinnvollen Aneignung erschlossen werden können:

Narrative Muster 17: Landschaft trennt Natur und Kultur

„Landschaft ist nicht alles – Norwegen umwirbt jetzt auch Kulturtouristen" (*Der Tagesspiegel* 2016: R2)
„Ich möchte meinen Lesern nicht verschweigen, dass ich von den Schönheiten Italiens die landschaftlichen noch mehr liebe als die künstlerischen. Immer wieder habe ich mich darum bemüht, die Schönheit von Landschaften nicht nur zu lobpreisen, sondern auch zu erklären, dem Verstand zugänglich zu machen. Dazu verhelfen uns Geographie, Geologie, Botanik, Ökologie ebenso, wie Archäologie und Kunstgeschichte zum Verständnis der Kunstwerke" (Peterich 1979 [1958]: 16).

Beide Beispiele aktualisieren ein enges Verständnis von Landschaft wie es in Kapitel 2.5.1 charakterisiert wurde (vgl. Apolinarski/Gailing/Röhring 2004, Kühne

2013). Gemäß einem engen Verständnis von Landschaft wird zum Beispiel die Raumkategorie ‚Stadt' nicht als Landschaft aufgefasst.

5.9 Essen und die Aneignung von Reisezielen

Viele Lebensmittel werden schon lange als Exportgüter gehandelt und sind als solche im Bewusstsein der Konsumenten mit den Räumen und Landschaften ihrer Produktion verknüpft. Der Handel mit Gewürzen aus Asien ist zum Beispiel mit der Vorstellung eines exotischen Orients verbunden. Wein und Oliven sind in der Welt des modernen Tourismus Symbole für den mediterranen Raum (vgl. Kapitel 6.4.1). Diese Symbolbeziehung wurde besonders prominent von Johann Wolfgang von Goethe aktualisiert, der Oliven (vgl. Narrative Muster 18) und an anderer Stelle auch Orangen und Zitronen in seinen Reiseberichten als Symbole des Mediterranen darstellt. Unter dem Gesichtspunkt einer Analyse der landwirtschaftlichen Produktion eines bereisten Landes hat die Beschäftigung mit Lebensmitteln auf Reisen bereits eine lange Tradition. Reiseberichte mit wissenschaftlichem Anspruch, wie die von Alexander von Humboldt oder der Bericht Georg Forsters, drücken ein starkes Interesse der Autoren für die lokale Lebensmittelproduktion aus. Forster beschäftigt sich auf Tahiti mit Produktion, Geschmack und gesundheitlicher Wirkung der vorgefundenen Lebensmittel. Eine als landestypisch bezeichnete Küche wird auch heute in jedem Reiseführer behandelt. Zu einer Reise gehören nicht nur ‚must-sees', sondern auch ‚must-eats' (Schäfer 2015: 194). Zum ‚richtigen Reisen' gehört demnach auch das ‚richtige Essen' und das ist das Landestypische (Narrative Muster 18).

Narrative Muster 18: Essen

„Eine schattenreiche Art von Bäumen, mit dunkelgrünem Laube, trug goldgelbe Äpfel, die den würzhaften Geschmack und Saft der Ananas hatten" (Forster 1983 [1777]: 254).

„Wir befanden uns im Gegenteil ungleich frischer und munterer, als es, vornehmlich der gestrigen abmattenden Arbeit nach, zu vermuten war. Diesen Vorteil hatten wir aber ohne Zweifel bloß der Nachbarschaft des Landes zu verdanken; die Brotfrucht und die Yams, welche man uns von dorther zubrachte, schmeckten und bekamen uns besser als unser wurmstichiger Zwieback; und die Pisangs, nebst einer Äpfel-Frucht, die von den Einwohnern *E-vie* genannt wird, gaben einen herrlichen Nachtisch ab" (Forster 1983 [1777]: 249-250).

„Die Feigenbäume hatten mich schon den Weg herauf häufig begleitet, und indem ich in das Felsamphitheater hinabstieg, fand ich die ersten Ölbäume voller Oliven" (von Goethe 2000 [1816]).

„Essen und Trinken wie ein Local: Einer der besten Wege, um Jamaika kennenzulernen, führt durch die Küche [...]. *Ackee* und *Saltfish* zum Frühstück, *curried goat* zum Mittag und ein vegetarisches *I-tal Dinner* zum Abendessen und Du wirst mehr über Jamaika lernen, als in einem Monat im All-inclusive-Hotel" (Clammer/Sainsbury 2014: 26; Übers. E. A.).

5.10 Die ‚richtige' Aneignung eines Reiseziels

Reiseberichte und Landschaftsvorstellungen werden nicht nur zur Bewerbung von Reisen benutzt, auch Produkte werden mit der Praxis des Reisens verknüpft. Eine Anleitung zur richtigen Aneignung eines Reiseziels veröffentlichte die Outdoor-Handelskette *Globetrotter* in ihrem Werbemagazin:

Narrative Muster 19: ‚Richtiges' Reisen

„Unsere Kunden und wir haben eine gemeinsame Wellenlänge, uns allen geht es um Erlebnisse, um das Echte – das ist Teil der Globetrotter-DNA. Jeder Ausflug in die Natur, jede Reise bereichert und verändert uns. Wir sind Reisende, die neugierig sind. Die sich mit Natur aber auch Land und Leuten auseinandersetzen möchten. Wir wollen hinter die Kulissen schauen und ein Reiseziel nicht nur oberflächlich konsumieren. Dafür muss man losziehen. Schon bei den alten Chinesen gab es das Sprichwort: ‚Ohne eigenes Erleben erwirbt man keine Erweiterung des Horizonts'" (Fischer 2016: 5).

Dieser einleitende Text in einem Werbemagazin der Firma *Globetrotter* ist interessant für diese Arbeit, weil er einerseits aktuell ist und andererseits in besonders exemplarischer Form klassische Argumentationslinien der Tourismuskritik aktualisiert, die bereits von Enzensberger (2006 [1958]) herausgearbeitet wurden: Aus einer Sprecherperspektive, die selbst das Reisen wertschätzt, wird eine Unterscheidung von gutem und schlechtem Reisen aufgebaut, die als Distinktionsmuster funktioniert (vgl. Enzensberger 2006 [1958]: 182). Der Text belegt damit eine zeitliche Kontinuität touristischer Distinktionspraktiken. Im Falle dieses Werbetextes (*Globetrotter*, Narrative Muster 19) lautet der Imperativ: nicht ‚oberflächlich konsumieren', sondern ‚losziehen'. *Globetrotter* ist kein Reiseanbieter, sondern verkauft Outdoor-Bekleidung. Outdoor-Bekleidung findet ihre Anwendung hauptsächlich in der Freizeitnutzung moderner Dienstleistungsgesellschaften und nicht etwa als Berufskleidung. Es handelt sich bei Outdoor-Bekleidung also um Freizeitprodukte (vgl. Knoll 2016: 77-79). *Globetrotter* setzt wie andere Hersteller von Outdoor-Bekleidung auf eine Verknüpfung der Themen Reisen und Outdoor, nach dem Motto: ‚Wenn Du verreist, brauchst Du diese Produkte'. Bereits der Name *Globetrotter* weist darauf hin, dass die Firma Reisebedarf verkauft. Inhaltlich bietet der kurze Text (Narrative Muster 19) eine hohe Dichte an stereotypen Motiven. Erlebnisrationalität ist das Leitmotiv (vgl. Schulze 1993), dies äußert sich in dem Zitat: „uns allen geht es um Erlebnisse" (Fischer 2016: 5). Dem Leser wird gesagt, was zu tun ist, ‚man muss losziehen', denn ‚Ausflüge bereichern uns'. Um diese ‚echten' Erlebnisse zu bekommen, müsse man jedoch ‚richtig' Reisen. Es gibt demnach also auch das falsche Reisen, das zu falschen Erlebnissen führt und das hier – in einem Werbemagazin – als ‚oberflächlich konsumieren' bezeichnet wird. Zuletzt wird noch eine höhere Instanz okkupiert: Die ‚alten Chinesen' werden als Beweis dafür herangezogen, dass das beschriebene Reiseverhalten das ‚richtige' sei. Dass man zum ‚richtigen Reisen' die ‚richtige Ausrüstung' brauche, wird nicht explizit ausgedrückt, aber das Werbemagazin gibt auf den folgenden Seiten genügend Anregungen, was man für eine Reise oder einen ‚Ausflug in die Natur' alles brauchen könnte. Was genau die ‚alten Chinesen' unter richtigem Reisen verstanden haben, bleibt indes ebenso unklar, wie der Unterschied zwischen dem oberflächlichen Konsumieren und dem richtigen Reisen (vgl. Enzensberger 2006 [1958]: 182). So kann sich jeder Leser unabhängig von seiner eigenen Reisepraxis als ‚richtig' Reisender fühlen.

5.11 Kritik am Tourismus und Reflexionen der Reisepraxis

Kritik am Tourismus und Reflektionen über Reisen sollen hier anhand von drei Textausschnitten dargestellt werden, denn Kritik am Tourismus stellt eine potentielle Bedrohung des Werbediskurses der Reiseveranstalter und aller anderen Akteure, die Interesse an der Verbreitung von Reiselust haben, dar. Daher müssen sich Reiseveranstalter zu diesem Diskurs verhalten. Sie können ihn beispielsweise ignorieren oder versuchen ihn zu entkräften. Welche Bedeutung die Reisekritik in der Praxis des Tourismus hat, wird in den folgenden Kapiteln 6 und 7 gefragt. An dieser Stelle sollen zuerst Motive der Tourismuskritik beispielhaft dargestellt werden.

5.11.1 Die Konstruktion von Reisezielen

Theodor Fontane analysiert im Sinne eines sozialkonstruktivistischen Verständnisses von Landschaft, das damals noch nicht so benannt war, wie gesellschaftslandschaftliche Vorstellungen durch Literatur geprägt werden und dann ihrerseits den Tourismus prägen.

Narrative Muster 20: Soziale und medial vermittelte Konstruktion von Reisezielen

„Wie Oban an der Westküste, so sind auch die Trossachs seit etwa zehn Jahren eine Sehenswürdigkeit par excellence geworden und erfreuen sich namentlich auch in London und dem südlichen England, eines Schönheitsrenommees, das fast zum Widerspruch auffordert. Die Trossachs sind unbedenklich ein glänzender Punkt, aber wenn nicht zu Nutz und Frommen einiger Hotelbesitzer, so doch mindestens aus an und für sich löblicher Begeisterung für den Dichter und Schilderer dieser Lokalität um einiges überschätzt worden. Der Irrtum, der dabei begangen worden ist und noch begangen wird, ist der, dass man die Schilderung mit dem Geschilderten verwechselt und die Unübertrefflichkeit jener auf die Sache selber übertragen hat. Es ist genauso, wie wenn man diejenigen Mädchen für die schönsten halten wollte, auf die zufällig die schönsten Lieder gedichtet worden sind" (Fontane 2013 [1860]: 115).

Fontane stellt heraus, dass es keineswegs nur an den natürlichen Gegebenheiten des externen Raumes liegt, wenn dieser zu einem Reiseziel wird. Die Ausformulierung stereotyper Landschaftsbilder in Text und Bild folgen einer Eigenlogik, denn Literatur und Malerei nutzen Landschaft in idealisierter Form. Landschaft wird in der Kunst zu einer Aussage verdichtet (Kühne 2013: 231). Derartige Landschaftsdarstellungen beanspruchen trotzdem, gegenüber dem Rezipienten, etwas Reales darzustellen, wenn sie sich auf einen aufsuchbaren Ort beziehen. In dieser Form steuern künstlerische Landschaftsdarstellungen Erwartungen. Fontane veranschaulicht, wie gesellschaftslandschaftliche Vorstellungen durch Literatur erzeugt werden und welche Bedeutung sie für den Tourismus haben. Kühne (2013: 231) erläutert denselben Prozess am Beispiel filmischer Landschaftsdarstellungen. Derartige Reflektionen von Reisen und Reisemotiven werden normalerweise nicht in der touristischen Praxis aktualisiert (dazu mehr in Kapitel 6 und 7). Eine Ausnahme findet sich in der andalusischen Stadt Ronda. Hier thematisiert eine Informationstafel an der touristischen Hauptattraktion der Stadt, der *Neuen Brücke (Puente Nuevo)* über die Geschichte des Tourismus in der Region und hebt dabei die Bedeutung gesellschaftslandschaftlicher Vorstellungen heraus:

Narrative Muster 21: Literatur und Landschaft

„Die Epoche der Romantik: Weit entfernt vom Zeitalter der Aufklärung und der Herrschaft der Rationalität bildeten in dieser Epoche die Gefühle, die durch die Realität erzeugt wurden, den wichtigsten Bezugspunkt. In Beschreibungen kommen Adjektive wie *erhaben, großartig* oder *spektakulär* besonders häufig vor [Hervorh. i. O.]. Künstler verwendeten diese Begriffe um ihre idealisierten Landschaften zu beschreiben. Diese romantischen Reisenden brachten das reiche Europa des Nordens dazu, auf die südlichen Länder zu schauen, sie betrachteten die Landschaften hier als Teil des verlorenen Paradieses. Ihre Werke – Romane, Gedichte, Reiseführer und Bilder – haben an der Entstehung von Stereotypen mitgewirkt, die noch heute wirkungsvoll sind. Sie haben uns auch beigebracht unser eigenes Erbe und unsere Traditionen wertzuschätzen. Dank ihrer glühenden Berichte kamen hunderte Touristen in unsere Städte, bald kamen tausende und heute sind es Millionen. Lasst uns diesen Text als Ehrung dieser ersten Touristen verstehen. Es gibt viele Namen romantischer Reisender, die Andalusien und Ronda zu einer der beliebtesten Tourismusdestinationen Europas gemacht haben. In England, Deutschland oder Frankreich können wir einige Arbeiten herausheben, die besonders großen Einfluss auf Touristen ausgeübt haben: *Tales of the Alhambra* von Washington Irving (1832), *A handbook for travellers in Spain* von Richard Ford (1844) oder *The Bible in Spain* von George Borrow (1843), der damit Werke wie *Carmen* von Merimée inspirierte, das wiederum später von Bizet als Vorlage für die gleichnamige Oper genutzt wurde. Weltbekannte Autoren des 20. Jahrhunderts wie Ernest Hemingway und Orson Wells waren fasziniert von der Kunst des Stierkampfes und haben das wirkmächtige Bild eines unveränderbaren, romantischen Ronda geschaffen" (Text auf einer Informationstafel an der *Neuen Brücke (Puente Nuevo)* in Ronda; Original in Spanisch und Englisch; Übers. E. A.).

Dieser Text macht die Tourismusgeschichte der andalusischen Stadt Ronda zum Gegenstand. Innerhalb der touristischen Praxis findet eine Beschäftigung mit Tourismus in der Regel keine Präsenz, vielleicht auch, weil dies zu selbstreflexiven Gedanken über die eigene Rolle als Tourist führen und damit touristische Distinktionsbemühungen (auch seitens der Reiseveranstalter) in Frage stellen würde (vgl. Kapitel 6.4.2.9.2).

5.11.2 Kritik des organisierten Reisens

Während Fontane und die Autoren der Informationstafel in Ronda die Auswahl von Reisezielen reflektieren, also geographische Zusammenhänge analysieren, setzt sich Stefan Zweig zu Beginn des 20. Jahrhunderts mit der Reiseform der organisierten Gruppenreise auseinander. Stefan Zweig sieht in der Konfrontation mit einem fremden Umfeld, fremder Kultur und fremder Sprache eine Herausforderung, die Reiseerlebnisse zu Abenteuern macht. Derartige Herausforderungen konstituieren für Zweig einen Wesenskern des Reisens. Seine Kritik zielt auf die Reduzierung von Herausforderungen durch den Reiseveranstalter:

Narrative Muster 22: Kritik des organisierten Reisens

„Das sind die Standorte der großen Gesellschaftsautomobile, die vielleicht einmal den Waggon ganz ersetzen werden: mit ihnen beginnt ein anderes Reisen, das Reisen in Masse, das Reisen auf Kontrakt, das Gereist-Werden. [...] die Bequemlichkeit lässt sich nicht leugnen. Man hat alle seine Sinne frei für Schauen und Genießen: man ist nicht abgelenkt durch die liliputanischen, aber doch unablässigen Sorgen um einen Schlafplatz und Mittagstisch, braucht keine Züge nachschlagen, nicht durch falsche Gassen stolpern, sich nicht narren und betrügen lassen, nicht mühsam eine fremde Sprache stammeln – alle Sinne bleiben einzig der Aufnahme des Neuen bereit. Und dies Neue wiederum hat schon jahrzehntelange Erfahrung auf das Sehenswürdige hin ausgesiebt [...]. Jene aber, die so gereist werden, fahren nur an vielem Neuen vorbei und nicht ins Neue hinein, alles Sonderbare und Persönliche eines Landes muss ihnen notwendig entgehen, solange sie geführt werden und nicht der wahre Gott der Wanderer, der Zufall, ihre Schritte lenkt. [...] Sie sehen das Sehenswürdige, gewiss, aber alle zwanzig Wagenladungen am Tag, alle dasselbe Sehenswürdige, jeder erlebt das gleiche und noch mehr dadurch, dass es der gleiche Mann ihnen erklärt. [...] Und dies sonderbare, aber zum wahrhaften Erleben gehörige Gefühl entbehren alle, die so gereist werden statt zu reisen, die irgendwo an einem Schalter zwar den Preis für die Rundreise aus der Brieftasche bezahlen, aber nicht den andern Preis, den höheren, den wertvolleren, aus dem inneren Willen, der gespannten Energie. Und sonderbar: gerade dieser Aufwand erstattet sich später am verschwenderischsten zurück. Denn nur da, wo wir mit Ärger, Unannehmlichkeiten, Irrtum uns einen Eindruck erkauften, bleibt die Erinnerung besonders leuchtkräftig und stark, an nichts denkt man lieber als an die kleinen Mühseligkeiten, die Verlegenheiten, die Irrungen und Wirrungen einer Reise, so wie man ja auch in späteren Jahren die dümmsten Dummheiten seiner eigenen Jugend am freudigsten liebt. [...] Wir wollen sie [die Reise; Anm. E. A.] darum verteidigen gegen die neue bureaukratische, maschinelle

Form des Massenwanderns, des Reisebetriebs. Retten wir uns dies kleine Geviert Abenteuer in unserer allzu geordneten Welt, lassen wir uns nicht reisen als Frachtgut praktischer Agenturen, sondern reisen wir weiter nach Altväterart aus eigenem Willen einem eigenen Ziele entgegen: denn nur so wird jede Reise zur Entdeckung nicht nur der äußern, sondern auch unserer eigenen inneren Welt" (Stefan Zweig 2010 [1926]: 71-74).

Zweigs Kritik richtet sich nicht gegen das Reisen allgemein, sondern er spricht, wie die von Enzensberger Kritisierten und wie Enzensberger selbst (vgl. Enzensberger 2006 [1958]) aus der Perspektive eines Reisenden, der eine bestimmte Form des Reisens beschreibt und kritisiert. Auch Fontane kritisiert die Auswahl von Reisezielen aus Perspektive eines reflektierenden Reisenden. Einzig die Autoren der historischen Aufarbeitung der Bedeutung von Schriftstellern für den andalusischen Tourismus nehmen für sich in Anspruch, aus Sicht der Bereisten (Andalusier) zu sprechen.

5.12 Zwischenfazit: Gesellschaftliche Landschaft

Touristische Werbung und touristische Aneignung von Landschaft werden in dieser Arbeit als unterschiedliche Phasen der touristischen Produktion betrachtet und untersucht. Beide Phasen sind durch verschiedene Landschaftsbezüge gekennzeichnet. Die Art und Weise der Bezugnahme auf Landschaft wird nicht von den Reiseveranstaltern erfunden, sondern greift zurück auf kulturelle Vorbilder, die in der touristischen Praxis reproduziert und verfestigt werden. Die kulturellen Vorbilder für den touristischen Umgang mit Landschaft bilden den Kontext des touristischen Landschaftsdiskurses, der in dieser Arbeit nach dem Modell von Kühne (2013: 62-64) als gesellschaftliche Landschaft konzeptualisiert wird. Gesellschaftliche Landschaft bezeichnet verfestigte und geteilte Deutungsmuster von Landschaft und bildet den Hintergrund, vor dem die Aussagen der Tourismuswerbung analysiert werden. Die Textbeispiele hatten das Ziel, die Vorbilder des touristischen Umgangs mit Landschaft darzustellen. Die Autoren und Maler machen mit ihren Werken Vorschläge zur individuellen Aktualisierung landschaftlicher Vorstellungen. Durch Bezugnahme auf existierende, bekannte Deutungsmuster entstehen landschaftliche Stereotype. So werden von verschiedenen Autoren und Malern z. B. Berge, Blumen oder Wildbäche beschrieben und als schön und bewundernswert dargestellt. Gesellschaftliche Landschaft stellt also einerseits allgemeine Kategorisierungen und Deutungen zur Verfügung (vgl. Schütz/Luckmann 2003: 204): Berge gelten als schön und erhaben, unabhängig davon ob es sich um die Alpen, oder die schottischen Highlands handelt. Das

Wissen darüber, welche Strukturen als Berge anzusprechen sind und folglich als erhaben gelten können, ist Teil gesellschaftslandschaftlicher Vorstellungen und wird häufig reproduziert. Derartige verfestigte und übertragbare Deutungsmuster bilden die Grundlage für ein touristisches Landschaftserlebnis. Gesellschaftliche Landschaft fasst auch konkrete regional gebundene Symbolsysteme: Schottenröcke und Highlandergeschichten gehören gemäß gesellschaftslandschaftlichen Vorstellungen zu Schottland und nicht in die Alpen. Außerdem verdeutlichen die Textbeispiele eine enge Verknüpfung von Landschaft und Aneignungsform. Aneignungsformen werden ebenso facettenreich beschrieben, wie die Landschaft selbst. Stifter beschreibt und überhöht die Aneignungsform des Ausblicks von einem Berg, Rousseau lobt das Alleinsein mit der Natur, Gesner betont den Aufstieg auf einen Berg, alle drei sind als Wanderer zu Fuß unterwegs. Zum diskursiven Kontext der Reisebeschreibungen gehört auch die Tourismuskritik, zu der sich die Werbung positioniert. Im Falle der Kritik Stefan Zweigs handelt es sich zwar nicht um Landschaftsbeschreibungen, aber dennoch ist die Verknüpfung zu Landschaft eng, weil eine Kritik der Reiseform gleichzeitig eine Kritik der Aneignungsform von Landschaft ist. Die Textbeispiele bilden die Grundlage für die folgende Analyse der Bedeutung von Landschaft in der Tourismuswerbung.

6 Teilgesellschaftliche Landschaft: Touristisches Produkt und Marketing

Die Werbung von Reiseveranstaltern ist Gegenstand dieses Abschnitts. Aus geographischer Perspektive ist Tourismuswerbung besonders interessant, weil sie geographische Kategorien wie Landschaft oder Raum als Teil ihres Produktes zum Gegenstand ihrer Werbeaktivitäten macht. Aus sozialkonstruktivistischer Perspektive ist die Produktion von Wissen nicht gesellschaftlichen Teilsystemen, wie der Wissenschaft, vorbehalten, sondern vielmehr ist „jegliche Kommunikation innerhalb sozialer Gruppen oder einer Gesellschaft als Beitrag zur Konstruktion von Gegenständen zu betrachten. Es wird demnach davon ausgegangen, dass Landschaft nicht nur wissenschaftlich, sondern auch im Diskurs unter LaiInnen – sprachlich, bildhaft und durch einschlägige Praktiken – hergestellt wird" (Hokema 2013: 26). Landschaft wird in diesem Sinne auch aus Eigenlogiken gesellschaftlicher Teilsysteme hergestellt. So sind Landschaftsdarstellungen der Tourismuswerbung vor dem Hintergrund einer betriebswirtschaftlichen Logik der Reiseveranstalter zu betrachten. Aus wirtschaftlichen Motiven versucht die Tourismuswerbung Deutungsmuster für räumliche Konstruktionen zu etablieren und hegemonial zu verankern. Werbung soll zum Kauf anregen, ihr Ziel ist es nicht, neutral zu informieren. „Den Nachweis zu führen, dass die Werbung falsche Hoffnungen weckt, dass sie lügt und sie ihres ideologischen Charakters zu überführen, ist hier nicht das Ziel. Im ‚Lügen' besteht ihre Hauptaufgabe. Interessant ist nicht, dass sie das tut, sondern wie" (Schäfer 2015: 83). Diese Arbeit fragt danach, wie mit welchen Landschaftskonstruktionen Werbung gemacht wird und welche Deutungen von Landschaft aus der Eigenlogik der Werbung heraus produziert und verfestigt werden.

6.1 Die Reiseveranstalter

Im Folgenden werden die Reisebeschreibungen von vier Reiseveranstaltern einer diskurstheorie-orientierten quantitativen und qualitativen Analyse unterzogen. An dieser Stelle sollen die Reiseveranstalter kurz vorgestellt werden. Bei allen vier Reiseveranstaltern handelt es sich um inhabergeführte Unternehmen, die bereits seit mehreren Jahrzehnten am Markt sind und deren Angebot aus Pauschalreisen besteht. STUDIOSUS ist spezialisiert auf Studienreisen in Europa und weltweit. WIKINGER REISEN ist spezialisiert auf Wanderreisen in Europa, bietet aber auch zahlreiche Fernreisen an. TERRANOVA TOURISTIK ist spezialisiert auf Radreisen in Europa, bietet aber auch Fernreisen an und CHAMÄLEON REISEN bietet ausschließlich Fernreisen an. Alle Reiseveranstalter bieten verschiedene selbstdefinierte Produktkategorien und verschiedene Reiseziele an. Produktkategorien sind z. B. Trekkingreisen, Fernreisen oder Wanderreisen. Diese Produktkategorien sind Gegenstand des Produktmanagements, ihre Gestaltung folgt marketingstrategischen Überlegungen und ist daher bei jedem Reiseveranstalter unterschiedlich. WIKINGER ist nach eigenem Selbstverständnis auf Wanderreisen spezialisiert, bietet aber auch Fahrradreisen an und ordnet seine Wanderreisen in die Kategorien Wanderreisen, Trekkingreisen und Wanderstudienreisen. Die Produktkategorien sind meist nicht gegenseitig ausschließend. So kann zum Beispiel bei STUDIOSUS eine Naturstudienreise gleichzeitig auch eine Wanderstudienreise sein. Es handelt sich also eher um eine Verschlagwortung, die den Kunden die Suche erleichtern soll, als um eine strikte Trennung von Produktkategorien.

Untersuchte Veranstalter	STUDIOSUS	WIKINGER	TERRANOVA	CHAMÄLEON
Produktkategorien (Eigenbezeichnungen)	Studienreisen (Europa/weltweit), Wanderstudienreisen, Naturstudienreisen, Städtereisen, etc.	Wanderreisen in Europa und International, Trekkingreisen, (Wander-) Fernreisen, etc.	Radreisen in Europa, Kulturreisen, Fernreisen, Silvesterreisen, etc.	Wunderwelten-Reisen
Kunden/Jahr (eigene Angaben)	ca. 100.000 [5] (2015)	ca. 60.000 (2016)[6]	ca. 2500 (2016)	ca. 12.000 (2016)
Umsatz (in Millionen Euro, eigene Angaben)	ca. 250 (2015)	ca. 100 (2016)	ca. 4 (2016)	ca. 50 (2016)

Tabelle 1: Die Reiseveranstalter.

Quelle: Eigene Darstellung.

---

[5]   Kundenzahl und Umsatz beziehen sich auf die Unternehmensgruppe Studiosus, zu der auch die Veranstaltermarke Marco Polo gehört. Gesonderte Zahlen für die Marke Studiosus veröffentlicht das Unternehmen nicht.

[6]   Schätzungen (Teilnehmerzahl und Umsatz) der Unternehmen für das laufende Jahr 2016.

6.2 Reisebeschreibungen als Gegenstand der Analyse

Alle vier Reiseveranstalter bewerben jede ihrer Reisen mit einer separaten Reisebeschreibung. Die Gesamtheit dieser Reisebeschreibungen bildet den Katalog, in dem Reiseveranstalter ihr Angebot herkömmlicherweise präsentieren. Alle betrachteten Reiseveranstalter haben ihre Reisebeschreibungen jedoch auch mit identischen Inhalten online aufbereitet. Für diese Arbeit wurden sämtliche analysierten Reisebeschreibungen von den Internet-Präsenzen der Reiseveranstalter kopiert. Reisebeschreibungen bilden die Grundlage der Werbung der untersuchten Unternehmen. Die Veranstalter betreiben darüber hinaus mit unterschiedlicher Intensität weitere Werbeaktivitäten, wie z. B. Facebook-Fanseiten, Anzeigen, Präsentationen auf Messen, Pressereisen, Werbeplakate oder Werbeaktionen, wie etwa Gewinnspiele und Ähnliches. Die vorliegende Arbeit fokussiert jedoch bewusst auf die Reisebeschreibungen, da alle anderen Werbeaktivitäten das Ziel verfolgen, Aufmerksamkeit für den Katalog bzw. die Internetpräsenz des Reiseveranstalters und damit für die Reisebeschreibungen zu generieren. Diese sind also als Basis der Werbung der Veranstalter zu verstehen. Außerdem bieten die Reisebeschreibungen umfangreiches Text- und Bildmaterial, das sich gut analysieren und vergleichen lässt, da alle Reiseveranstalter ihre Reisebeschreibungen sehr ähnlich strukturieren. Reisebeschreibungen eignen sich damit in besonderer Weise für die Analyse von Landschaftskonstruktionen.

6.3 Diskursanalyse: Quantitativer Zugriff

Den ersten Schritt der Analyse des touristischen Landschaftsdiskurses bildet eine quantitative Erfassung des Wortbestandteils *Landschaft-* in 219 Reisebeschreibungen von vier Reiseveranstaltern. Die Veranstalter bieten unterschiedlich viele Reisen an. Daher unterscheidet sich auch die Anzahl von analysierten Reisebeschreibungen je Veranstalter. Teilweise verwenden die Veranstalter dieselben Textbausteine für verschiedene Reisebeschreibungen. Eine ‚Südamerika-Reise‘ kann dann z. B. identische Textstellen enthalten, wie eine ‚Peru-Reise‘. Um derartige Doppelungen auszuschließen, wurden nicht alle Reisebeschreibungen der Veranstalter in den Textkorpus aufgenommen. Die Anzahl von Reisebeschreibungen pro Veranstalter (vgl. Tabelle 2) muss daher nicht mit Angaben der Reiseveranstalter über die Anzahl ihrer angebotenen Reisen übereinstimmen. Es wurde jedoch darauf geachtet, dass die ausgewählten Reisebeschreibungen möglichst viele Destinationen repräsentieren und dass die erfolgreichen Reisen der Veranstalter berücksichtigt werden. Die erfolgreichen, vielgebuchten Reisen lassen sich im Katalog und im Internet daran erkennen, dass viele Termine der betreffenden Reisen im Programm aufgeführt sind, sie also häufig angeboten werden. Die Reisebeschreibungen unterscheiden sich teilweise in ihrer Ausführlichkeit, daher ist der Vergleich von Frequenzen aussagekräftiger als der Vergleich von absoluten Häufigkeiten.

Eine erste Frequenzanalyse des Lexems *Landschaft-* zeigt zunächst, dass alle Reiseveranstalter das Lexem *Landschaft-* in ihren Reisebeschreibungen verwenden und zwar durchschnittlich zwei Mal pro Reisebeschreibung. *Landschaft-* kommt also durchschnittlich in jeder Reisebeschreibung zwei Mal vor. Jedoch unterscheidet sich die Frequenz des Gebrauchs zwischen den Reiseveranstaltern (vgl. Tabelle 2). Die Frequenz des Lexems *Landschaft-* pro Reisebeschreibung schwankt zwischen 1,3 bei CHAMÄLEON und 2,5 bei TERRANOVA.

Reiseveranstalter	Studiosus	Wikinger	Terranova	Chamäleon	gesamt
Reisebeschreibungen	80	70	46	23	219
Wörter	101.550	38.628	27.685	28.480	196.343
Durchschnittliche Anzahl: Wörter/Reisebeschreibung	1269	552	602	1238	897
Absolute Häufigkeit des Lexems *Landschaft-*	158	157	114	29	458
Frequenz des Lexems *Landschaft-*/Reisebeschreibung	2	2,2	2,5	1,3	2,1
Frequenz des Lexems *Landschaft-*/10.000 Wörter	15,6	40,7	41,2	10,2	23,3

Tabelle 2: Häufigkeit des Lexems ‚Landschaft-' in den untersuchten Reisebeschreibungen im Vergleich.

Quelle: Eigene Darstellung.

Die Häufigkeiten der Raumkategorien ‚Stadt' und ‚Natur' wurden zum Vergleich ebenfalls erhoben. Das Lexem *Natur-* kommt in den Reisebeschreibungen insgesamt 366 Mal vor. Das Lexem *natürlich-* kommt 92 Mal vor, ist jedoch für die Analyse der Raumkategorie *Natur* weniger geeignet, da es vor allem im Sinne von ‚selbstverständlich' benutzt wird, wie folgendes Beispiel verdeutlicht:

„Nicht fehlen darf <u>natürlich</u> der einzigartige Torrente de Pareis, den wir von Calobra aus im unteren Bereich erwandern [Hervorh. E. A.]" (WIKINGER Mallorca – die schönsten Naturparks)

Um diese Bedeutung auszuschließen, wurden statt der Häufigkeit des Lexems *natürlich-* die Häufigkeiten der Lexeme *Natürlichk-* und *natürliche-* ermittelt, da diese in den Worten *Natürlichkeit* und *natürliche/n/m* auf die Raumkategorie ‚Natur' verweisen. Das Lexem *Natürlichk-* kommt im Wort *Natürlichkeit* ein einziges Mal in allen 219 Reisebeschreibungen vor, das Lexem *natürliche-* wird 18 Mal verwendet. Die Lexeme *Natur-*, *Natürlichk-* und *natürliche-* sind somit insgesamt etwas seltener in den Reisebeschreibungen vertreten (insgesamt 385 Nennungen) als das Lexem *Landschaft-* (absolute Häufigkeit von *Landschaft-*: 458; vgl. Tabelle 2). Die Bezüge der Raumkategorien Natur und Landschaft werden im qualitativen Teil der Diskursanalyse detailliert behandelt. Das Lexem *Stadt-* weist mit 1051 Nennungen in 219 Reisebeschreibungen eine große Häufigkeit auf. Dazu kommen 136 Nennungen des Lexems *Städt-*, das in den meisten Fällen Teil der Pluralform ‚Städte' ist. Vier Mal kommt das Lexem *städt-* zudem im Wort ‚städtisch' bzw. ‚großstädtisch' vor. Das Lexem *Stadt-* kommt in zahlreichen Kontexten zum Einsatz, z. B. besonders häufig als Bestandteil der Worte ‚Hauptstadt' oder ‚Altstadt'. Die folgende Tabelle gibt einen Überblick über die häufigsten Wörter in denen das Lexem *Stadt-* vorkommt.

Lexem	Absolute Häufigkeit in allen 219 Reisebeschreibungen
-*Stadt-* insgesamt	**1051**
Stadt (mit Leerzeichen oder Interpunktierung abgegrenzt)	256
Altstadt-	169
Hauptstadt-	163
Stadtrund- (Stadtrundgang, Stadtrundfahrt)	71
Stadtführ- (Stadtführung, Stadtführer)	32
Hafenstadt, Innenstadt, Stadtviertel, Residenzstadt, Stadtmauer, Kleinstadt, Großstadt, Stadtzentrum, Wüstenstadt, Geisterstadt, Studentenstadt, etc.	Jeweils unter 20, absteigende Reihenfolge

Tabelle 3: Absolute Häufigkeit des Lexems ‚Stadt-' und häufige Verwendungskontexte. Quelle: Eigene Darstellung.

Die Raumkategorie ‚Stadt' hat eine hohe Präsenz in den Reisebeschreibungen und das Lexem *Stadt-* kommt in vielen verschiedenen Begriffen zum Einsatz. Die Häufigkeit des Lexems *Stadt-* soll hier in einem Vorgriff auf die qualitative Analyse (Kapitel 6.4.2.4) kurz eingeordnet werden. Die häufige Verwendung ergibt sich aus einer sprachlichen Besonderheit der Reisebeschreibungen. Wenn in den

Reisebeschreibungen Ortsnamen genannt werden, dann werden diese meist unter Verwendung von Begriffen wie ‚Stadt', ‚Ort' oder ‚Dorf' beschrieben und machen den Text somit auch für Leser verständlich, denen der jeweilige Ortsname nicht geläufig ist oder die nichts mit ihm verbinden können (z. B. ‚heute besuchen wir die Bundeshauptstadt Berlin' und nicht: ‚heute besuchen wir Berlin'). ‚Stadt' kommt in diesem Kontext deutlich häufiger vor als ‚Ort' oder ‚Dorf'. Da Ortsnamen sehr häufig in den Reisebeschreibungen genannt werden, sind auch die betreffenden Raumkategorien häufig. In welcher Verbindung Stadt zu Landschaft und Natur steht, wird im weiteren Verlauf der Arbeit wiederholt von Bedeutung sein und auch die Frage, welche Momente in den Reisebeschreibungen mit Stadt verknüpft werden, wird noch zu untersuchen sein (siehe Kapitel 6.4.2.4).

Im Folgenden soll zunächst der Gebrauch des Lexems *Landschaft-* bei den einzelnen Reiseveranstaltern noch etwas genauer betrachtet werden. Die lexikometrische Frequenzanalyse zeigt, dass die Frequenz des Lexems *Landschaft-* sich zwischen verschiedenen Produktkategorien unterscheidet. Einige der von den Reiseveranstaltern verwendeten Gruppierungen sollen nun mittels Frequenzanalyse untersucht werden, um Hinweise auf den Kontext zu gewinnen in dem das Wort Landschaft zum Einsatz kommt. STUDIOSUS bietet zum Beispiel neben Studienreisen auch die Produktkategorien Wanderstudienreisen, Naturstudienreisen, Städtereisen und weitere an. Die folgende Zusammenstellung (Tabelle 4) gibt einen Überblick über die Verwendung des Lexems *Landschaft-* aufgeschlüsselt nach den einzelnen Produktkategorien bei STUDIOSUS.

STUDIOSUS	Studienreisen	Wanderstudienreisen	Naturstudienreisen	Städtereisen
Reisebeschreibungen	24	30	14	12
Wörter	27920	47425	19310	6378
Absolute Häufigkeit des Lexems *Landschaft-*	31	94	33	1
Frequenz des Lexems *Landschaft-*/Reisebeschreibung	1,3	3,1	2,4	0,1
Frequenz des Lexems *Landschaft-*/10.000 Wörter	11,1	19,8	17,1	1,6

Tabelle 4: Häufigkeit des Lexems ‚Landschaft-' in Abhängigkeit von der Produktkategorie bei STUDIOSUS.

Quelle: Eigene Darstellung.

Die lexikometrische Analyse der Produktkategorien bei STUDIOSUS zeigt, dass in sämtlichen Reisebeschreibungen für Städtereisen das Lexem *Landschaft-* nur ein einziges Mal verwendet wird, während es bei Studienreisen häufiger und am häufigsten bei Wander- und Naturstudienreisen verwendet wird. Die lexikometrische Analyse legt damit nahe, dass Landschaft im Tourismusdiskurs der Reiseveranstalter in Verbindung mit den Themen ‚Wandern' und ‚Natur' steht und nicht mit dem Thema ‚Stadt' in Verbindung gebracht wird. Diese Verbindung ist in der qualitativen Analyse dahingehend zu überprüfen, inwiefern mit dem Begriff ‚Landschaft' die Dichotomie von Natur und Kultur aktualisiert wird. Die anderen Veranstalter bieten ebenfalls Reisen in Städte an, jedoch führen sie nicht die Produktkategorie ‚Städtereise', sodass mittels einer qualitativen Analyse zuerst festgelegt werden müsste, bei welchen Reisen es sich um Städtereisen handelt, um diesen Aspekt der Reisebeschreibung dem quantitativen Zugriff zu öffnen. Die Analyse der Beziehung von Stadt und Landschaft im Tourismusdiskurs wird daher an dieser Stelle nicht vertieft und stattdessen in der qualitativen Untersuchung aufgegriffen.

TERRANOVA führt neben Fahrradreisen auch noch die Produktkategorien Fernreisen und Kulturkreuzfahrten im Programm. Das Lexem *Landschaft-* wird häufiger in den Reisebeschreibungen für Fahrradreisen eingesetzt als in den Reisebeschreibungen für Fernreisen oder Kulturkreuzfahrten (vgl. Tabelle 5). Bei WIKINGER und CHAMÄLEON finden sich keine erkennbaren Unterschiede in der Nutzung des Wortes Landschaft zwischen verschiedenen Produktkategorien. WIKINGER unterscheidet ebenfalls verschiedene Produkte, die jedoch alle Wander- oder Fahrradbezug haben (leichte bis anspruchsvolle Wanderreisen, Wanderstudienreisen, Trekkingreisen, Fahrradreisen). CHAMÄLEON ist auf Fernreisen spezialisiert und ordnet seine Reisen nicht nach verschiedenen Produktlinien, sondern nur nach Reiseziel und Teilnehmerzahl bzw. Gruppengröße.

TERRANOVA	Fahrradreisen	Kulturkreuzfahrten	Fernreisen
Reisebeschreibungen	20	7	19
Wörter	11947	2694	13044
Absolute Häufigkeit des Lexems *Landschaft-*	73	9	32
Frequenz des Lexems *Landschaft-*/Reisebeschreibung	3,7	1,3	1,7
Frequenz des Lexems *Landschaft-*/10.000 Wörter	61,1	33,4	24,5

Tabelle 5: Häufigkeit des Lexems ‚Landschaft-' in Abhängigkeit von der Produktkategorie bei TERRANOVA.

Quelle: Eigene Darstellung.

Außerdem wurde überprüft, ob bei Fernreisen oder bei Reisen zu europäischen Destinationen das Lexem *Landschaft-* häufiger verwendet wird. In diesem Fall liefert die lexikometrische Analyse keinen Hinweis auf eine Beziehung zwischen der Verwendung des Lexems *Landschaft-* und der schieren Entfernung des Reiseziels vom deutschen Quellmarkt und damit keinen weiteren Ansatzpunkt für die qualitative Untersuchung.

Die vorliegende Untersuchung ist keine Querschnittsanalyse des Tourismusmarktes, denn die untersuchten Veranstalter sind spezialisiert auf Rundreisen. Dies ist die grundlegende Gemeinsamkeit der untersuchten Veranstalter. Für alle Reiseangebote organisieren die Veranstalter Programme, deren Highlights in den Reisebeschreibungen thematisiert werden. Rundreiseangebote sind eine Spielart des Pauschaltourismus und bilden bei den großen Touristik-Konzernen, wie etwa der TUI eine Produktkategorie neben anderen. Anders als Rundreisen, beinhalten andere Pauschalreiseangebote häufig nur die Anreise und die Unterbringung am Reiseziel. Im Folgenden soll durch eine kleine Stichprobe von Reisebeschreibungen des TUI-Konzerns überprüft werden, ob sich der hier untersuchte Diskurs von anderen Tourismusdiskursen abgrenzt, ob also z. B. die Bedeutung von Landschaft in der Werbung eines großen Konzerns wie der TUI weniger ausgeprägt ist. Hierfür wird mit der lexikometrischen Methode überprüft, welche Bedeutung Landschaft in den Reisebeschreibungen von Rundreisen der TUI im Vergleich zu den untersuchten Veranstaltern hat. Auf der Homepage der TUI wurde dazu die Kategorie Rundreisen ausgewählt, dann wurden die Reisebeschreibungen der ersten zehn Angebote von der Internetseite kopiert und auf die Häufigkeit des Lexems *Landschaft-* überprüft. Das Lexem *Landschaft-* kommt in diesen zehn Reisebeschreibungen 29 Mal vor, dies entspricht einer höheren Frequenz von *Landschaft-* pro Reisebeschreibung in den Reisebeschreibungen von Rundreisen der TUI im Vergleich zu den Reisebeschreibungen der anderen untersuchten Veranstalter. Die Frequenz des Lexems *Landschaft-* pro 10.000 Wörter liegt in den Reisebeschreibungen der TUI im gleichen Bereich, wie bei den anderen untersuchen Veranstaltern. Der TUI-Konzern verwendet in seinen Reisebeschreibungen für Rundreisen die Raumkategorie Landschaft also ebenso oft, wie die Reiseveranstalter, deren Produkte Gegenstand dieser Untersuchung sind. Für TUI-Pauschalreisen, die nur aus Anreise und Hotel bestehen, ist ein direkter Vergleich der Frequenz des Lexems *Landschaft-* nicht möglich, denn während die Reisebeschreibungen für Rundreisen bei der TUI und den untersuchten Veranstaltern gleich aufgebaut sind, existieren für ‚Anreise-Hotel-Pauschalreisen‘ der TUI keine vergleichbaren Reisebeschreibungen. Bei den ‚Anreise-Hotel-Pauschalen‘ erfüllen ‚Hotelbeschreibungen‘ die Rolle der Produktdarstellung, denn das Produkt besteht lediglich aus Anreise und Hotel. Nicht das Reiseland ist also Gegenstand der Werbung, sondern das Hotel und sein Angebot für Gäste werden beschrieben.

TUI	Rundreisen
Reisebeschreibungen	10
Wörter	9402
Absolute Häufigkeit des Lexems *Landschaft-*	29
Frequenz des Lexems *Landschaft-*/Reisebeschreibung	2,9
Frequenz des Lexems *Landschaft-*/10.000 Wörter	30,8

Tabelle 6: Häufigkeit des Lexems ,Landschaft-' in zehn Reisebeschreibungen von Rundreisen der TUI.

Quelle: Eigene Darstellung.

Eine stichprobenartige lexikometrische Analyse von zehn derartigen Hotelbeschreibungen ergab erwartungsgemäß, dass Landschaft in diesen Produktbeschreibungen von geringer Bedeutung ist, obwohl der Landschaftsbegriff auch hier gelegentlich vorkommt und zwar in Form sogenannter ,Poollandschaft'. Häufig sind in der Aufbereitung des Pauschalreiseangebots mehrere Hotels unter einer Destinationsbeschreibung gruppiert. Der Entscheidungspfad für Kunden kann also über die Auswahl einer Destination zur Auswahl eines Hotels führen. In derartigen Destinationsbeschreibungen sind Landschaftsbeschreibungen ebenso präsent, wie in den Reisebeschreibungen für Rundreisen. Inhaltlich entsprechen die Landschaftsdarstellungen des TUI-Konzerns denen der untersuchten Veranstalter. Sie aktualisieren die gleichen Landschaftsstereotype, die im folgenden Abschnitt herausgearbeitet werden (Kapitel 6.4). Mit diesen kurzen Ausführungen zur Analyse des Landschaftsbegriffs in den Produktdarstellungen des TUI-Konzerns soll gezeigt werden, wie der untersuchte Diskurs sich von anderen Diskursen abgrenzt. Landschaft in der hier analysierten Form spielt vor allem bei Rundreisen eine Rolle und dort, wo Destinationen Gegenstand der Werbung sind. Dort, wo die Tourismuswerbung auf Hotels fokussiert, spielt Landschaft eine weniger wichtige Rolle.

Zusammenfassen lässt sich das Ergebnis der lexikometrischen Analyse folgendermaßen: Landschaft scheint für die Reiseveranstalter bei der Bewerbung ihrer Reisen von großer Bedeutung zu sein. Alle vier Reiseveranstalter verwenden das Lexem *Landschaft-* durchschnittlich häufiger als einmal in jeder ihrer Reisebeschreibungen. Die Frequenz des Wortbestandteils *Landschaft-* unterscheidet sich zwischen den Reiseveranstaltern, sodass angenommen werden kann, dass die Häufigkeit der Verwendung des Lexems *Landschaft-* vom individuellen Stil des jeweiligen Veranstalters abhängig ist. Die Frequenz von *Landschaft-* scheint weiterhin in Verbindung mit der Positionierung des Produktes oder der Produktkategorie zu stehen, für die wiederum die Konstruktion des Reiseziels und die damit verbundenen Raumpraktiken entscheidend sind. Der Vergleich von Reisebeschreibungen der untersuchten Veranstalter mit denen des TUI-Konzerns weist darauf hin, dass Landschaft unabhängig von der Positionierung oder Größe des Veranstalters bei Rundreisen generell eine wichtige Bedeutung zukommt, während bei ‚Anreise-Hotel-Pauschalen' vor allem das Hotel beworben wird und Landschaft als Verkaufsargument in den Hintergrund tritt. Die quantitative Analyse deutet hin auf eine Verbindung der Frequenz von ‚Landschaft' mit gesellschaftslandschaftlichen Vorstellungen über ein Reiseziel und den mit diesen Vorstellungen wiederum verknüpften Aneignungsformen Wandern und Radfahren. Welche Bezüge die Reiseveranstalter zwischen Landschaft und den Themen Natur, Wandern, Fahrradfahren einerseits und ‚Stadt' andererseits konstruieren, soll nachfolgend mit qualitativer Methodik analysiert werden.

6.4 Diskursanalyse: Qualitativer Zugriff

6.4.1 Der Landschaftsbegriff der Tourismuswerbung

Mithilfe eines qualitativen diskursanalytischen Zugriffs soll geklärt werden, wie Landschaft im Tourismusdiskurs konstruiert wird. Dafür werden wiederkehrende narrative Muster im Textkorpus identifiziert, beispielhaft herausgestellt und analysiert (vgl. Kapitel 4.5.2). Im ersten Schritt werden Äquivalenzbeziehungen analysiert, um die Frage zu beantworten, welche Momente in den Reisebeschreibungen mit Landschaft äquivalenziert werden, also welche Dinge als Landschaft angesprochen werden. Die meisten Reisebeschreibungen bestehen aus einer kurzen Zusammenfassung der Reisehöhepunkte und einer detaillierten Beschreibung des Reiseverlaufs in Form von Tagesabläufen. In den Texten greifen die Beschreibung von Aktivitäten und die Beschreibung der Destination ineinander. Der Begriff Landschaft wird häufig in Verbindung mit eher unspezifischen Adjektiven, wie ‚zauberhaft', ‚beeindruckend', oder ‚abwechslungsreich' verwendet und daraufhin genauer spezifiziert. Dabei werden verschiedene Momente in Äquivalenzketten mit Landschaft verknüpft. Die folgenden Beispiele sollen diese Konstellation verdeutlichen (Narrative Muster 23).

Narrative Muster 23: Landschaft und Äquivalenzketten

„Hawaii hat landschaftlich alles zu bieten, was man sich nur vorstellen kann: Satt-grüne Regenwälder, beeindruckende Vulkanlandschaften, imposante Canyons und traumhaft schöne Strände" (WIKINGER Wanderreise Hawaii Aktiv).

„Heute dominiert die wilde Natur im Nationalpark Harz. Wir wandern auf den schönsten Wegen entlang zauberhafter Landschaften: durch lichte Misch- und dichte Fichtenwälder, über Bergwiesen, vorbei an steilen Klippen, Seen und leise dahinfließenden Bächen. Immer wieder erreichen wir Waldgaststätten und Berg-gasthöfe, die Bauden" (WIKINGER Wanderreise Harzer Wanderspaß).

„Das ist eine Landschaft, die durchwandert werden muss! Kalkfelsen, Kiefern-wälder und Terrassenfelder mit Olivenbäumen und Johannisbrothainen – immer leicht bergauf und bergab" (STUDIOSUS Wanderstudienreise Mallorca - Insel mit vielen Gesichtern).

„Andalusien – Landschaften: Schroffe Felsen und Steineichenwälder, sprudelnde Gebirgsbäche und Olivenhaine. Und immer wieder ‚weiße Dörfer', die an den Bergen kleben. Sind wir wirklich in Andalusien? Der Baderummel der Sonnen-küste dringt nicht bis in die Naturparks zwischen Alpujarras und Sierra de Grazalema" (STUDIOSUS Wanderstudienreise Andalusien – Landschaften).

„Im West MacDonnell-Nationalpark reihen sich landschaftliche Höhepunkte wie Perlen an einer Kette. Etwa in den Schluchten Standley Chasm und Simpsons Gap: Roter Sandstein, leuchtend im Sonnenschein, und dazwischen plötzlich grüne Farne und Bäume – und vielleicht be-gleiten uns sogar Schwarzfußkängu-rus auf dem Weg" (STUDIOSUS Australien Naturwunder).

„35 Jahre lang haben Landschaften auf Sie gewartet, wie sie nur am Ende der Welt entstehen können. Feuerland und der Beagle-Kanal. Torres del Paine, die Sternstunde der Schöpfungsgeschichte. Blau leuchtende Gletscher, die das Trink-wasser für die ganze Menschheit speichern. Vulkane, die offensichtlich nur für Postkarten gemacht wurden und all das, was Menschenhand an Kulturgut hinzu-gefügt hat" (CHAMÄLEON Patagonia).

„Argentinien und Chile verbindet eine fast 4000 km lange Grenze – und eine be-eindruckende landschaftliche Vielfalt. Die Weite der Pampa fasziniert ebenso wie das Tierparadies der Valdés-Halbinsel, die kalbenden Gletscher in der wilden Bergwelt Patagoniens genauso wie die stille Magie der Seen und Vulkane in der

Chilenischen Schweiz. Besonderer Höhepunkt: die trockenste Wüste der Welt, die Atacama in Chile. Eine umfassende Studienreise für Liebhaber ursprünglicher Landschaften. Dazu die lebendigen Metropolen Buenos Aires und Santiago, die Sie gerne auch auf eigene Faust erkunden können" (STUDIOSUS Argentinien - Chile).

„Die Landschaft von Überetsch ist eine Komposition aus Bergen, Schlössern, Seen und Wein! Sie wird alle Ihre Sinne wecken. Erfahren Sie mit uns auf dem Rad und zu Fuß die entzückenden Montiggler Seen und entspannen Sie in einer der schönsten Kulturlandschaften Europas" (TERRANOVA Südtirol Radreise).

In diesen Textausschnitten (Narrative Muster 23) werden folgende Momente mit Landschaft äquivalenziert: Sattgrüne Regenwälder, imposante Canyons und traumhaft schöne Strände; lichte Misch- und dichte Fichtenwälder, Bergwiesen, steile Klippen, Seen und leise dahinfließende Bäche; Kalkfelsen, Kiefernwälder und Terrassenfelder mit Olivenbäumen und Johannisbrothainen; schroffe Felsen und Steineichenwälder, sprudelnde Gebirgsbäche und Olivenhaine, ‚weiße Dörfer', die an den Bergen kleben; die Schluchten Standley Chasm und Simpsons Gap: Roter Sandstein, leuchtend im Sonnenschein, und dazwischen plötzlich grüne Farne und Bäume; Feuerland und der Beagle-Kanal; Torres del Paine, die Sternstunde der Schöpfungsgeschichte; blau leuchtende Gletscher, die das Trinkwasser für die ganze Menschheit speichern und Vulkane, die offensichtlich nur für Postkarten gemacht wurden und all das, was Menschenhand an Kulturgut hinzugefügt hat; die Weite der Pampa, ebenso wie das Tierparadies der Valdés-Halbinsel; die kalbenden Gletscher in der wilden Bergwelt Patagoniens genauso wie die stille Magie der Seen und Vulkane in der Chilenischen Schweiz; die trockenste Wüste der Welt, die Atacama in Chile; eine Komposition aus Bergen, Schlössern, Seen und Wein.

Aus diesen Beispielen wird deutlich, dass Landschaft vorwiegend als natürlich und schön konstruiert wird. Die Verbindung von Landschaft mit Natürlichkeit und Schönheit wird hegemonial fixiert. Am Rande dieser hegemonialen Bedeutungsfixierung erlaubt die Bezeichnung ‚Kulturlandschaft' eine Integration von Objekten menschlichen Schaffens, wenn diese als schön konstruiert werden und besonders, wenn sie einen touristisch anschlussfähigen Bezug zu Geschichte oder Tradition der bereisten Region aufweisen. Landwirtschaftlich geprägte Flächen werden als Landschaft angesprochen, besonders, wenn sie sich als das deuten lassen, was man stereotype mediterrane Kulturlandschaft nennen könnte. Vor allem Olivenhaine und Weinberge erhalten in diesem Kontext große Wertschätzung. Dass der Begriff Kulturlandschaft nötig wird, um ‚nicht-natürliche' Momente in Landschaft zu integrieren, kann als Bestätigung der hegemonialen Verkettung von Landschaft und Natur gedeutet werden. Beschreibungen all der genannten Dinge stellen im Selbstverständnis des Tourismus Landschaftsbeschreibungen dar und können im Folgenden als solche analysiert werden, auch wenn das Wort ‚Landschaft' nicht in ihnen vorkommt. Diese Bedeutung von Landschaft als Natur und die daraus resultierende Abgrenzung zum Bereich der Kultur wird im Folgenden detailliert behandelt.

6.4.1.1 *Landschaft als Natur: Aktualisierung des Gegensatzes von Natur und Kultur durch die Verwendung des Landschaftsbegriffs*

Mit dem Begriff Landschaft wird im Tourismusdiskurs regelmäßig eine Unterscheidung von Natur und Kultur aktualisiert. Dies ist als Resultat der hegemonialen Verknüpfung von Landschaft und Natürlichkeit zu verstehen. Formulierungen wie ‚wildromantische Landschaft' oder ‚Naturlandschaft' aktualisieren die Unterscheidung von Kultur und Natur, besonders, wenn ihnen kulturelle Erlebnisse in Städten gegenübergestellt werden. Gegenüberstellungen von Landschaft und Kultur finden sich in den Reisebeschreibungen aller vier Reiseveranstalter. Dabei bauen alle vier Reiseveranstalter auch ähnliche Äquivalenzketten auf. Die Verwendung des Wortes ‚Landschaft' ist durch einen Naturbezug bedingt. Mittels Landschaft wird also eine Dichotomie von Kultur und Natur aktualisiert. Diese Dichotomie ist im Tourismus allgegenwärtig und wird durch touristische Kommunikation aktualisiert und verfestigt.

In seinem Reiseführer über den Jakobsweg schreibt der Autor H. Sing: „Zur Harmonie und Originalität einer Landschaft gehören ihre Topographie, die Architektur ihrer Dörfer und Städte, ihre Menschen und deren Brauchtum, ihr Klima und ihre Tier- und Pflanzenwelt" (Sing 1988: 59). Dieses Verständnis von Landschaft entspricht einem essentialistischen und romantisierenden Deutungsmuster von Landschaft als Superorganismus (Kühne 2013: 54), dessen ‚Wesen' in Gestalt sichtbarer Objekte, etwa der Architektur, zum Ausdruck komme. All die genannten Kategorien kommen auch in den untersuchten Reisebeschreibungen vor, jedoch werden Menschen, Städte und Brauchtum nicht als Landschaft angesprochen oder mit Landschaft äquivalenziert, sondern vielmehr Landschaft gegenübergestellt. Dies verdeutlichen folgende Beispiele:

Narrative Muster 24: Diskursive Abgrenzung von Landschaft gegen Kultur

„Sie erleben unvergleichliche Radrouten zu Zielen, welche die Essenz von Ostsiziliens Landschaften und Kultur ausmachen" (TERRANOVA Radreise Ostsizilien).

„Alle Höhepunkte Andalusiens in einer Reise: Herausragende Hotellerie in historischem Ambiente & mit hervorragender Lage, Córdoba mit der Mezquita (Weltkulturerbe), Granada und die märchenhafte Alhambra (Weltkulturerbe), Glanzvolles Sevilla, Reizvolle Radrouten auf den ‚Vias Verdes' durch dramatische Naturlandschaften, Ronda & die Route der weißen Dörfer" (TERRANOVA Andalusien Radreise).

„Einzigartig auf dieser Italien Radtour: Byzantinisch-orientalische Kultur, Castel del Monte - Friedrichs II. Bastion (Weltkulturerbe), originelle Trulli-Architektur (Weltkulturerbe), Radrouten durch sanfte fruchtbare Landschaften, Lecce – barockes Juwel: für viele das schönste Städtchen Italiens, Ursprüngliche, unverfälschte Orte und Kulturlandschaften" (TERRANOVA Apulien Radreise).

Diese Reisebeschreibungen versprechen das Erleben von Kultur einerseits (z. B. ‚Granada und die märchenhafte Alhambra (Weltkulturerbe)') und das Erleben von Landschaft andererseits (‚Reizvolle & leichte Radrouten auf den ‚Vias Verdes' durch dramatische Naturlandschaften, Radrouten durch sanfte fruchtbare Landschaften, unverfälschte Orte und Kulturlandschaften'), wobei zwischen Naturlandschaft und Kulturlandschaft unterschieden wird. Kultur wird hier mit ‚Kulturerbestätten' und ‚Stadt' äquivalent gesetzt, während Landschaft mit Natur äquivalenziert wird, wobei der Begriff Kulturlandschaft eine Integration von Natur und Kultur erlaubt. STUDIOSUS aktualisiert den Unterschied von Stadt und Landschaft/Natur bereits in der Gestaltung seiner Produktkategorien, indem Natur- und Wanderstudienreisen von Städtereisen unterschieden werden. Folgerichtig werden in den Beschreibungen der Städtereisen kulturelle Höhepunkte beschrieben und in den Beschreibungen der Natur- und Wanderstudienreisen landschaftliche Höhepunkte, wie die beiden folgenden Beispiele zeigen:

Narrative Muster 25: Landschaft und die diskursive Verfestigung des Gegensatzes von Kultur und Natur (1), Landschaft als Gegenstand von ‚Naturreisen', Kultur als Gegenstand von ‚Städtereisen'

„Wien als internationale Metropole sammelt wieder Kulturen wie zur Kaiserzeit und wagt den Spagat zwischen Kaiserin Sissi und Conchita Wurst. Das schmecken und hören Sie in den jungen Cafés und Restaurants, das sehen und fühlen Sie in den kleinen Designerboutiquen rund um den 1. Bezirk. Weltoffen und modern zeigt Wien auch weiterhin seine klassische Seite mit den prächtigen Fassaden von Hofburg & Co., Schönbrunn, Stephansdom und Strauß. Die schönsten Museen laden im Museumsquartier ein, eine gewagte Architektur erkunden Sie im Hundertwasser-Haus" (STUDIOSUS Citylights Wien).

„Australien breitet auf dieser Rundreise seine natürliche Vielfalt vor uns aus, und aus diesem Schatz haben wir die kostbarsten Naturjuwelen gewählt: die tropischen Regenwälder in Queensland mit der sagenhaften Unterwasserwelt des Great Barrier Reef, die eukalyptusschweren Blue Mountains, die Tierparadiese auf Kangaroo Island und im Kakadu-Nationalpark und natürlich die Wüste mit dem Ayers Rock [...]. Entdecken Sie mit uns diesen Kontinent der Landschaftskontraste!" (STUDIOSUS Australien Naturwunder).

Im Gegensatz zu Städtereisen oder Naturreisen ist die Produktkategorie ‚Studienreise' von STUDIOSUS nicht auf einen Themenbereich nach dem Muster Kultur/Städte oder Natur/Landschaft beschränkt und präsentiert daher explizit beide Aspekte eines Reiseziels in den Reisebeschreibungen (Narrative Muster 26).

Narrative Muster 26: Landschaft und die diskursive Verfestigung des Gegensatzes von Kultur und Natur (2), Landschaft und Kultur als gleichberechtigte, voneinander unterschiedene, Gegenstände ‚umfassender Studienreisen'

„Studienreise zu den kulturellen und landschaftlichen Höhepunkten in Bulgarien" (STUDIOSUS Bulgarien – Klöster, Berge und Meer).

Die Firma WIKINGER bietet verschiedene Formen von Wanderreisen und Fahrradreisen an und ist insgesamt stark auf das Segment ‚Naturreisen' fokussiert. Im Angebot finden sich daher vor allem Reiseziele, die gemäß gesellschaftslandschaftlichen Vorstellungen als Natur konstruiert und die in den Reisebeschreibungen, der hegemonialen Verknüpfung von Natürlichkeit und Landschaft entsprechend, als Landschaften präsentiert werden (Narrative Muster 27).

Narrative Muster 27: Landschaft und die diskursive Verfestigung des Gegensatzes von Kultur und Natur (3)

„Alles, was man gemeinhin mit der Landschaft und Bergwelt Tirols verbindet und das Herz so sehr begehrt, findet man in dem steil eingeschnittenen Tal des Ruetzbaches südlich von Innsbruck. Idyllische Wälder und Wiesen im weit ausladenden Talgrund, sanfte Anhöhen und sonnige Almen unter den Dreitausendern, rauschende Wasserfälle und klare Bergseen – lassen Sie sich einladen in diese blühende Bilderbuchlandschaft und in die Behaglichkeit einer guten ‚Stube‘, woran der für diese Gegend überlieferte Name ‚Stubeia‘ erinnert" (WIKINGER Klassische Bilderbuchlandschaft in Tirol).

Bei Reisezielen, deren gesellschaftslandschaftliches Image stark durch die Dimension Kultur geprägt ist, wird auch bei WIKINGER die zuvor bei STUDIOSUS und TERRANOVA festgestellte Unterteilung in Kultur und Wandern/Landschaft aktualisiert. Besonders deutlich wird die Kategorisierung der Attraktionen bei einer Reisebeschreibung im ebenfalls zu Werbezwecken veröffentlichen Gästefeedback zu einer Toskana-Reise (Narrative Muster 28).

Narrative Muster 28: Landschaft und die diskursive Verfestigung des Gegensatzes von Kultur und Natur (4)

„Die Toskana als Gesamt-Kunstwerk zu betrachten, ist schwierig. Zu unterschiedlich sind die Landschaften und auch die kulturellen Highlights vom äußersten Norden, der Garfagnana über den Osten zum Süden bis zur Insel Elba. Das aber, was man gemeinhin mit der Toskana assoziiert, befindet sich geographisch im mittleren Norden. Die weltberühmten Städte Florenz, Pisa und Lucca mit ihren Kunstschätzen und mittelalterlichen Silhouetten sowie das malerisch heitere Hügelland des Chianti mit Weinbergen, dunklen Zypressenalleen und verschwiegenen Landgütern. Aber auch in die anderen Landstriche machen wir bei dieser Reise Abstecher: in den rauen Apennin mit alten Maultierpfaden und einsamen Bergdörfern sowie in die Kunststädte des Südens wie Siena und San Gimignano" (WIKINGER Toskana – zu den Klassikern des Nordens).
„Gäste-Stimmen:

von Alexandra M. aus Mainz: Eine rundum gelungene Reise mit der richtigen Mischung aus Natur und Kultur in wunderschöner Landschaft und hervorragender toskanischer Küche im Hotel Torretta in Montecatini Terme.

Von Martina K. aus Hoyerswerda: Tolle Mischung aus Wanderungen und Kultur.

Von Helmut S. aus Hamburg:Diese Reise ist besonders schön, weil sie Landschaftserlebnisse mit Kulturerlebnissen in vieler Hinsicht verbindet" (WIKINGER Toskana – zu den Klassikern des Nordens).

Während alle ‚Gäste-Stimmen' Kultur mit etwas Anderem kontrastieren, hat dieses Andere in jeder der drei Aussagen eine etwas unterschiedliche Ausprägung. Die erste Aussage spricht von Natur und Kultur in einer Landschaft, die zweite kontrastiert Kultur mit Wanderungen und die dritte kontrastiert, wie die meisten Reisebeschreibungen, Kulturerlebnis an Landschaftserlebnis. Von den vier untersuchten Firmen verwendet die Firma CHAMÄLEON den Begriff Landschaft am seltensten. CHAMÄLEON kontrastiert in seinen Reisebeschreibungen Kultur stärker an Natur als an Landschaft und verwendet generell das Lexem *Natur-* häufiger als das Lexem *Landschaft-*. Das Muster bleibt jedoch das gleiche – das was zuvor als Landschaftsbeschreibungen identifiziert wurde, findet auch bei CHAMÄLEON in jeder Reisebeschreibung statt. Landschaftsbeschreibungen werden ergänzt und kontrastiert durch die Beschreibung kultureller Höhepunkte der Reise (Narrative Muster 29).

Narrative Muster 29: Landschaftsbeschreibungen auch dort, wo das Wort ‚Landschaft' fehlt

„Am Vormittag haben Sie festen Boden unter den Füßen: den wunderschönen Teppich sanfter Hügel und darin eingebettet die Wasserfälle des Blauen Nils. Im Tana-See, in dem auch die Quelle des Blauen Nils liegt, sind uralte Kunstschätze verborgen. Wir müssen nicht tauchen, wir finden sie am Nachmittag in beeindruckenden Klöstern, die auf den zahlreichen Inseln liegen" (CHAMÄLEON Lalibela).

„Wenn Ihnen am nächsten Morgen der Atem stockt, liegt das nicht an der Höhenluft, sondern am Einfallsreichtum der Natur. Wir wandern zum Rand des Vulkans Cuicocha und entdecken in seinem Krater statt rauchender Schlote eine königsblaue Lagune, aus deren Mitte zwei bewaldete Lavadome ragen" (CHAMÄLEON Otavalo).

Beide Textbeispiele beinhalten Landschaftsbeschreibungen auch wenn das Wort ‚Landschaft' in ihnen fehlt. Im ersten Beispiel wird mit der Beschreibung eines ‚wunderschönen Teppichs sanfter Hügel' ein klassisches Motiv lieblicher Landschaft aktualisiert: die sanfte Hügellandschaft. Das zweite Beispiel aktualisiert mit der Beschreibung eines Vulkankraters in stereotyper Weise das Motiv einer erhabenen Landschaft und auch die stereotype Reaktion angesichts des Erhabenen wird mitgeliefert (‚der Atem stockt'). Obwohl der Landschaftsbegriff in beiden Textbeispielen fehlt, lassen sich die Motive als Landschaftsbeschreibungen identifizieren.

6.4.1.2   Kulturlandschaft

Mit Landschaft wird nicht in jedem Fall des Tourismusdiskurses eine Unterscheidung von Natur und Kultur aktualisiert. In einigen Fällen integriert das Konstrukt Landschaft unter dem Begriff ‚Kulturlandschaft' Momente, die an anderer Stelle in den konträren Äquivalenzketten Landschaft/Natur und Stadt/Kultur gegenübergestellt werden, wie folgendes Beispiel zeigt:

Narrative Muster 30: Kulturlandschaft

„Eine Genusstour für Auge und Seele und ein Meilenstein der Radtouristik. Sie verläuft auf ländlichen Wegen und führt zu Höhepunkten einer einzigartigen Kulturlandschaft. Dazu gehören das Kloster von St. Gallen, das zum UNESCO-Weltkulturerbe zählt, die Altstadtinsel Lindau, Salem, Meersburg und die Birnau. Sie wohnen immer in den besten Hotels dieser Region" (TERRANOVA Bodensee).

Kloster, Altstadtinsel etc. werden hier als Teil der ‚einzigartigen Kulturlandschaft' rund um den Bodensee angesprochen. Zuvor wurden häufig eher kleinräumige visuelle Eindrücke als Landschaft bezeichnet, z. B.: ‚lichte Misch- und dichte Fichtenwälder, Bergwiesen, steile Klippen, Seen und leise dahinfließende Bäche'. Hier wird versucht unter dem Begriff ‚Kulturlandschaft' eine deutlich großräumigere, erlebbare Einheit aufzubauen, in diesem Fall eine Region, die durch ihre Nähe zum Bodensee definiert wird.

6.4.1.3   Vielfalt als Ideal: Die Konstruktion von Gegensätzen

Die Kontrastierung von kulturellen und landschaftlichen Attraktionen entspricht grundsätzlich dem Versuch Vielfalt darzustellen und mit einer Vielzahl von Attraktionen für die jeweilige Reise zu werben. Der Eindruck von Vielfalt wird dabei durch die Konstruktion von Gegensätzen oder Kontrasten hergestellt. Konsequenterweise werden nicht nur Landschaft und Kultur kontrastiert, sondern auch innerhalb von Städtereisen oder Wanderreisen wird durch Ausdifferenzierung eine Vielfalt von Attraktionen dargestellt, die mit der Konstruktion von Kontrasten oder Gegensätzen beschrieben wird:

Narrative Muster 31: Vielfalt und Gegensätze (1)

„Shanghai, wow, welche Gegensätze. Hier chinesische Gartenbaukunst im Yu-Garten, dort der moderne Stadtteil Pudong" (CHAMÄLEON Yangze).

„Feuer und Eis: Wo sonst in der weiten Welt ziehen sich Gegensätze so perfekt an wie im Land der eiskalten Gletscherflüsse und heißen Quellen?" (STUDIOSUS Island - Höhepunkte).

„5 Tage in der Metropole Britanniens, einem Konglomerat aus Alt und Neu, hip, elegant und kosmopolitisch – kaum eine andere Metropole ist so vielfältig wie London" (STUDIOSUS Citylights London).

„Die Hauptstadt Teheran ist heute eine lebhafte Millionenmetropole zu Füßen des Elbursgebirges, in der schicker Lifestyle und alte Traditionen aufeinandertreffen. Auch unsere Stadtrundfahrt steht im Zeichen der Gegensätze. Erst besuchen wir das bescheidene Wohnhaus von Ayatollah Khomeini, dann den prachtvollen Saadabad-Palastkomplex, eine der zahlreichen Residenzen des letzten Schahs" (STUDIOSUS Iran – die historische Route).

„Cuzco – Stadt der Kontraste" (STUDIOSUS Peru – Höhepunkte).

„Neapel – Stadt der Gegensätze" (STUDIOSUS Golf von Neapel).

„Nachmittags tauchen wir ein in die faszinierenden Gegensätze Neapels. Hier die Ruhe im Kreuzgang von Sta. Chiara, da Zeugen vergangener Macht: Palazzo Reale und Teatro San Carlo. Daneben laut diskutierende Neapolitaner, knatternde Vespas und flatternde Wäsche in den engen Gassen" (STUDIOSUS Golf von Neapel).

Diese Beispiele (Narrative Muster 31) machen den Versuch der Autoren besonders deutlich, eine Vielfalt an Eindrücken und Erlebnissen darzustellen. Charakterisierungen wie ‚Neapel – Stadt der Gegensätze' erscheinen dem Leser als Versuch das ‚Wesen' einer Region (in diesem Fall einer Stadt) zu ergründen und zu beschreiben. Derartige Aussagen belegen erneut ein essentialistisches Verständnis von Landschaft, das an essentialistische geographische Landschaftsforschung erinnert (vgl. Kapitel 6.4.1.1). In der geographischen Landschaftsforschung essentialistischer und positivistischer Prägung wurde „im Anschluss an positivistische oder essentialistische Wissenschaftsverständnisse (bisweilen an beide) [...] die Ästhetik von Landschaft als eine ihr entweder innewohnende Eigenschaft (Essentialismus) und/oder als durch bestimmte Kriterien empirisch messbare Konstellation von Gegenständen (Positivismus) verstanden" (Kühne 2013: 146). Die essentialistische Sicht geht davon aus, Landschaft habe ein ‚Wesen', als dessen Ausdruck physische Objekte verstanden werden können (vgl. Kapitel 2.5.2; vgl. auch Kühne/Weber 2017). Anders als in den eben gezeigten Beispielen, kommen derartige Beschreibungen von Vielfalt oft ohne die Nennung der Begriffe Vielfalt, Kontrast, oder Gegensatz aus, wie in folgendem Beispiel:

Narrative Muster 32: Vielfalt und Gegensätze (2)

„[...] Das liegt ganz einfach daran, dass die einen das sprühende Buenos Aires meinen, das pralle Leben im Zentrum, die Parks, das Tangoviertel San Telmo und dessen turbulenten Straßenmarkt. Die anderen schwärmen von gestern, von dem unermesslichen kolonialen Erbe, dem Präsidentenpalast Casa Rosada, der Avenida de Mayo, dem Kongresspalast, der Catedral Metropolitana, der Biblioteca Nacional" (CHAMÄLEON Salta).

Bei der Beschreibung von Landschaften entsteht ein Eindruck von Vielfalt auch durch die Kontrastierung von Lieblichem und Erhabenem, wie sie besonders häufig in Beschreibungen der Berge aktualisiert wird (vgl. Kapitel 6.4.2.1) und von der Werbung aus der Landschaftsmalerei übernommen wurde (vgl. Kapitel 5.6.2).

### 6.4.1.4	Kulturelle Autoritäten als wahre Referenzebene für die Beurteilung von Landschaften

Werbetexte aktualisieren und verfestigen Deutungen von Landschaft, die durch Literatur und bildende Kunst geprägt wurden. Die hier untersuchten Texte berufen sich an mehreren Stellen unter namentlicher Nennung auf kulturelle Autoritäten, wie Schriftsteller, um mit deren Aussagen die Versprechen der Werbung zu belegen. Folgende Beispiele verdeutlichen die Vorgehensweise:

Narrative Muster 33: Kulturelle Institutionen als ‚wahre' Referenzebene

„‚Das Auf und Ab der Berge erinnert an gefrorene Wellen', schrieb Henry Volham Morton in sein Reisetagebuch, ‚und das Auge sucht, wie das eines Matrosen, die Verlassenheit ab, um Zeichen von Leben zu entdecken.' Der Dichter war beeindruckt von der unendlichen Weite, der grünen Landschaft und der Einsamkeit" (WIKINGER Schottlands schönster Trek – West Highland Way).

„Heute radeln Sie durch das fruchtbare Chianatal, von dem bereits Goethe in seiner Italienischen Reise schwärmte" (TERRANOVA Toskana und Umbrien Radreise).

„Schon Goethe besuchte im Jahre 1784 den Hanskühnenburgfelsen und genoss die herrliche Natur und den einmaligen Blick in die Täler des Harzumlandes" (WIKINGER Harzer Wanderspaß).

Die Beispiele sollen zeigen, wie die gesellschaftliche Landschaft in Form von kulturellen Autoritäten von den Reiseveranstaltern eingesetzt wird. Diese kulturellen Autoritäten funktionieren für den Werbediskurs als wahre Referenzebene, mit der die Schönheit einer Landschaft belegt werden kann. Daran lässt sich ablesen, dass die Kunst bzw. anerkannte kulturelle Autoritäten wirkmächtiger definieren können, was als schöne Landschaft zu betrachten ist, als dies die Reiseveranstalter selbst vermögen. Die Reiseveranstalter gehen von der Definitionsmacht der Kunst aus und beziehen sich daher implizit und auch explizit auf künstlerische Landschaftsbeschreibungen. Im Zuge der Modernisierung und der Entwicklung gesellschaftlicher Arbeitsteilung differenzierte sich die Gesellschaft in Teilsysteme aus, „die mit der Lösung spezifischer Probleme betraut sind" (Kühne 2013: 178) und die jeweils Definitionsmacht für die Gegenstände ihrer spezifischen Problembereiche beanspruchen. So entwickelten sich auch landschaftsbezogene Expertensysteme (z. B. Landschaftsplaner, Landschaftsarchitekten, Geographen etc.). Die Bezüge der Tourismuswerbung zeigen, dass nicht akademische Landschaftsexperten im Tourismusdiskurs die Deutungshoheit darüber haben, was als schöne Landschaft zu betrachten und zu bereisen wert ist, sondern die Kunst. Lediglich Künstlern wird von den Reiseveranstaltern die Kompetenz zugeschrieben, schöne Landschaft zu identifizieren, sie haben im Landschaftsdiskurs der Tourismuswerbung die Deutungsmacht über Landschaft. Festzuhalten ist in diesem Zusammenhang jedoch, dass sich der Landschaftsdiskurs der Tourismuswerbung nicht auf aktuelle Kunst bezieht, sondern auf die Kunst- und Literaturgeschichte.

6.4.1.5 *Zwischenfazit: Der Landschaftsbegriff in der Tourismuswerbung*

Mit dem Landschaftsbegriff wird in der Tourismuswerbung eine Unterscheidung von Natur und Kultur und damit ein enger Landschaftsbegriff aktualisiert. Die

Reiseveranstalter aktualisieren mit ihrer Verwendung von Landschaft gleichzeitig einen Diskurs um Natur und Kultur und verfestigen Grenzziehungen zwischen diesen beiden Konstrukten. Landschaft wird als natürlich und schön konstruiert. Diese Bedeutung wird hegemonial fixiert. Nicht-natürliches aber Schönes kann als Kulturlandschaft angesprochen werden. Die Notwendigkeit den Landschaftsbegriff zu erweitern, um nicht-natürliches fassen zu können, verdeutlicht die hegemoniale Verkettung von Landschaft mit Natürlichkeit. Die folgende Tabelle fasst die Bedeutungen von Landschaft in der Tourismuswerbung zusammen.

Bedeutungsebenen des Landschaftsbegriffs in der Tourismus-werbung. Landschaft als…	die Intensität der Graufärbung symbolisiert die Intensität der Bedeutung	
natürlich		
schön		
stereotype Zusammenschau von Objekten		
kleinräumiger visueller Eindruck		
Trennung von Stadt und Land		
Allegorie für das Paradies		
Kulturlandschaft		
Medium der Sozialkritik (vor allem Modernekritik)		
Ökosystem		
Heimat		
Begriff der räumlichen Zusammenschau von sozialen Normen und Gebräuchen (mittelalterliche Bedeutung des Landschaftsbegriffs)		
Begriff für eine politisch regionale Einheit (mittelalterliche Bedeutung des Landschaftsbegriffs)		
Altindustrielandschaft (postmodernes Verständnis von Landschaft)		

Tabelle 7: Bedeutungsebenen des Landschaftsbegriffs in der Tourismuswerbung.

Quelle: Inhalt und Darstellung verändert nach Kühne 2013: 53 und Hokema 2013: 279

Mit dem Landschaftsbegriff wird in der Regel ein kleinräumiger visueller Eindruck beschrieben, der Objekte in stereotyper Zusammenschau beinhaltet. Landschaft ist natürlich, schön und ländlich. Landschaft als Heimat spielt in den Reisebeschreibungen eine untergeordnete Rolle, vielmehr fungiert Landschaft als Allegorie für das Paradies und steht als solches der heimatlichen Normallandschaft gegenüber. Die Bedeutung von Landschaft als Ökosystem wird im Kontext tropischer Wälder aktualisiert, wenn von zahlreichen waldbewohnenden Tierarten die Rede ist und Begriffe wie ‚Artenvielfalt' benutzt werden (siehe Kapitel 6.4.2.2). In diesem Zusammenhang interessieren jedoch weniger ökologische Zusammenhänge. Stattdessen symbolisiert eine als vielfältig beschriebene Tier- und

Pflanzenwelt Vitalität und Wunder der Natur, die es zu entdecken und zu bestaunen aber weniger kognitiv zu verstehen gilt. Während gemäß einem postmodernen Verständnis von Landschaft auch Stadt, Brachflächen oder Altindustriegebiete als Landschaft angesprochen werden können, so geschieht dies im betrachteten Landschaftsdiskurs der Tourismuswerbung nicht. Landschaft wird hier stets als natürlich konstruiert und definiert damit auch, welche Dinge als natürlich gelten. Mit Landschaft äquivalent gesetzt werden beispielsweise ein Bach, eine Schlucht, ein Bergsee oder eine Abfolge dieser ‚Landschaftsmomente' während einer Wanderung oder Radtour. Das Erleben der Landschaft ist mit bestimmten Raumpraktiken verbunden. Städte und Kulturdenkmäler werden besichtigt, während Landschaft erwandert oder mit dem Fahrrad erfahren wird. Landwirtschaftliche Flächen werden ebenfalls mit Landschaft äquivalenziert und damit dem Bereich der Natur und der Natürlichkeit zugesprochen, während ‚Stadt' von Landschaft abgegrenzt wird. Mit der Aktualisierung des Gegensatzes von Natur und Kultur wird also auch eine Grenzziehung aktualisiert. Die Landschaftsbeschreibungen definieren, welche Dinge der Natur und welche der Kultur zugerechnet werden. Baudenkmäler, Dörfer und im Ausnahmefall auch Städte, können mit dem Konzept der Kulturlandschaft mit Landschaft äquivalent gesetzt werden. Kulturlandschaften werden als ursprünglich, sanft und hügelig beschrieben. Menschengemachte Attraktionen innerhalb solcher ‚Kulturlandschaften' werden in der Regel authentisch, traditionell und ursprünglich genannt, wenn sie mit Landschaft verkettet sind. Damit werden die Themen Authentizität, Tradition und Ursprünglichkeit mit Landschaft verknüpft und Landschaft kann aufgrund dieser Verknüpfung als Medium einer Modernekritik verstanden werden. Diese Dimension des Landschaftsbegriffs bleibt aber weitgehend implizit. Städte können dagegen auch als modern und als lebendige Metropolen beschrieben werden, dann werden sie jedoch nicht mit Landschaft äquivalent gesetzt, sondern Landschaft gegenübergestellt und bilden den Ausgangspunkt einer antagonistischen Äquivalenzkette.

6.4.2 Landschaftliche Stereotype in der Tourismuswerbung

Die Analyse des Begriffs Landschaft weist darauf hin, dass es bestimmte stereotype Vorstellungen von Landschaft, Naturlandschaft und Kulturlandschaft gibt, die von den Reiseveranstaltern zitiert und dadurch verfestigt werden. Auch von den einzelnen Landschaftsmomenten innerhalb der Reisebeschreibungen existieren stereotype Vorstellungen. Unabhängig davon, ob diese in den Texten als Landschaft gefasst werden oder nicht, werden sie im Folgenden als landschaftliche Stereotype analysiert. Landschaftliche Stereotype bestehen immer aus einer

Abgrenzung und einem Inhalt, so können Bäche von Wäldern und Stränden unterschieden werden. Von allen diesen Kategorien oder Landschaftsmomenten existiert eine stereotype Idealvorstellung, die mehr oder weniger konkret sein kann und die durch die Reisebeschreibungen in einer bestimmten Ausprägung aktualisiert wird. An dieser Stelle sei nochmals auf Theodor Fontane und Georg Forster verwiesen, die sich darin einig waren, wie ein Bach idealerweise auszusehen habe (vgl. Kapitel 5.3). Die Reisebeschreibungen werden bevölkert von stereotypen Bergen, Wäldern, Dörfern und Einheimischen. Diese sollen nun genauer betrachtet werden. Die Analyse der reisebeschreibenden Texte wird dafür mit einer diskurstheoretisch orientierten Bildanalyse verschnitten, um die wichtigsten landschaftlichen Stereotype der Tourismuswerbung herauszuarbeiten. Dazu werden die Bilder, die ebenfalls Teil jeder Reisebeschreibung sind, nach wiederkehrenden Regelmäßigkeiten untersucht und mit den Texten in Beziehung gesetzt.

6.4.2.1   Berge

In den Beschreibungen von Bergen und Gebirge findet sich häufig eine Kontrastierung von Lieblichem und Erhabenem. Liebliche oder idyllische Wälder und Wiesen kontrastieren an der Erhabenheit der ‚Dreitausender‘, der ‚wolkenverhangenen Gipfel‘ oder der ‚rauschenden Wasserfälle‘ (Narrative Muster 34).

Narrative Muster 34: Kontrast von Lieblichem und Erhabenem

„Eine spektakuläre Gebirgsszenerie mit einsamen, schwarzen Lochs, weiten Hochmooren, wolkenverhangenen Gipfeln und herausfordernden Bergpfaden. Das aber ist nur die raue Seite einer vielfältigen Wirklichkeit. Das andere Gesicht präsentiert sich eher lieblich mit großen, idyllischen Seen, saftigen Schafweiden, unendlichen Sandstränden und gurgelnden Bächen, über die sich öfter als man denkt, ein tiefblauer Himmel wölbt" (WIKINGER Schottland, wo es am schönsten ist).

„So besticht der Nationalpark der Hautes-Pyrénées durch vergletschertes Hochgebirge, jäh abstürzende Felswände und rauschende Wasserfälle, formvollendet im berühmten Felsenkessel Cirque de Gavarnie. Hier stürzt mit 422 Metern Fallhöhe der zweithöchste Wasserfall Europas, die Grande Cascade, in die Tiefe. Die Pyrénées Orientales sind zwar fast genauso hoch, jedoch sind sie runder, lieblicher und bezaubern durch malerische Fluss- und Seenlandschaften, aus denen sich die bis 3.000 m hohen Gipfel erheben" (WIKINGER Französische Pyrenäen – von lieblich bis alpin).

„Alles, was man gemeinhin mit der Landschaft und Bergwelt Tirols verbindet und das Herz so sehr begehrt, findet man in dem steil eingeschnittenen Tal des Ruetzbaches südlich von Innsbruck. Idyllische Wälder und Wiesen im weit ausladenden Talgrund, sanfte Anhöhen und sonnige Almen unter den Dreitausendern, rauschende Wasserfälle und klare Bergseen" (WIKINGER Klassische Bilderbuchlandschaft in Tirol).

Diese Kontrastierung von Lieblichem und Erhabenen findet sich in der Bildsprache ebenso, wie in den Texten (vgl. Abbildung 3). Eine Kombination von Lieblichem und Erhabenem macht das klassische Motiv des Pittoresken aus (Kühne 2013: 141). Die Bilder zeigen den beschriebenen Kontrast von schneebedeckten oder felsigen Gipfeln im Hintergrund und Wiesen oder Wäldern und Dörfern im Vordergrund. Sowohl Text- als auch Bildkompositionen sind stark stereotypisiert. Der Bildaufbau der Werbefotos entspricht Vorbildern aus der Malerei, ebenso wie sprachliche Motive aus der Literatur kopiert werden. Die beiden Bilder (Abbildung 3) können jeweils als Modernekritik betrachtet werden. Die fotographische Darstellung einer lieblichen Wald- und Wiesenlandschaft mit erhabenen Bergen im Hintergrund blendet in beiden Fällen alles Moderne bewusst aus. Für die Rezipienten beider Bilder stellen diese eine Gegenwelt dar, denn auch die Rezipienten von Lugardons Gemälde kannten bereits Industrialisierung und moderne technische Entwicklungen. Lugardon selbst erlebte in Paris die Umgestaltung der Stadt durch Haussmann (vgl. Kapitel 5.6.2).

Abbildung 3: Identischer Bildaufbau in Malerei und Werbung.

Quelle: Links Copyright Wikinger Reisen/TVB Stubai Tirol, rechts Schweizerisches Institut für Kunstwissenschaft 2010. Copyright: Koller Auktionen, Zürich.

Auch in der Darstellung asiatischer Berglandschaften wird der Kontrast zwischen Lieblichem und Erhabenem aktualisiert, Almen werden hier durch ‚malerische Reisterassen' oder ‚grüne Bergwiesen' (Narrative Muster 35) ersetzt und die Rolle der „idyllischen Wälder" (WIKINGER Klassische Bilderbuchlandschaft in Tirol) übernehmen „märchenhafte, subtropische Bergwälder" (WIKINGER Annapurna). „Schwarze Zelte umherziehender Nomaden" (STUDIOSUS Iran – die historische Route), oder „das kleine Bergdorf Munduk" (CHAMÄLEON Borobudur; Narrative Muster 38) stehen für traditionelle Lebensweise im Einklang mit der Natur und ersetzen somit die traditionellen Bergdörfer, die im Kontext europäischer Berglandschaften beschrieben werden. In Bild und Text werden Berghütten mit Gemütlichkeit und Beisammensein verknüpft und durchbrechen damit den Modus des *romantic gaze*, der ansonsten die Darstellungen der Berge beherrscht und sich darin äußert, dass Menschen nicht dargestellt werden (mit Ausnahme der Darstellung einsamer Naturaneignung, wie bei Caspar David Friedrich).

Narrative Muster 35: Kontrast von Lieblichem und Erhabenem in asiatischen Destinationen

„Ein langer, aber abwechslungsreicher Fahrtag liegt vor uns: grüne Bergwiesen vor schneebedeckten Viertausendern und – wenn wir Glück haben – die schwarzen Zelte umherziehender Nomaden am Wegrand" (STUDIOSUS Iran – die historische Route).

„Wir tauchen ein in die exotische Welt von Hinduismus und Buddhismus und in die faszinierende Bergwelt des Annapurna-Massivs. Auf alten Karawanenwegen durchwandern wir malerische Reisterrassen und märchenhafte, subtropische Bergwälder – immer vor der majestätischen Kulisse ehrwürdiger Sieben- und Achttausender" (WIKINGER Annapurna).

Während also der Kontrast von Lieblichem und Erhabenem die Darstellungen von Berglandschaften in europäischen, wie auch in asiatischen Destinationen bestimmt, fehlt das Motiv des Lieblichen in den Darstellungen amerikanischer Berglandschaften. Die Bergwelt Nord- und Südamerikas wird vorwiegend als wild und erhaben beschrieben. Gerade bei der Beschreibung Nordamerikanischer Bergwelt, wie etwa der Rocky Mountains, werden Wildwesternstereotype aktualisiert, die sich so auch in der amerikanischen romantischen Malerei, etwa Albert Bierstadts finden. Da die Wildnis im 19. Jahrhundert in Nordamerika immer weiter zurückgedrängt wurde, suchte Bierstadt die unberührte Natur in den Rocky Mountains. „Gegen die inzwischen allerorten unübersehbare Industrialisierung formulierte Bierstadt in seinen monumentalen Bergszenerien [...] die romantische Selbstdeutung Amerikas als ‚Nature's Nation'" (Büttner 2006: 286).

Narrative Muster 36: In der Beschreibung amerikanischer Berglandschaften fehlt das Liebliche

„Rocky Mountains – klingt das nicht nach dem Ruf der Wildnis? Nach unberührten Berglandschaften und grenzenlosem Wanderspaß? Wo sich die verschneiten Schneegipfel im Moraine Lake spiegeln und der Grizzly nach wilden Lachsen jagt" (WIKINGER Auf Panoramapfaden durch die Rocky Mountains).

„Die Landschaft der südlichen Anden ist mit ihrer immensen Weite und Wildheit ein Eldorado für Naturliebhaber. Wir passieren einige der eindrucksvollsten Gebirgsformationen der Erde wie die Felsnadeln der Fitz-Roy-Region und die imposanten Felstürme Torres del Paine" (WIKINGER Patagonien Aktiv).

„Dieses facettenreiche Fleckchen Erde lässt Naturliebhaberherzen höherschlagen: Vom höhenbedingten Páramo über dichten Urwalddschungel bis zu den Eisgipfeln, von Kolibris über Tukane und Affen bis zu den Kondoren. All das möchten wir hautnah und vor allem aktiv erleben und freuen uns auf traumhafte Panoramen schneebedeckter Berggiganten, königsblauer Kraterseen und den primären Regenwald des Amazonas mit seiner einmaligen Geräuschkulisse und Tiervielfalt" (WIKINGER Andengipfel und Amazonasgeflüster).

Unabhängig von ihrer Deutung als Lieblich oder Erhaben, werden Berglandschaften verbunden mit der Beschreibung von Aussichten. Entweder blickt man auf Berge, dann ist die Rede von schroffen oder schneebedeckten Berggipfeln oder der Blick geht vom Berg hinunter, dann ist von spektakulärer Szenerie oder spektakulärem Panorama die Rede. Dies entspricht der romantischen Begeisterung für Ausblicke, wie sie zum Beispiel durch Caspar David Friedrich oder Adalbert Stifter geprägt wurde (vgl. Kapitel 5.7).

Narrative Muster 37: Ausblick von oben

„Uns bietet sich eine spektakuläre Szenerie mit dem Loch Maree, seinen kleinen Inseln und dahinter aufragenden Felsbastionen inmitten unberührter Wildnis. Dazu der Blick von oben über die schroffen und kargen Bergspitzen des Ben Eighe – einmalig" (WIKINGER Schottland wo es am schönsten ist).

„[…] - der Klassiker der Rocky Mountains: Das Bild dieses wunderschönen und blau-türkis leuchtenden Bergsees ziert viele Kanada-Reisekataloge und -magazine. Von seinem Ufer steigen wir auf zum Sentinel Pass, einem weiteren Panorama-Klassiker Westkanadas: Von der Passhöhe öffnet sich vor uns ein spektakuläres Panorama in das "Valley of Ten Peaks", eine grandiose Aussicht!" (WIKINGER Auf Panoramapfaden durch die Rocky Mountains).

Berggipfel und Bergdörfer sind als stereotype Landschaftsmomente Teil der meisten Beschreibungen von Berglandschaft, wobei Bergdörfer zur Dimension des Lieblichen gehören und in den Beschreibungen amerikanischer Berglandschaften ebenso fehlen, wie andere liebliche Landschaftsmomente. Berggipfel symbolisieren stets Erhabenheit und werden meist als schroff oder schneebedeckt und mitunter wolkenverhangen beschrieben.

Narrative Muster 38: Gipfel und Bergdörfer – Landschaftsmomente, die häufig mit Berglandschaft äquivalenziert werden

„Wolken umhüllen immer wieder den Gipfel und verleihen dem Berg eine geheimnisvolle Aura" (STUDIOSUS Costa Rica Vulkane und Nebelwälder).

„[…] und das kleine Bergdorf Munduk enttäuscht Ihre Erwartungen nicht. Wir nehmen Platz, wo das ursprüngliche Bali zu Hause ist" (CHAMÄLEON Borobudur).

Weitgehend unabhängig von ihrer geographischen Lage werden Gebirgslandschaften meist ähnlich beschrieben. Die Zuordnung eines Raums zur Kategorie ‚Gebirge' führt also zu einer stereotypen Beschreibung unter Verwendung von Landschaftsmomenten, die typischerweise mit dem Thema Gebirgslandschaft verknüpft werden. Stets werden wiederkehrende Momente für die Konstruktion von Berglandschaft herangezogen. Mit Gebirgen werden schroffe Felsen, klare Bäche und klare Bergseen äquivalenziert, in denen sich die umliegenden Berggipfel spiegeln. Mit Bergen werden außerdem Wiesen und Wälder, Täler und ursprüngliche Bergdörfer verknüpft, außer in Nord- und Südamerika. Diese Landschaftsmomente haben ihrerseits stereotype Form. Insgesamt stellen die Reisebeschreibungen die Berge, wie auch Landschaft im Allgemeinen, im Modus des *romantic gaze* dar. Die Darstellung von Menschen außer dem Besucher findet in der Regel nicht statt, die Vorstellung der Anwesenheit anderer Touristen wird marginalisiert. Die Werbung aktualisiert in ihren Reisebeschreibungen also die grundlegende Tourismuskritik Enzensbergers, wonach der Tourist mit seiner Anwesenheit das zerstört, was er sucht (Enzensberger 2006 [1958]: 190). Ausnahmen bilden hier die Darstellung von als traditionell dargestellten Bergbewohnern und die Darstellung von Berghütten, die mit Geselligkeit und Gemütlichkeit äquivalenziert werden und die ansonsten vorherrschende Einsamkeit der Naturaneignung durchbrechen. Die Beschreibung von Einsamkeit in der Bergwelt der schottischen Highlands (Narrative Muster 39) verdeutlicht, was bei Urry mit *romantic gaze* gemeint ist.

Narrative Muster 39: *Romantic gaze*

„Der Dichter war beeindruckt von der unendlichen Weite, der grünen Landschaft und der Einsamkeit. Keine schottische Szenerie hat das Image Schottlands so stark geprägt wie die Highlands. Durch die sanfte, aber auch raue Bergwelt zieht sich der West Highland Way, der bekannteste schottische Fernwanderweg" (WIKINGER Schottlands schönster Trek: West Highland Way).

Der Ausschnitt thematisiert Weite und Einsamkeit der schottischen Highlands. Er enthält einen Widerspruch in Form des Hinweises auf den bekanntesten schottischen Fernwanderweg, dies scheint aber nicht weiter zu stören[7]. Der Text verspricht zwar auch nicht explizit Einsamkeit, sondern bezieht sich auf das Werk eines Dichters mit der Interpretation, dieser sei von der grünen Landschaft und der Einsamkeit beeindruckt gewesen. Damit suggeriert der Text jedoch, es sei auf dieser Reise einsame Naturaneignung möglich. Neben den bereits behandelten Bezügen von Berglandschaft (Kontrast Lieblich/Erhaben, *romantic gaze*, Ausblick von Oben, Bedeutung von Stereotypen), sind Berge in besonderer Weise mit der Raumpraxis des Wanderns verbunden, wie folgendes Zitat beispielhaft ausdrückt:

Narrative Muster 40: Wandern und die Aneignung des Erhabenen

„Wir umrunden Seen, steigen auf hohe Pässe und Aussichtsberge, um das zu bestaunen, was die majestätische Schönheit der Rocky Mountains ausmacht: Ein grandioses Naturschauspiel aus Gletschern, Bergen und Seen, das den Atem raubt" (WIKINGER Auf Panoramapfaden durch die Rocky Mountains).

Das Wandern wird als die Raumpraxis positioniert, die eine Bewunderung des Erhabenen am besten ermögliche. Darüber hinaus verdeutlicht dieses Zitat die Bedeutungszuschreibung zum Erhabenen: Im Modus des Erhabenen werden

---

7   In der Tat verbringt man auf dem *West Highland Way* in der Sommersaison, in der die Touren angeboten werden, kaum eine Stunde, ohne andere Wanderer zu treffen.

Berge als majestätisch, grandios, zum Staunen anregend beschrieben. Der liebliche Anteil, der den Beschreibungen amerikanischer Berge meist fehlt, bezeichnet Berge als idyllisch, bezaubernd, sonnig, sanft und malerisch. In beiden Fällen wird eine starke, emotionalisierende Aufladung dessen vorgenommen, was als Berglandschaft konstruiert wird. Dem Leser wird versprochen, dass er staunen wird, weil er Faszinierendes, Majestätisches und Großartiges erleben wird. Er wird also am Erhabenen kuriert von seinen Alltagssorgen. Andererseits verspricht die bezaubernde, sanfte, malerische Lieblichkeit das Erleben von absolutem Frieden und Ruhe auf der Reise. Landschaftsbeschreibungen und in diesem Fall Beschreibungen der Berge werden stark emotional aufgeladen, um Versprechungen über zu erreichende Gemütszustände zum Kunden zu transportieren.

6.4.2.2   Wald

Wälder kommen in Reisebeschreibungen für europäische Destinationen am häufigsten in Form der Beschreibung einer meist hügeligen Wald- und Wiesenlandschaft vor. Sie bilden in dieser Form zum Beispiel gemeinsam mit Wiesen in den Bergen den lieblichen Kontrast zur Erhabenheit der Gipfelregionen.

Narrative Muster 41: Idyllischer Wald in Europa

„Den idyllischen Wald- und Wiesenhügeln des Westufers stehen im Osten die bis fast 2.000 m aufragenden Felsburgen des Höllengebirges gegenüber" (WIKINGER Tiefblau und Grün – Seen und Berge im Salzkammergut).

„Das Salzkammergut: eine idyllische Wald-, Wiesen- und Seenlandschaft inmitten einer herrlichen Gebirgsszenerie mit gastfreundlichen Bewohnern, uralten Traditionen und ursprünglicher Natur. Die klaren Seen, wie glitzernde Perlen in einer eindrucksvollen Bergwelt eingefasst [...]" (WIKINGER Österreichs glitzernde Seenwelt).

„Die Ausläufer des Apennins nördlich von Montecatini Terme sind eine waldreiche, stark gegliederte Hügellandschaft, auf deren Bergkuppen mittelalterliche Dörfer thronen" (WIKINGER Toskana – zu den Klassikern des Nordens).

Die Darstellung von Wald in Reisebeschreibungen für Fernreisedestinationen vermittelt meist eine andere Deutung des Waldes. Auf Fernreisen thematisieren Waldbeschreibungen häufig Regenwald, der dann als dicht oder undurchdringlich beschrieben und auch als Urwald und Dschungel bezeichnet wird (Narrative Muster 42 und 44).

Narrative Muster 42: Tropischer Wald

„Im Khao Sok-Nationalpark, dem letzten großen Urwald des Südens, folgen wir dem Ruf der Gibbons bis tief in den Dschungel hinein. Zum krönenden Abschluss besteigen wir den mit dichtem Urwald überzogenen Schlangenkopfberg und genießen unvergessliche Blicke auf die umliegende Küsten- und Gebirgslandschaft" (WIKINGER Dschungelwanderungen und Traumstrände des Südens).

„Auf und ab geht es über grüne Hügel, durch dichten Regenwald, vorbei an kleinen Dörfern und Obstplantagen" (STUDIOSUS Indonesien).

Die Beschreibungen vom Wald der temperierten Zonen und tropischem Regenwald unterscheiden sich auch hinsichtlich der thematisierten Motive. In Beschreibungen europäischer oder generell außertropischer Wälder wird eine Vielzahl verschiedener ‚Waldtypen' aktualisiert, z. B. kommen bei STUDIOSUS Buchenwälder, Pinienwälder, Zypressenwälder, Steineichenwälder, Eichenwälder, Rhododendronwälder, Kastanienwälder und weitere ‚Waldtypen' in den Reisebeschreibungen vor. Diese werden mit verschiedenen Adjektiven beschrieben, Wälder sind dann z. B. alt, dicht, dunkelgrün, riesig oder duftend (Narrative Muster 43).

Narrative Muster 43: Außertropische Wälder sind grün und bestehen aus Bäumen

„Szenenwechsel: In den Eichenwäldern von San Vivaldo beginnt unsere Wanderung" (STUDIOSUS Toskana – Städte und Landschaften).

„Am Chilkat River entlang, durch dunkelgrüne Wälder" (STUDIOSUS Alaska).

„Alte Laubwälder wechseln ab mit steppenartigen Hochebenen" (WIKINGER Weites Land, tiefe Schluchten: Auvergne und Cevennen).

„Das Landschaftsbild ist geprägt von mittelalterlichen Dörfern, riesigen Kastanienwäldern, wilden Schluchten, lieblichen Tälern, malerischen Wiesen und Wildbächen" (WIKINGER Toskana – zu den Klassikern des Nordens).

„Freuen Sie sich auf duftende Strandwälder und weiche Dünen: Das ist die Kurische Nehrung (UNESCO-Welterbe)" (STUDIOSUS Kurische Nehrung).

Wälder werden in diesen Beschreibungen (Narrative Muster 43) vor allem aus Bäumen bestehend konstruiert. Bäume und Baumarten werden beschrieben und entlang der vermeintlich vorherrschenden Baumart werden Bezeichnungen wie ‚Kastanienwald' oder ‚Eichenwald' vergeben. Diese Vorgehensweise bei der Beschreibung von Wald(-landschaft) ist einem länder- und landschaftskundlichem Geographieverständnis entlehnt, aus dem heraus Kriterien zur Kategorisierung von Räumen entwickelt wurden, um dann Räume gemäß diesen Kriterien unterscheiden und charakterisieren zu können (Burckhardt 2011: 258-259). Oft werden Wald oder Wälder als grün, dunkelgrün oder sattgrün beschrieben. Dies gilt für alle Typen von Waldbeschreibungen und für alle vier Reiseveranstalter gleichermaßen. Häufig sind auch Hinweise auf den Duft von Wäldern, also eine olfaktorische Aneignungsform. Bei Regenwäldern dagegen wird das Motiv ‚Biodiversität' aktualisiert. Während zur Beschreibung außertropischer Wälder nur Bäume herangezogen werden, werden tropische Wälder explizit nicht nur aus Bäumen bestehend konstruiert, sondern auch Tiere – vor allem als bunt oder exotisch beschriebene Tiere – werden in die Konstruktion von Regenwald einbezogen. Folgendes Beispiel verdeutlicht diese Vorgehensweise:

Narrative Muster 44: Biodiversität als Motiv in Beschreibungen tropischer Wälder

„Grün sind die großen Regenwaldgebiete nur äußerlich. Innen regiert ein buntes Durcheinander. Epiphyten sagt der Botaniker dazu. Pflanzen, die auf anderen Pflanzen wachsen. Kraut und Rüben. Zur Freude der Tierwelt, wovon allein 13 Primatenarten den Kibale-Nationalpark unsicher machen. Und wer seine Verwandten besuchen möchte, geht mit auf ein optionales Schimpansentrekking. Rotschwanz-Meerkatzen, Mantelaffen, Rote Stummelaffen und Waldelefanten sind sozusagen der Beifang. Nur Brüllaffen gibt's keine, dafür die A-cappella-Arien von 325 registrierten Vogelarten in der paradiesischen Sumpflandschaft des Bigodi Wetland Reserve" (CHAMÄLEON Gorilla).

„Der Regenwald ist randvoll. Na klar, mit Wald, aber wer ein bisschen genauer hinsieht, entdeckt das Leben im Wasser, in den Sümpfen, in den Bäumen und Lüften. Schon am Abend des Vortages haben wir auf nächtlicher Bootstour die leuchtenden Augen der Kaimane verfolgt, heute zeigt sich die Gesellschaft der oberen Ränge: Affen, Leguane, Faultiere und so manche Vogelart, die Sie noch nicht kannten" (CHAMÄLEON Amazonas).

Das Landschaftsmoment ‚Wald' wird in den Texten häufig aktualisiert, kommt aber als deutlich identifizierbares Hauptmotiv in den Bildern der Reiseveranstalter selten vor. Textpassagen, die tropische Wälder beschreiben, werden häufig von Bildern begleitet, die regenwaldbewohnende Tiere zeigen. Das Motiv der Artenvielfalt wird also auf den Bildern ebenfalls aktualisiert. Wälder werden von der Werbung jedoch weniger eindeutig mit Bedeutung belegt und mit Gefühlsversprechungen verknüpft, als dies bei Bergen der Fall ist. Wälder können im Kontext einer Berglandschaft Idylle symbolisieren und den Kontrast zum Erhabenen von Fels und Gipfel bilden. Wälder können in Form des alten, dichten Waldes auch etwas Geheimnisvolles verkörpern, besonders diese Deutungsmöglichkeit bleibt jedoch in den Beschreibungen implizit. Die Texte formulieren kaum vorgefertigte Deutungen und Gefühlskonventionen, während zum Beispiel im Kontext der Berge häufig von ‚staunen' die Rede ist. Grundsätzlich ist der Wald in Deutschland positiv belegt, wobei sich in einer langen Geschichte kultureller Waldbezüge verschiedene Bedeutungsebenen überlagern (vgl. Urmersbach 2009), die teilweise in den Werbetexten anklingen. Der Sieg der Germanen über die Römer in der Varusschlacht wurde in der Romantik als Ursprungsmythos der Germanen inszeniert, in dem eine Verbindung der Deutschen mit ‚ihrem Wald' konstruiert wurde. Diese Konstruktion leitet sich vor allem aus römischen Quellen ab, die über die Varusschlacht informieren (Urmersbach 2009: 18-21) und resultiert aus der römischen Außenperspektive, welche die Germanen als unzivilisierte Waldbewohner beschrieb und eine Einheit dieses Volkes mit seinem Wald postulierte. Diese Verbindung der Deutschen mit dem Wald fand in der Romantik großen Anklang und wurde häufig aktualisiert (Urmersbach 2009: 23). Besonders in der Romantik wurden stereotype Vorstellungen vom Wald geprägt, die bis heute – zum Beispiel in der Tourismuswerbung – wirksam sind. Der Landschaftsdiskurs der Tourismuswerbung weist auf eine grundsätzlich positive und wertschätzende Einstellung zum Wald hin. Dies zeigt sich an der Ausprägung differenzierter Waldbeschreibungen und an deren häufiger Aktualisierung, wenn auch meist nicht als Hauptmotiv.

Zusammenfassen lassen sich die Waldbezüge der Tourismuswerbung folgendermaßen: Während Wälder im europäischen und außertropischen Kontext vor allem aus Bäumen bestehend konstruiert werden und Baumarten für die Beschreibung des Waldes herangezogen werden, ziehen Beschreibungen tropischer Regenwälder eine als bunt und exotisch beschriebene Tierwelt zur Beschreibung des Waldes heran. Tropischer Wald wird auf Bildern durch exotische Tiere repräsentiert, die auch in den Texten mit tropischem Wald äquivalenziert werden. Baumarten werden im Kontext des tropischen Regenwaldes eher nicht genannt. Die Beschreibung dampfender, artenreicher Regenwälder thematisiert Vitalität und beschreibt die Wälder als ‚unfassbar' bunte und faszinierende Welt, die an der Alltagswelt deutscher Städte kontrastiert. Insekten als Überträger von Tropenkrankheiten finden im Kontext der Artenvielfalt in diesen Beschreibungen tropischer Wälder erwartungsgemäß keinen Platz.

6.4.2.3   Strand

Die vier untersuchten Reiseanbieter sind ihrem Selbstverständnis nach keine Anbieter von Badeurlaub. Die Firma WIKINGER REISEN trifft in ihrem Nachhaltigkeitsbericht die Aussage: „Die Wikinger-Kunden grenzen sich bewusst von der klassischen Badereise ab und zeigen ein gesteigertes Interesse an Land und Leuten" (WIKINGER Nachhaltigkeitsbericht 2015: 23). Ein Mitarbeiter von WIKINGER benutzt den Begriff ‚Warmwassertourismus', um ein Marktsegment zu beschreiben, dem WIKINGER sich selbst nicht zurechnet. Das Gleiche gilt auch für die anderen drei Veranstalter. Im Programm der vier Veranstalter finden sich sogenannte Strandtage meist als Option an ansonsten freien Reisetagen, die zur freien Verfügung der Reisegäste gedacht sind. Ausnahmen bilden Destinationen, deren gesellschaftslandschaftliches Bild stark durch Strände geprägt ist, wie beispielsweise Südthailand. Abgesehen von solchen Destinationen haben die Themen Strand und Baden in den Reisebeschreibungen eine niedrige Präsenz und die Beschreibung des typischen tropischen Paradiesstrandes mit klarem Wasser, weißem Sand und einer schräg wachsenden Palme findet sich selten. Dennoch werden Strände, dort wo sie vorkommen, diesem Stereotyp weitgehend entsprechend beschrieben. Strände sind in den Beschreibungen aller Reiseveranstalter häufig endlos lang oder zumindest lang (Narrative Muster 45).

Narrative Muster 45: Einsame Strände

„Und auch die Erholung kommt nicht zu kurz – am endlosen weißen Strand von Kovalam" (WIKINGER Exotik Südindien – Tempel, Tee und Natur pur).

„Oder wie wäre es mit einem Spaziergang an diesem naturbelassenen und kilometerlangen Strand?" (STUDIOSUS Zypern – Natur und Kultur aktiv erleben).

Strände werden im Modus des *romantic gaze* beschrieben, was dazu führt, dass andere Menschen von den Strand-Darstellungen ausgeschlossen werden. Häufig wird die Möglichkeit zu Strandspaziergängen genannt, nur einmal in 219 Reisebeschreibungen ist von einer Strandbar die Rede. Während Strand in anderen Kontexten mit sozialen Aktivitäten verbunden sein kann, steht Strand im untersuchten Werbematerial für Ruhe und Erholung. Strandklischees werden in den

Texten aber aus den genannten Gründen nicht vertieft, denn Strand steht nicht im Fokus dieser Art von Reisen.

6.4.2.4 Dörfer und Städte

Die lexikometrische Frequenzanalyse des Lexems *Stadt-* ergab mit über 1000 Nennungen eine sehr häufige Verwendung dieser Raumkategorie in den Reisebeschreibungen. Eine qualitative Analyse der Verwendung des Wortes ‚Stadt‘ zeigt, dass die häufige Verwendung sich aus einer sprachlichen Besonderheit der Reisebeschreibungen ergibt: Ortsnamen werden bei allen Veranstaltern meist mit einer dazugehörigen Charakterisierung des genannten Ortes verbunden. Die Reisebeschreibung lautet also beispielsweise nicht: ‚Hyères ist sehenswert‘, sondern „sehenswert ist auch die mittelalterliche Alt*stadt* von Hyères, die <u>Stadt</u> der 7.000 Palmen [Hervorh. E. A.]“ (WIKINGER Wandern und Baden auf der Halbinsel Giens). Ortsnamen werden in den Reisebeschreibungen häufig genannt und meist unter Verwendung der Begriffe ‚Stadt‘, ‚Dorf‘ oder ‚Ort‘ eingeordnet. Somit wird der Text für Kunden anschlussfähig gemacht, denen der jeweilige Ortsname unbekannt ist. Unabhängig von der Nennung der Ortsnamen werden Dörfer meist als märchenhaft, zauberhaft, traditionell und entweder lebendig oder verschlafen beschrieben. Damit ist eine Zuordnung nach dem Schema *romantic/collective gaze* nicht immer eindeutig. Städte werden dagegen eindeutig dem Schema des *collective gaze* zugeordnet und entsprechend als ‚lebendig‘ beschrieben.

Narrative Muster 46: Dörfer und Städte

Dörfer:

„Platanenbeschattete Dorfplätze, enge Gassen mit Häuserfassaden wie gemalt, kleine Geschäfte mit Lavendel, Thymian, Rosmarin und einfallsreichen Accessoires. Lassen Sie sich davon verzaubern“ (WIKINGER Wanderwoche in der Provence).

„In den tief eingeschnittenen Schluchten und Tälern faszinieren kleine, malerische Dörfer. Vom Massentourismus bisher verschont, nur wenig besiedelt und von einer großartigen Natur begünstigt, ist das grüne Herz Frankreichs der perfekte Ort für Erholung von Körper und Seele“ (WIKINGER Weites Land, tiefe Schluchten: Auvergne und Cevennen).

„Unweit von Ronda beginnt die dramatische Bergwelt der Sierra Grazalema, in der früher Bandoleros ihr Unwesen trieben. Die Route führt zu Bilderbuchdörfern und bietet herrliche Abfahrten!" (TERRANOVA Andalusien Radreise).

„Nachmittags wandern wir hinter Burgos über die sanft gewellte Hochebene durch Dörfer, in denen die Zeit stehen geblieben zu sein scheint" (STUDIOSUS Spanien auf dem Jakobsweg).

„Auf dem Gelände der Farm, auf der wir heute übernachten, besuchen wir ein Buschmanndorf. Zwischen traditionellen Strohhütten sprechen wir mit einigen der Ureinwohner und erfahren auf einem Spaziergang durch den Busch mehr über das Leben dieses bedrohten Volkes, dem durch die moderne Entwicklung Lebensraum und althergebrachte Lebensweise genommen werden" (STUDIOSUS Namibia Botswana Wunder der Natur).

Städte:

„Eine Stadt als Opernkulisse: Don Giovanni und der Barbier von Sevilla streiften durch die Gassen, und wo heute studiert wird, rollte Carmen einst Zigarren. Bitterorangen verströmen ihren Duft, Bars gibt es so viele wie Hotelzimmer an der Sonnenküste, und selbst die Priester sind zufrieden: Religiöse Inbrunst hat zumindest einmal im Jahr, in der Woche vor Ostern, Saison. Sevilla, die kapriziöse Schöne!" (STUDIOSUS Andalusien Höhepunkte).

„Immer mit Sicht auf den Bodden geht es heute in die Bernsteinstadt Ribnitz-Damgarten. Neben dem Deutschen Bernsteinmuseum (fakultativ) lohnt sich ein Besuch der Stadt mit ihren vielen historisch erhaltenen Häusern" (WIKINGER Fischland-Darß-Zingst: weite Strände und malerische Dörfer).

„Rundgang auf der ‚Goldenen Meile' der Stadt: Besichtigung von barocken Palazzos und der Nationalgalerie mit weltberühmten Gemälden von Rubens und van Dyck. Zum Mittagessen Verkostung von traditionellen Gerichten und lokalen Leckereien im quirligen Markt von Carmine" (TERRANOVA Genua und ligurische Riviera).

Hegemonial wird bei der Beschreibung von Dörfern die Verkettung von Dörfern mit Tradition und Authentizität. Marginalisiert wird alles, was an Dörfern nicht als traditionell gilt. Landschaftsbeschreibungen werden also zum Medium von Sozialkritik, die sich in diesem Fall durch Idealisierung des Traditionellen als

Modernekritik darstellt. Städte werden dagegen, den Anforderungen des *collective gaze* entsprechend, regelmäßig als lebendig und als pulsierende Metropolen beschrieben. Von Interesse sind in der Regel Altstädte, die mit Kulturdenkmälern und Highlights der Architekturgeschichte, mit engen oder verwinkelten Gassen, interessanten Geschäften und Gastronomie äquivalenziert werden. J.B. Jackson bringt die touristische Wertschätzung für Altstädte folgendermaßen auf den Punkt: „In every town we dutifully visited the cathedral, the art gallery, the castle, the picturesque medieval quarter. [...] The newer parts of town were ignored, whenever possible; they contained no *Sehenswürdigkeiten* – objects deserving to be seen" (Jackson 1980: 8). Jackson nahm zwar an, eine neue Generation von Touristen habe sich von dem von ihm als ‚orthodox' bezeichneten touristischen Verhalten – der Verehrung alles Alten und Traditionellen – distanziert (Jackson 1980: 8). Eine derartige, von Jackson vermutete Veränderung des touristischen Interesses, lässt sich durch die vorliegende Untersuchung jedoch nicht bestätigen. Vielmehr erscheint seine oben zitierte Charakterisierung touristischen Verhaltens passend zur Beschreibung von Städten und Dörfern durch die Reiseveranstalter, die in den untersuchten Texten ebenfalls auf historische Altstädte fokussiert sind und modernes meist ausblenden, wenn es nicht dem postulierten ‚Charakter' einer Stadt entspricht.

6.4.2.5 Die Einheimischen

Bei der Beschreibung der Einheimischen wird das Moment der Typizität aktualisiert. Dabei wird eine Verkettung von Einheimischen mit ihrer Lebensumgebung hegemonial. Die Einheimischen verkörpern demnach immer das, für was ihre Lebensumgebung steht. Dorfbewohner werden, entsprechend der Beschreibung von Dörfern, als traditionell dargestellt, während Stadtbewohner als Teil des Charakters ihrer Stadt und diesem entsprechend dargestellt werden. Die ‚Aneignung der Einheimischen' wird als authentische Begegnung beschrieben. Hierbei wird eine Verknüpfung von Einheimischen und Gastfreundschaft hegemonial. Marginal wird dagegen der Aspekt einer geschäftsmäßigen Beziehung, die eine solche Begegnung immer ist, da die ‚Einheimischen' stets für ihre Zeit oder ihre Dienstleistungen vom Reiseveranstalter bezahlt werden. Besonders auf Fernreisen in Länder mit niedrigerem wirtschaftlichem Entwicklungsstand ist eine Begegnung zwischen westlichen Touristen und Einheimischen auch eine Begegnung von reicheren und ärmeren Menschen (Rolfes 2015: 40). Von den Reiseveranstaltern werden solche Begegnungen jedoch nicht als Begegnung mit der Armut, sondern als authentische Begegnung mit einer anderen Kultur gerahmt, deren Lebensweise häufig romantisiert und idealisiert dargestellt wird (vgl. Gröning/Herlyn 1990: 14).

Narrative Muster 47: Die Einheimischen

„Am Nachmittag können wir uns im Gespräch mit einem Wiener Kaffeehausbesitzer vom besonderen Charme der Stadt und ihrer Bewohner überzeugen" (STUDIOSUS Citylights Wien).

„Es ist aber nicht nur die Natur, die die Reise zum Erlebnis macht. Vielmehr sind es die Begegnungen und die Gastfreundlichkeit der Bauern, bei denen wir zu Gast sind und die uns einen Einblick in ihr hartes Bergleben gewähren" (WIKINGER Das verborgene Naturjuwel des Balkans).

„In diesem Dorf – mit der zweitältesten Kirche Namibias – begegnen wir vor allem Angehörigen des Volkes der Nama, und im Gespräch erfahren wir einiges über Lebensweise und Perspektiven dieses Volkes. Haben Sie Fragen? Nur zu!" (STUDIOSUS Namibia).

„An gestrandete Schiffe erinnern die Dachfirste der Batak-Häuser – tolle Kulisse für die alten Tänze, die uns die Dorfbewohner zeigen! Ob sie den Zauberstab, den wir im Museum sehen, noch ab und zu benutzen?" (STUDIOSUS Indonesien).

6.4.2.6   Essen

Bei der Beschreibung des Essens wird, wie bei der Beschreibung der Einheimischen, das Moment der Typizität aktualisiert. Im Falle des Essens wird eine Verkettung von Essen und Landschaft oder allgemeiner, dem Reiseziel, hegemonial. Das Essen symbolisiert dabei das Reiseziel: Rotwein und Baguette sind Symbole für Frankreich, ebenso wie Weißbier und Brezen als Symbole für Bayern und teilweise auch für ganz Deutschland funktionieren – je nach diskursiver Konstruktion des Reiseziels im Herkunftskontext der Touristen. Der Herkunftskontext prägt einen jeweils spezifischen gesellschaftslandschaftlichen Erwartungshorizont, denn „mit der Zunahme sozialer Distanz nehmen persönliche Wahrnehmungen ab und werden durch allgemeine Typisierungen ersetzt" (Kühne 2013: 22 in Bezug auf Berger/Luckmann 1966). Unabhängig vom Reiseland wird das

Essen meist als sehr gut, gesund und aus lokalen Spezialitäten zubereitet beschrieben, wobei häufig auch Kuriositäten thematisiert werden, wie im folgenden Beispiel:

Narrative Muster 48: Essen

„Und da ist das Gehöft Bjarnarhöfn, wo seit Generationen fermentierter Hai hergestellt wird. Mehr Mutprobe als Leckerbissen. Aber eine Spezialität, und nur im Verhältnis 1:3 mit dem isländischen Schnaps Brennivín zu ertragen. Falls das reicht" (CHAMÄLEON Vestfirdir).

„Sehen Sie genau hin, wie das ugandische Nationalgericht Matoke zubereitet wird. Kochbananen heißen die bei uns, aber in Afrika schmeckt ohnehin alles anders" (CHAMÄLEON Gorilla).

6.4.2.7   *Wandern und Radfahren*

Wanderbeschreibungen sind ebenso wie Beschreibungen von Radtouren im Wesentlichen Landschaftsbeschreibungen. Wandern und Radfahren werden als Aneignungsform von Landschaft beschrieben. Als sinngebend für die jeweilige Raumpraxis wird damit implizit die Aneignung von Landschaft positioniert, wie die folgenden Textbeispiele zeigen:

Narrative Muster 49: Raumpraxis und Landschaft

„Wir wandern durch Glens, Wälder und Hochmoore" (WIKINGER Schottlands schönster Trek – West Highland Way).

„Großartige Gebirgspanoramen und Ausblicke auf Rannoch Moor sind landschaftliche Höhepunkte unserer Wanderung" (WIKINGER Schottlands schönster Trek – West Highland Way).

„Wir durchwandern die malerische Schlucht des Traouiero, steigen auf zur alten Kirche von la Clarté und haben nun beim Abstieg zum Hafen von Perros-Guirec herrliche Ausblicke auf die dramatische Küstenlandschaft. Auf dem Zöllnerpfad wandern wir durch einmalige Granitformationen direkt entlang der Küste zurück zum Hotel" (WIKINGER Traumküsten der Bretagne).

„Am Nachmittag radeln Sie durch ein grünes Tal entlang von Zitronengärten und Olivenhainen im Naturpark Alcantara" (TERRANOVA Radreise Ostsizilien).

„Sie radeln durch eine herrliche Wald- und Gebirgslandschaft mit dramatischen Ausblicken auf die Sierra. Ein kleines Sträßchen führt uns bis zum maurischen Stadtviertel Albaycín" (TERRANOVA Andalusien Radreise).

Wander- oder Radwege werden in diesen Beschreibungen nicht explizit beschrieben, aber die Beschreibungen vermitteln den Eindruck, der Wanderer oder Radfahrer könne sich vom Weg aus, während seiner Ausübung der jeweiligen Raumpraktik an der Landschaft bzw. der Abfolge sich abwechselnder Landschaften erfreuen. Die Vorstellung der Wege, auf denen man als Reisender die beschriebenen Landschaften durchquert, bleibt der Phantasie des Lesers überlassen. Marginalisiert wird Alltägliches, das in fast allen Destinationen auch entlang des Weges zu sehen ist, wie etwa Autobahnen, größere Straßen oder Bahntrassen, die zu queren sind, Stromleitungen, Windräder, Fabriken oder Neubaugebiete. Diese Dinge werden nicht als Teil von Landschaft gesehen (vgl. Kühne 2006: 151-152). Wanderbeschreibungen werden außerdem benutzt, um die Schwierigkeiten der Wanderungen zu vermitteln. In diesem Kontext finden sich häufiger Beschreibungen der Wegbeschaffenheit. Auch hierbei spielt Landschaft eine Rolle, da Schwierigkeiten aus der Beschaffenheit des anzueignenden Raumes entstehen (Narrative Muster 50).

Narrative Muster 50: Vermittlung von Schwierigkeiten

„Über die sogenannte Teufelstreppe gelangen wir auf den höchsten Punkt unserer heutigen Wanderung (ca. 550 m)" (WIKINGER Schottlands schönster Trek - West Highland Way).

„Wir unternehmen 5 Wanderungen von 4 bis 7 Stunden Gehzeit. Die zu bewältigenden Höhenunterschiede liegen zwischen 300 m und 1.000 m und erfordern neben einer guten Kondition auch Trittsicherheit und eine gewisse Schwindelfreiheit. Aufgrund der günstigen Lage können wir von unserem Standort aus das im Hinterland gelegene typisch mallorquinische Städtchen Sóller besuchen und die rundum spektakuläre Bergwelt der Naturlandschaft Sierra de Tramuntana genießen" (WIKINGER Gipfelglück rund um Puerto Soller).

„Für Gipfelstürmer steht heute der höchste Berg Großbritanniens, der Ben Nevis, auf dem Programm! Ein Taxi bringt uns zum Einstieg. Von dort erwarten uns 1.344 anstrengende Höhenmeter auf einem relativ einfachen Wanderweg (Stiefelkategorie 3, GZ: 7 Std., 12 km, +/- 1.344 m). Nach der Gipfeltour bringt uns ein Taxi zurück zum Hotel" (WIKINGER Schottlands schönster Trek - West Highland Way).

Schwierigkeiten, wie etwa ein langer Anstieg, werden nüchtern und sachlich dargestellt und durch Gehzeiten und Höhenmeterangaben vergleichbar gemacht. WIKINGER verwendet ein eigenes System (Stiefelkategorie), um die Schwierigkeit von Wanderungen vergleichbar zu machen und den Reisegästen eine Einordnung der Schwierigkeiten des Reiseverlaufs zu ermöglichen.

6.4.2.8 Das Paradiesmotiv: Eine hegemoniale Verkettung von Reisezielen mit märchenhaften Wundern, Begeisterung und Staunen

„Tourismuswerbung und Reiseführer sind die einzigen Medien, die uns noch vom Paradies auf Erden verkünden", schreibt Amirou (2012: 115; Übers. E. A.). Diese Einschätzung kann durch die Diskursanalyse dieser Arbeit bestätigt werden und es kann hinzugefügt werden: Das Paradies, vom dem die Reiseveranstalter verkünden, wird durch Landschaft vermittelt. Die Landschaft des Reiseziels wird als paradiesisch beschrieben und gleichzeitig als Bewahrerin von alten Wundern, die sich nur vor Ort dem Reisenden offenbaren (Narrative Muster 51).

Narrative Muster 51: Wunderbare Erlebnisse

„Wir umrunden Seen, steigen auf hohe Pässe und Aussichtsberge, um das zu bestaunen, was die majestätische Schönheit der Rocky Mountains ausmacht: Ein grandioses Naturschauspiel aus Gletschern, Bergen und Seen, das den Atem raubt" (WIKINGER Auf Panoramapfaden durch die Rocky Mountains).

„Sie werden um Ihre Fassung ringen. Sie werden Paläste betreten, die eine Fata Morgana sein müssen. Sie werden Erzählungen lauschen, die ins Reich blühender Fantasien gehören. Sie werden dem Königstiger ins Auge sehen oder in Luxus gepackt im Dünenzelt träumen. Beim Gongschlag am Allerheiligsten werden Sie frieren vor Ehrfurcht, und zum gerechten Ausgleich an den vorgewärmten Palmenstränden von Goa Platz nehmen" (CHAMÄLEON Indien).

„Hand aufs Herz: Was wissen Sie von Äthiopien? Wenn Sie jetzt lange nachdenken müssen, wäre das erst recht ein Grund, weiterzulesen und schon bei der Hälfte nicht mehr zu wissen, ob Sie das alles glauben sollen. Äthiopien, das ist ein Land voller Wunder, die man im Gegensatz zu herkömmlichen Wundern sehen, begehen, anfassen und fühlen kann. Ob Sie sie auch begreifen werden, steht auf einem anderen Blatt" (CHAMÄLEON Äthiopien).

Besonders das letzte Zitat aus der Reisebeschreibung zur ‚Wunderweltenreise Äthiopien' des Anbieters CHAMÄLEON macht den Anspruch der werbenden Landschaftsbeschreibungen deutlich. Die Deutung Äthiopiens als wunderbares Reiseland wird einer medialen Darstellung gegenübergestellt, die eher Dürrekatastrophen, Armut und Hunger mit dem Land verknüpft. Da es sich beim untersuchten Material um Werbung handelt, ist eine positive Darstellung der Reiseziele selbstverständlich, denn Werbung soll nicht informieren, sondern zum Kauf anregen (Schäfer 2015: 83). Landschaft nimmt eine prominente Position in der Tourismuswerbung ein und die Darstellungen der Reiseziele werden vor allem durch Landschaftsbeschreibungen vermittelt. Somit ist auch Landschaft Gegenstand der Verkaufsabsicht und wird entsprechend positiv beschrieben. Die positive Darstellung von Landschaft ist an vielen Stellen der untersuchten Werbetexte bis zu Paradiesvergleichen gesteigert. Reiseziele und Sehenswürdigkeiten werden mit Wundern, Staunen und Paradies verknüpft. Es entsteht eine hegemoniale Verkettung von fremden Ländern mit wunderbaren Sehenswürdigkeiten. Marginal werden dabei Verkettungen, die fremde Länder mit Gefahr, Armut, Kriminalität und Krankheiten in Verbindung bringen.

6.4.2.9 *Marginalisierungen und diskursive Abgrenzungen*

6.4.2.9.1 *Gefahr und Armut als marginalisierte Themen*

In der wunderbaren Welt der Tourismuswerbung haben die Themen Armut, Gefahr, Krise, Kriminalität, Krankheit und Verschmutzung keinen Platz. Während diese Themen in der Tourismuswerbung marginalisiert werden, sind sie in anderen Diskursen hegemonial, beispielsweise in den Nachrichten, oder den Reisewarnungen des Auswärtigen Amtes. Diese Diskurse bedrohen potentiell den Tourismusdiskurs. Berichterstattung über Epidemien oder politische Konflikte kann als Dislokation wirken und die Glaubwürdigkeit der Deutungsmuster des Tourismusdiskurses mindestens zeitweise zerstören. Auch ohne derartige Dislokationen ist der Tourismusdiskurs ständig durch konkurrierende Deutungen der Fremde bedroht. Die Reiseveranstalter bemühen sich daher, positive stereotype Vorstellungen zu aktualisieren (vgl. Lippmann 2016: 36), wie etwa die Exotik des Orients oder die unvorstellbare Vielfalt und Vitalität tropischer Regenwälder, ein Motiv, das auch in Naturschutzdiskursen aktualisiert wird. Das Thema Gefahr durch Krankheiten oder Gewalt wird von allen Veranstaltern vollkommen marginalisiert. Das Lexem *krank-* kommt in allen 219 Reisebeschreibungen nur drei Mal vor und zwar in allen drei Fällen im Kontext von Heilung. In einem Fall wird die Besichtigung von Mineralquellen beschrieben, die Darmkrankheiten und Nervenkrankheiten heilen (WIKINGER Aktiv im wilden Kaukasus), im anderen Fall wird eine Regenwaldführung beschrieben, auf der die Teilnehmer lernen, welche Pflanzen Krankheiten heilen (CHAMÄLEON Amazonas). Das Thema Armut wird teilweise aufgegriffen und zu entproblematisieren versucht (Narrative Muster 52).

Narrative Muster 52: Unterschiedlicher Umgang mit dem Thema Armut

„Das Ziel dieser Reise ist der Glanz des Orients. Sie führt weit weg vom Vorurteil, Indien sei das Land der Armut. Im ländlichen Rajasthan mit seinen Burgen und Residenzen gibt es keine Slums, aber uralte Traditionen. Dort hat sich die Welt der Rajas eindrucksvoll bewahrt" (TERRANOVA Silvester in Rajasthan: Neujahrsgala beim Maharaja).

„Dieser unermessliche Reichtum, der sich wie ein goldener Faden durch Ihre Reise zieht, ist nicht bei allen angekommen. Es wird noch eine Weile dauern, bis die Chancen gleich verteilt sind. So lange wird die Chamäleon Stiftung dazu beitragen, Not zu lindern und Perspektiven zu geben. Helfen Sie uns, fördern Sie das Lächeln, heute Morgen in der Sanshil Foundation for Welfare, die Frauen ohne Hoffnung auf gesellschaftliche Anerkennung in Form alter Nähmaschinen das Grundkapital zum Überleben schenkt" (CHAMÄLEON Thar).

Während TERRANOVA das Thema Armut in der Reisebeschreibung einfach negiert, zeigt CHAMÄLEON einen offensiveren Umgang mit dem Thema. Das Thema Armut wird für die Gefühlswelt der Reisenden mit der Behauptung positiv gewendet, Tourismus und insbesondere die firmeneigene Stiftung helfe den bereisten Ländern. Somit dürfen sich die Touristen als Entwicklungshelfer fühlen.

Unter dem Begriff ‚Slum-Tourismus' wurde Armut in den vergangenen Jahren zum Beispiel in südafrikanischen und südamerikanischen Städten zur Sehenswürdigkeit erklärt. Slum-Tourismus wird in Medien und Wissenschaft unter ethischen Gesichtspunkten problematisiert (vgl. Dürr 2013 in *Spiegel Online*, Frenzel/Koens/Steinbrink 2012) und in der medialen Berichterstattung oft als ‚geschmacklos' abgelehnt (vgl. *Stern* 2016, Dürr 2013 in *Spiegel Online*). Geschmack bzw. schlechter Geschmack oder Geschmacklosigkeit wird im Diskurs um Slum-Tourismus als ethische Kategorie gebraucht, wobei der Vorwurf der Geschmacklosigkeit ein unangemessenes Verhalten bezeichnet (Illing 2006: 14). Aus marketing-strategischer Perspektive müssen sich die Reiseveranstalter davor schützen, Geschmacklosigkeit vorgeworfen zu bekommen (zum Geschmacksbegriff und seiner ethischen und ästhetischen Dimension siehe Illing 2006: 14). Die

Kontroverse um die ethische Vertretbarkeit von Armutstourismus umgehen die untersuchten Reiseveranstalter, indem sie Attraktionen und Destinationen, die potentiell mit Armut in Verbindung gebracht werden, nie als Begegnung mit Armut, sondern immer als authentische Begegnung mit einer unverfälschten Kultur rahmen. Wie gezeigt wurde, wird Armut in der Regel diskursiv marginalisiert und nur dort thematisiert, wo die Reiseveranstalter eine Dominanz des Themas ‚Armut' in der gesellschaftslandschaftlichen Vorstellung antizipieren und dies entkräften oder positiv wenden wollen.

6.4.2.9.2 *Abgrenzung vom Massentourismus*

Alle vier Reiseveranstalter aktualisieren in ihren Werbetexten das Thema Massentourismus. Dies ist als Reaktion auf verbreitete Motive der Tourismuskritik zu verstehen. Diese Tourismuskritik wird aufgegriffen, indem man die eigenen Angebote vom Massentourismus abgrenzt. Das Motiv der Abgrenzung vom Massentourismus hat eine hohe Präsenz in den untersuchten Reisebeschreibungen (Narrative Muster 53).

Narrative Muster 53: Abgrenzung vom Massentourismus

„[...] Touristen sind hier selten. Schnell kommen wir in Kontakt mit der Landbevölkerung und erfahren, wie das Leben abseits der großen Städte und Touristenzentren funktioniert" (STUDIOSUS Sri Lanka).

„Menschenmassen an vollen Stränden? Es geht auch anders; in Sant'Angelo Muxaro erproben die Einheimischen alternative Formen des Tourismus: Pierfilippo wandert mit uns durch Oliven- und Mandelhaine in sein Dorf. Wir sprechen mit ihm über das Leben im Hinterland. Im Ort lernen wir Marias Bäckerei lieben und schnuppern noch rein in Olgas Käserei. Das ist Dorferkundung mit Vorfreude, denn mit all diesen hausgemachten Leckereien verwöhnen uns anschließend unsere Gastgeber bei einem Imbiss" (STUDIOSUS Sizilien).

„Gerade der offizielle Bodenseeradweg leidet unter Scharen von Touristen. Terranova nutzt jedoch meist Wald- und Wiesenwege. Hier kann eine Schar Enten oder ein Reh zum Verkehrsteilnehmer werden" (TERRANOVA Bodensee).

„Die 11-Tage-Reise führt zu zwei der berühmtesten Reservate Afrikas an den Ufern des Sambesi und Luangwa-Stromes in Sambia. Dort erleben Sie mit ausgewählten Spottern und Safariguides eine intakte, grüne Natur und eine von Zivilisation und Tourismus noch unbeeinflusste Tierwelt" (TERRANOVA Sambia Privatreise).

„Dieser Park erfüllt die Wünsche aller Tier- und Naturfreunde, die abseits vom Massentourismus eine äußerst artenreiche Flora und Fauna erleben wollen. Gäste berichten von weltentrückenden Tierbeobachtungen. Das Landschaftsbild wird bestimmt durch die ins Hochland eingeschnittenen Flusstäler von Ruaha und Jongomero. Üppiges Wald- und Buschland bedeckt große Teile des Parks. In den Flüssen leben Flusspferde und Krokodile. Große Bestände von mächtigen Affenbrotbäumen (Baobabs) geben der Landschaft einen besonderen Reiz" (TERRANOVA Südliches Tansania).

Die Reiseveranstalter versuchen nicht, die Kritik am Massentourismus zu entkräften, indem sie Massentourismus positiv darstellen. Stattdessen aktualisieren sie die Kritik am Massentourismus und machen sich somit selbst zu Kritikern des Massentourismus. Auf diese Weise machen sie sich die Kritik zu eigen und stellen die Behauptung auf, selbst nicht zu den Kritisierten zu gehören. So wird das Bild vermittelt, auch als Gast dieser Unternehmen sei man kein normaler Tourist und nicht Teil des sogenannten Massentourismus, sondern könne sich mit Recht selbst von ‚den Touristen' abgrenzen. Distinktion ist also Teil des Produktes, das die untersuchten Reiseveranstalter anbieten.

6.4.2.9.3 Gefahr, Armut und Massentourismus: Das konstitutive Außen des touristischen Landschaftsdiskurses

Die beiden marginalisierten Themenkomplexe, der Nachrichtendiskurs mit Negativmeldungen über Unsicherheitsfaktoren und Armut einerseits und andererseits die verschiedenen Spielarten der Tourismuskritik, bilden das konstitutive Außen des touristischen Landschaftsdiskurses. Ohne den Hintergrund dieser Diskurse wären viele Aussagen der Tourismuswerbung sinnlos und nicht verständlich. Der Umgang mit diesen beiden Diskursen ist jedoch unterschiedlich. Dem Unsicherheitsfaktoren-Diskurs aus den Nachrichten wird das Paradiesmotiv entgegengehalten. Dieses Paradiesmotiv wird vor allem durch Landschaftsbeschreibungen vermittelt. Je nachdem, welche positiven gesellschaftslandschaftlichen Stereotype bei der Vermarktung eines Produktes als anschlussfähig erscheinen, werden diese durch die Werbung aktualisiert. Landschaften werden dabei grundsätzlich als absolut problemfrei konstruiert. Sie werden entkoppelt von der Alltagswelt eines Reiselandes, die weitgehend marginalisiert wird. Eine Verknüpfung von Landschaft mit Natürlichkeit, Intaktheit, Erhabenheit und Lieblichkeit wird hegemonial. Einheimische werden mit Gastfreundschaft verbunden und darüber hinaus werden Landschaftsmomente als Wunder bezeichnet, die man selbst vor Ort erlebt haben müsse und deren Beschreibung oder Andeutung also die Neugierde und Reiselust wecken soll. Die Inhalte des Unsicherheitsfaktoren-Diskurses werden nicht aktualisiert, sondern ihnen wird ein paradiesischer Gegenentwurf entgegengestellt. Die Inhalte des Tourismuskritik-Diskurses werden im Werbediskurs an zahlreichen Stellen aktualisiert, indem das eigene Angebot vom Massentourismus abgegrenzt wird, sich die Veranstalter also die Standpunkte der Tourismuskritik zu eigen machen und damit behaupten, von dieser nicht gemeint zu sein. Überall, wo besondere Erlebnisse und authentische Begegnungen versprochen werden, wird darüber hinaus die Tourismuskritik implizit aktualisiert, da in solchen Aussagen der Standpunkt ausgedrückt wird, es gäbe im Tourismus auch normale, nicht-besondere Erlebnisse und unauthentische Begegnungen.

6.4.3   Weitere Werbeaktivitäten

Neben den Reisebeschreibungen betreiben die Veranstalter mit unterschiedlicher Intensität weitere Werbeaktivitäten, um Aufmerksamkeit für die eigene Marke und die eigenen Produkte zu generieren. Diese Aktivitäten umfassen das Betreiben von Facebook-Fanseiten, Präsentationen auf Messen, Organisieren von Pressereisen, Werbeplakaten, Anzeigen und sonstigen Werbeaktionen. All diese Aktivitäten sollen die Aufmerksamkeit der Kunden auf die Produkte lenken, die mittels der analysierten Reisebeschreibungen dargestellt werden. Reisebeschreibungen bilden die Basis der Werbung der Reiseveranstalter. Alle weiteren Aktivitäten zielen darauf, potentielle Konsumenten an diese Produktbeschreibungen heranzuführen. Reisebeschreibungen haben sich für die Analyse von Landschaftskonstruktionen als besonders geeignet erwiesen, da sie einen umfangreichen Textkorpus bilden, der es erlaubt, viele Texte und Bilder in Beziehung zueinander zu setzen und somit sich wiederholende Muster bei der Verwendung von Landschaft zu analysieren.

Im Folgenden sollen nicht die Werbeaktivitäten der Reiseveranstalter umfassend dargestellt werden und es sollen auch nicht aufs neue die verwendeten Landschaftskonstruktionen detailliert analysiert werden, da die gleichen Konstruktionen Verwendung finden, die anhand der Reisebeschreibungen herausgearbeitet werden konnten. Das Ziel besteht an dieser Stelle darin, anhand einer Werbekampagne von WIKINGER Reisen zu zeigen, wie Werbeaktivitäten die Aufmerksamkeit potentieller Kunden auf die Reisebeschreibungen lenken sollen.

Außerdem soll anhand von zwei Facebook-Posts gezeigt werden, wie die Werbung Verbindungen zu anderen Medien herstellt, denn dies stellt eine weitere Ausprägung des Anknüpfens der Werbung an die Dimension der gesellschaftlichen Landschaft dar. Im Herbst 2015 startete WIKINGER die Kampagne ‚INS BESONDERE' mit Plakaten und einem Film-Clip, der online verbreitet und als Kinowerbung gezeigt wurde. Diese Kampagne zeigt beispielhaft, wie Werbeaktionen die Aufmerksamkeit potentieller Kunden zu den Reisebeschreibungen führen sollen. Videos und Plakate der Kampagne verweisen auf eine sogenannte Landingpage. Dort werden nach einem einleitenden Text ausgewählte Reisebeschreibungen gezeigt (vgl. Narrative Muster 54). Der Inhalt der Landingpage besteht lediglich aus dem genannten Film-Clip, einer kurzen Einführung zur Firma WIKINGER Reisen und aus ausgewählten Reisebeschreibungen (Narrative Muster 54). Hier zeigt sich deutlich, wie die gesamte Kampagne darauf zielt, Aufmerksamkeit für Reisebeschreibungen zu generieren. Landschaft ist dabei ebenso präsent, wie in den untersuchten Reisebeschreibungen.

Narrative Muster 54: Ausschnitt aus dem textlichen Inhalt der Landingpage für die Kampagne INS BESONDERE des Reiseveranstalters WIKINGER Reisen

„Der Aktivreiseveranstalter Wikinger Reisen nimmt Dich mit auf eine Reise durch die spannendsten und landschaftlich schönsten Fleckchen dieser Erde. Der Zauber fremder Kulturen, die Begegnungen mit Einheimischen und die spektakulären Naturschauspiele von grandiosen Wüsten bis hin zu üppig-grünen Landschaften werden Dich in den Bann ziehen. Komm mit – lass den Alltag hinter Dir und begib Dich auf Deine persönliche Reise ins Besondere.

Unsere Reisetipps für dich abseits der Touristenpfade - Wandere durch das echte Teneriffa:
Die größte Insel der Kanaren wird Dich mit einer großen Vielfalt an Landschaften überraschen. Im eigenen Tempo, ausgestattet mit detaillierten Karten und Wegbeschreibungen, Gepäcktransport und vorgebuchten Unterkünften durchquerst Du die Insel von Süd nach Nord. Die Mondlandschaft im Nationalpark Teide, das liebliche Orotava-Tal, das grüne Anaga-Gebirge aber auch die historische Altstadt von La Laguna stehen auf dem abwechslungsreichen Reiseprogramm. Unbedingt probieren: Papas arugadas con mojo – die Runzelkartoffeln mit einer Salzkruste werden mit einem grünen und roten Dip serviert und sind einfach typisch für die Kanaren" (WIKINGER INS BESONDERE).

Eine Analyse der Facebook-Fanseiten der Reiseveranstalter zeigt eine weitere Form der Bezugnahme auf gesellschaftliche Landschaft. Während die Reisebeschreibungen vorhandene gesellschaftslandschaftliche Vorstellungen nutzen, versucht WIKINGER sich auch dort zu positionieren, wo gesellschaftslandschaftliche Vorstellungen erzeugt oder popularisiert werden. WIKINGER antizipiert die Produktion gesellschaftslandschaftlicher Vorstellungen durch Kinofilme und versucht präsent zu sein, wenn Filme attraktive Landschaft vermitteln oder das Thema Wandern darstellen. In einem Facebook-Post vom 23.02.2016 (WIKINGER Facebook-Fanseite) kündigt WIKINGER den Kinostart des Films *Der geilste Tag* an und verweist auf ein Gewinnspiel, bei dem Teilnehmer eine Reise zu den Drehorten dieses Films in Südafrika gewinnen können. In einem anderen Facebook-Post vom 23.12.2015 (WIKINGER Facebook-Fanseite) verweist WIKINGER auf den Kinostart des Filmes *Ich bin dann mal weg*, einer Verfilmung des gleichnamigen Buches von Hape Kerkeling, das von dessen Pilgerreise auf dem Jakobsweg erzählt. Während der erste Facebook-Post auf einen Filmstart und eine damit verbundene Werbeaktion von WIKINGER verweist, deutet im zweiten Post über den Filmstart von *Ich bin dann mal weg* nichts auf eine Werbeaktion von WIKINGER hin, es handelt sich lediglich um eine Filmempfehlung. Interessant ist diese Empfehlung vor dem Hintergrund des oben (Kapitel 3.4.2.1) beschriebenen ‚Kerkeling-Effekts', der den Anstieg der Anzahl deutscher Pilger auf dem Jakobsweg nach Erscheinen des Buches *Ich bin dann mal weg* bezeichnet. Als Veranstalter von Wanderreisen antizipiert WIKINGER die Wirkung medialer Darstellungen des Wanderns und versucht von einer, womöglich durch den Film ausgelösten, Wiederholung des ‚Kerkeling-Effektes' zu profitieren. Hier wird also versucht, zur Verbreitung von gesellschaftslandschaftlichen Vorstellungen beizutragen, die dem Unternehmensziel zuträglich sind, wenn auch nur im kleinen Rahmen eines Facebook-Posts. Während Reisebeschreibungen Bezug auf existierende gesellschaftslandschaftliche Stereotypen nehmen, um Anschlussfähigkeit bei ihren Rezipienten zu erzeugen, versuchen Werbeaktionen dagegen das Angebot der Firma WIKINGER dort zu positionieren, wo durch andere Medien passende gesellschaftslandschaftliche Vorstellungen geprägt werden, um bei den Rezipienten im Idealfall eine Verknüpfung zwischen ausgelöstem Reisewunsch (etwa durch einen Film) und passendem Angebot (WIKINGER-Reise) zu erstellen.

6.4.4 Zwischenfazit: Landschaft in der Tourismuswerbung

Im Folgenden werden die wichtigsten Ergebnisse der diskursanalytischen Untersuchung zusammengefasst:

1. In der quantitativen Analyse konnte eine hohe Präsenz des Landschaftsbegriffs in der Werbung der untersuchten Reiseveranstalter nachgewiesen werden. Die qualitative Analyse von Äquivalenzketten ermöglichte im nächsten Schritt eine eindeutige Identifizierung von Landschaftsbeschreibungen anhand der mit Landschaft äquivalenzierten Momente. So kann die Präsenz von Landschaftsbeschreibungen beurteilt werden. Diese machen einen Großteil der untersuchten Reisebeschreibungen aus. Landschaftsbeschreibungen haben also eine hohe Bedeutung in der Bewerbung von Pauschalreisen der hier untersuchten Reiseveranstalter.

2. Der Landschaftsbegriff wird in den Werbetexten positiv belegt, eine Verknüpfung des Landschaftsbegriffs mit den Attributen ‚Natürlichkeit' und ‚Schönheit' wird häufig aktualisiert und hegemonial verankert. Landschaft wird mit Natur äquivalenziert und an zahlreichen Stellen explizit Kultur gegenübergestellt. Die Reisebeschreibungen aktualisieren also einen engen Landschaftsbegriff, wie er z. B. von Hokema 2013 herausgearbeitet wurde (vgl. Kapitel 2.5.1 und 2.5.3) und verfestigen unter Verwendung dieses Landschaftsbegriffes die Dichotomie von Kultur und Natur. Der Begriff Kulturlandschaft wird verwendet, um als ‚Kultur' konstruierte Objekte menschlichen Schaffens in Landschaft zu integrieren. Kultur wird unter anderem mit Stadt, Architektur und Museen äquivalenziert und damit als Knotenpunkt einer antagonistischen Äquivalenzkette Landschaft gegenübergestellt.

3. Landschaft wird essentialistisch beschrieben. An vielen Stellen ist von Essenz oder Charakter von Landschaften die Rede. Diese essentialistische Sicht auf Landschaft wird außerdem aktualisiert, wenn Landschaft mit weiteren Momenten verknüpft wird, zum Beispiel mit den Themen ‚Essen' und ‚Einheimische'. Essen und Einheimische werden als typisch beschrieben, sie stehen also mit der postulierten Essenz oder dem ‚Charakter' der Landschaft in Verbindung. Typisches Essen und typische Getränke symbolisieren auf diese Weise die bereiste Destination.

4. Die Beschreibung von Aneignungsformen wie Wandern und Radfahren werden eng mit Landschaft verknüpft. Diese Verknüpfung von Wandern und Landschaft wurde wissenschaftlich z. B. von Bollnow (1997) behandelt (vgl. Kapitel 2.5.5) und zuvor von zahlreichen Künstlern konstruiert und diskursiv verfestigt, wie in dieser Arbeit (vgl. Kapitel 5.8) gezeigt wurde. Beschreibungen von Wanderungen oder Radtouren sind im Wesentlichen Landschaftsbeschreibungen. Über die Aneignungsform werden auch Wege zum wichtigen Bestandteil von Landschaft.

5. Die beschriebenen Landschaftsmomente haben stereotype Form und symbolisieren damit ebenfalls das Reiseziel. Berge, Dörfer, Strände, Essen und Einheimische werden stereotypen Mustern entsprechend beschrieben. Am Beispiel

der Beschreibungen von Berglandschaften zeigt sich besonders deutlich, wie Gefühlskonventionen aktualisiert werden, indem häufig von ‚staunen' die Rede ist. Derartige Gefühlskonventionen sind im Falle des Erhabenen der Berge hegemonial verankert. Andere Landschaftsmomente werden ebenfalls in stereotyper Form beschrieben, aber ohne dass eine Gefühlskonvention ebenso explizit genannt und dominant verankert ist, wie das Staunen angesichts des Erhabenen.

6. Mit Hilfe der genannten Landschaftsstereotype und der hegemonial verankerten positiven Konnotation des Wortes Landschaft werden Reiseziele als wunderbare Orte beschrieben. Das Weltbild, das die Reiseveranstalter vermitteln, besteht aus Wundern, Paradies und gastfreundlichen Einheimischen und ist im Wesentlichen durch Landschaftsbeschreibungen vermittelt. Die Beschreibung der Welt als wundervoll, faszinierend und absolut bereisenswert hat ihr konstitutives Außen im Nachrichtendiskurs, der aus seiner eigenen Systemlogik heraus auf Probleme fokussiert ist. Negative Nachrichten können jederzeit die marginalisierten Themen Armut, politische Unsicherheit, Kriminalität oder Krankheit in den Vordergrund rücken und damit die Glaubwürdigkeit des Werbediskurses zerstören. Ein weiteres konstitutives Außen hat der Werbediskurs in Form der Tourismuskritik. Während die Themen des Nachrichtendiskurses meist nicht im Werbediskurs aktualisiert werden, wird die Tourismuskritik in Form einer aktiven Abgrenzung vom Massentourismus aktualisiert. Dabei machen die Reiseveranstalter sich die Kritik am Massentourismus zu Eigen und behaupten dadurch, von dieser nicht gemeint zu sein.

7. Die Diskursanalyse zeigt in Verbindung mit der Darstellung der gesellschaftlichen Landschaft, wie sich der Werbediskurs auf kulturelle Vorbilder bezieht. Die Deutungen, die zu touristischen Landschaftsstereotypen geworden sind, wurden nicht von der Tourismuswerbung hervorgebracht. Überhaupt bringt die Tourismuswerbung keine innovativen Deutungen von Landschaft hervor, sondern beschränkt sich darauf, vorhandene Motive für sich zu nutzen. Laut Amirou gelte dies für die gesamte Tourismuswirtschaft, diese könne selbst keine neuen ästhetischen Motive erschaffen (Amirou 2012: 115). Sein Postulat wird in Bezug auf Landschaft durch die vorliegende Arbeit bestätigt. Besonders Schriftsteller fungieren im touristischen Kontext als kulturelle Autoritäten, deren Deutungen von Landschaft als wahre Referenzebene zur Beurteilung schöner Landschaft benutzt werden. Die Innovativität der Tourismuswerbung liegt folglich darin, zu erkennen, welche Deutungen von Landschaft sich wirtschaftlich nutzen lassen. Die Diskursanalyse liefert damit einen Hinweis hinsichtlich der Auswahl von Reisezielen durch Veranstalter. Demnach müssen Reiseziele mit positiv belegten gesellschaftslandschaftlichen Motiven verknüpft oder verknüpfbar sein, damit die Werbung diese aktualisieren kann und die Aktualisierung Anschlussfähigkeit für Konsumenten besitzt.

Die Ergebnisse der Diskursanalyse zeigen die Bedeutung gesellschaftslandschaftlicher Stereotype und weisen darauf hin, dass die Tourismuswerbung diese nicht selbst produziert, sondern vor allem bestehende Stereotype verfestigt. Mit der Diskursanalyse konnte dargelegt werden, dass Landschaft für die Vermarktung von Reisen von großer Bedeutung ist und es konnte nachgezeichnet werden, welche Landschaftsstereotype in der Werbung Verwendung finden. Die Reproduktion bestehender Landschaftsstereotype legt den Schluss nahe, dass die Tourismuswerbung nicht in der Lage ist, selbst werbewirksame Landschaftsstereotype zu produzieren. Daher kann vermutet werden, dass Landschaft besonders in Form von gesellschaftslandschaftlichen Vorstellungen auch bei der Auswahl von Destinationen von Bedeutung ist, weil Destinationen, um bewerbbar zu sein, offenbar mit bekannten Stereotypen kombinierbar sein müssen. Welche Bedeutung Landschaft aber bei der Auswahl von Destinationen zukommt und welche anderen Faktoren dabei mitwirken, kann mittels der Diskursanalyse nicht beantwortet werden. Um den Prozess der Auswahl von Destinationen genauer zu beleuchten und die Ergebnisse der Diskursanalyse abzusichern, wurden Interviews mit Produktmanagern geführt, die für die Auswahl neuer Destinationen und für die Produktentwicklung einerseits und für das Verfassen von Werbetexten und die Bildauswahl andererseits zuständig sind.

6.5 Die Bedeutung von Landschaft für die Auswahl und Bewerbung von Destinationen durch Reiseveranstalter

Nachfolgend werden Ergebnisse aus Interviews mit Mitarbeitern der Reiseveranstalter dargestellt. Die Interviews haben das Ziel, Ergebnisse der Diskursanalyse abzusichern und die Bedeutung von Landschaft und landschaftlichen Vorstellungen im Produktionsprozess zu erheben. Die Diskursanalyse deutet darauf hin, dass Verknüpfungen von Reisezielen mit positiven gesellschaftslandschaftlichen Vorstellungen ein wichtiger Faktor für die Auswahl der Reiseziele sind. Um die Bedeutung von Landschaft bei der Auswahl von Reisezielen zu erheben, wurde die Weiterentwicklung des Reiseangebots in den Interviews thematisiert. Welche neuen Reisen und Destinationen bieten die Reiseveranstalter an und woher stammen die Ideen zu neuen Produkten? Welche Bedeutung hat Landschaft in diesem Auswahlprozess? Um die Ergebnisse der Diskursanalyse besser einordnen zu können, wurde gefragt, was aus Sicht der Verantwortlichen bei den Reiseveranstaltern attraktive Destinationen und attraktive Landschaften ausmachen. Außerdem wurde gefragt, nach welchen Regeln oder Leitlinien die Texte geschrieben werden, ob etwa formelle oder informelle Leitlinien zur Beschreibung von Land-

schaft existieren. Sieben Interviews wurden mit Mitarbeitern der Firmen TER-
RANOVA und WIKINGER geführt. Die Vorgehensweise dieser Unternehmen
ist auch im weiteren Verlauf der Arbeit Gegenstand der Untersuchung, da aufgrund meiner eigenen Reiseleitertätigkeit in diesen Unternehmen ein Zugang zum
Feld besteht. Folgende Interviews wurden geführt:

Reiseveranstalter	Interviewpartner	Kürzel
WIKINGER	Geschäftsführerin	IntRV01
TERRANOVA	Geschäftsführer und Inhaber	IntRV02
TERRANOVA	Produktmanager	IntRV03
TERRANOVA	Produktmanager	IntRV04
WIKINGER	Teamleiterin Europa	IntRV05
WIKINGER	Produktleiterin Spanien/Deutschland	IntRV06
WIKINGER	Mitarbeiterin / intern als Spezialistin für Reisebeschreibungen bezeichnet	IntRV07

Tabelle 8: Interviewpartner in den Unternehmen.

Eigene Darstellung.

6.5.1 Die Auswahl neuer Destinationen: Gerichteter Suchprozess und Reaktion auf Trends

TERRANOVA sucht jedes Jahr aktiv nach neuen Destinationen. Zur Information
über aktuelle Trends lese man regelmäßig Reisemagazine wie *GEO Saison* und
die Reiseteile von *FAZ* und *DIE ZEIT*. Außerdem nehme man sich auf Messen,
wie z. B. auf der *ITB* in Berlin immer mindestens einen Nachmittag frei, um sich
über neue Destinationen zu informieren (IntRV04). Auf Trends versuche man zu
reagieren. Wenn man mitbekomme, dass eine Destination sich bei anderen Veranstaltern sehr gut verkaufe, dann werde regelmäßig geprüft, ob man die Destination ebenfalls anbieten könne. Beispiele dafür seien Reisen nach Kuba und in
den Iran, die als Reaktion auf Trends kürzlich ins Programm aufgenommen wurden (IntRV02, IntRV03). Privates Interesse an einer Region und private Reisen
hätten ebenfalls mehrfach die Entwicklung von Reisen in neuen Destinationen
angestoßen (IntRV03). Auch Einladungen örtlicher Akteure des Regionalmarketings hätten in der Vergangenheit zu neuen Reisen geführt. Dies sei etwa bei Reisen nach Cornwall und in die Extremadura der Fall gewesen (IntRV02, IntRV03).
Bei WIKINGER habe man vor dem Hintergrund politischer Krisen im östlichen
Mittelmeerraum zuletzt das Angebot im westlichen Mittelmeerraum aufgestockt.
Anregungen zu neuen Destinationen kamen für das Jahr 2016 unter anderem von

Reiseleitern. Auf deren Ideen gingen zwei Reisen in für WIKINGER neue europäische Destinationen zurück (Luxemburg und Galicien). Man sei bei WIKINGER einerseits auf der Suche nach neuen Destinationen aber mehr noch auf der Suche nach Themen, die besetzt werden könnten. Dies könnten z. B. Blütezeiten sein, wie die Mandelblüte auf Mallorca, die Blütezeit in der Provence oder in den südenglischen Gärten. Außerdem biete man Reisen mit speziellem kulinarischen Fokus an. Dort werde dann selbst gekocht oder in besonders interessanten Restaurants gegessen. Außerdem werde die Kombination Wandern und Kunst erprobt. Bei WIKINGER wird also darüber reflektiert, inwiefern die Attraktivität einer Destination für Kunden davon abhängt, mit welchen Themen sie verknüpft ist. Es wird gezielt gesucht, welche Themen mit einer Region verknüpfbar sind und welche Themen die Region für Reisende interessant machen.

6.5.2 *Attraktivität und Verkaufbarkeit von Destinationen*

Neue Destinationen müssen bei TERRANOVA Kriterien erfüllen, damit eine Produktidee verwirklicht wird. Dies sind: Bekanntheit bei den Gästen, Sicherheit, dass die Destination auch im kommenden Jahr bereisbar sein wird sowie eine passende Infrastruktur, die eine schnelle und unproblematische An- und Abreise ermöglicht (IntRV03). Zur notwendigen Infrastruktur werden auch gute Hotels gezählt (IntRV04). Bei WIKINGER werden ähnliche Kriterien genannt. Einen festgelegten Kriterienkatalog gebe es jedoch nicht. Destinationen müssten über eine schöne Landschaft und passende Unterkünfte verfügen, dabei sei es wichtig, dass die Unterkünfte ‚WIKINGER-typisch‘ seien, es sich nicht um ‚riesige Bettenburgen‘ handele (IntRV05). Als Positivbeispiel wird Korsika genannt, dort sei eine weitere Verbauung der Küste verboten worden, daher gäbe es zum Wandern eine passende Küstenlandschaft und keinen Massentourismus. Der Nachteil an der Abwesenheit des Massentourismus sei, dass es weniger Flugverbindungen gebe und höhere Flugpreise die Destination insgesamt teurer machten. Als Negativbeispiel einer Destination, die WIKINGER nicht anbieten werde, wird die spanische Costa Brava genannt. Diese Küste sei ‚komplett kaputt‘ durch die ‚Verschandelung mit Bettenburgen‘ (IntRV05). Auch bei Wikinger ist die Erreichbarkeit von Destinationen ein wichtiger Faktor, denn lange Transfers wirkten abschreckend auf die Reisegäste (IntRV06). Die Beurteilung von Destinationen durch Reiseveranstalter umfasst also mehrere Dimensionen:

1. Bekanntheit und Beliebtheit bei den Kunden
2. Touristische Infrastruktur
3. Sicherheit

Das Wissen um die Bekanntheit und Beliebtheit einer Destination bei den Kunden bilden bei beiden Veranstaltern den Ausgangspunkt für die Beschäftigung mit Destinationen. Die vorliegende Arbeit fragt danach, wie im Tourismus Vorstellungen von Landschaft produziert und verfestigt werden, daher ist der Aspekt des Umgangs mit Bekanntheit und verbreiteten Vorstellungen besonders relevant und soll weitergehend untersucht werden. Sicherheit, dass ein Land in Zukunft bereisbar bliebe und touristische Infrastruktur, also eine gute Erreichbarkeit von Destinationen durch Verkehrsverbindungen und passende Hotels für den jeweiligen Anspruch der Reiseveranstalter, sind darüber hinaus notwendige Bedingungen, die Reiseveranstalter an Destinationen stellen.

6.5.3 Die Bedeutung der Bekanntheit von Destinationen

Im Folgenden soll genauer dargestellt werden, welche Bedeutung der Bekanntheit und Beliebtheit bei der Auswahl von Destinationen zukommt und wie sich diese Dimension der Beurteilung von Destinationen durch Reiseveranstalter in das sozialkonstruktivistische Landschaftskonzept, das dieser Arbeit zugrunde liegt, integrieren lässt. Die Bekanntheit einer neuen Destination wird von den Mitarbeitern der Reiseveranstalter als kritischer Faktor beschrieben. Wenn eine Destination gar nicht bekannt sei und die Kunden kein Bild davon präsent hätten, dann sei es schwierig für die Veranstalter, sie als Destination anzubieten (IntRV06). Mitarbeiter von TERRANOVA nennen als Beispiele die indische Region Gujarat sowie die französischen Regionen Picardie, Franche Comté und die belgische Wallonie. Diese Regionen halten die Mitarbeiter von TERRANOVA für attraktive Destinationen, die aber mangels Bekanntheit bei den Kunden bzw. auf Grund eines negativen gesellschaftslandschaftlichen Images im Falle der Wallonie, nicht angeboten werden (Narrative Muster 55).

Narrative Muster 55: Bedeutung der Bekanntheit von Destinationen

„Wir haben Reisen, die wir hier entwerfen, die nicht über ein Projekt hinausgehen, weil sie sich nicht verkaufen lassen oder unseren Kriterien nicht entsprechen. Gujarat war eine Idee, das Projekt haben wir aber gestoppt, weil sich das nicht verkaufen lässt. Weil es zu unbekannt ist, weil der Name nicht existiert bei den Gästen. Gujarat ist südlich von Rajasthan. Rajasthan läuft als Destination super, das ist bekannt. In Gujarat ist es genauso schön, es gibt genauso schöne Paläste, es ist nur untouristischer" (IntRV03).

„Ähnlich ist es bei der Picardie. Es gibt fantastische gotische Kathedralen, die Stadt Amiens und die Landschaft ist auch schön, sehr gut zum Radfahren, insgesamt eine ideale Mischung Kultur und Natur, aber die Region ist zu unbekannt" (IntRV03).

„Die Wallonie ist hoch interessant, schöne abwechslungsreiche Landschaft, sehr grün. Dort gibt es kleinere Berge, Täler, Flussauen und die Entwicklung der Industrie ist eine spannende Geschichte. Aber es verkauft sich nicht. Das verfestigte Bild beim Deutschen ist so wie bei uns das Ruhrgebiet: dreckig, Armut, Schwerindustrie. Viele verbinden damit negative Vorstellungen. Dabei ist das Ruhrgebiet ja an vielen Stellen auch sehr grün und wäre hochinteressant. Das selbe ist es übrigens mit Frankfurt [In Frankfurt befindet sich der Firmensitz von TERRANOVA; Anm. E. A.]. Frankfurt hat den Ruf, die Identität einer grauen Bankenstadt mit Kapitalverbrechern zu haben. Deswegen kommen Touristen nicht hierher. Deutsche Touristen fahren viel eher nach Mainz als nach Frankfurt. Obwohl Frankfurt eine sehr grüne Stadt mit interessanter Geschichte und interessanten Sehenswürdigkeiten ist" (IntRV02).

Die Attraktivität von Destinationen wird also bei den Veranstaltern mitunter anders bewertet als die Verkaufbarkeit, wobei die Verkaufbarkeit mit der Attraktivität in Verbindung steht. Relevant ist für Veranstalter die Attraktivität, die Kunden einer Destination zuschreiben, hier als ‚das verfestigte Bild' von einer Region bezeichnet (Narrative Muster 55). Aus der sozialkonstruktivistischen Perspektive dieser Arbeit handelt es sich bei der Entstehung dieses ‚verfestigten Bildes' um ein Zusammenspiel von gesellschaftlicher Landschaft und individuell aktualisierter gesellschaftlicher Landschaft. Hegemoniale Diskursstränge innerhalb der gesellschaftslandschaftlichen Vorstellungen über eine Region werden von vielen Menschen der jeweiligen Bezugsgruppe aktualisiert und dominieren in der Folge die individuell aktualisierte gesellschaftliche Landschaft vieler Personen (innerhalb eines irgendwie definierten Bezugsraumes, in diesem Fall Deutschland). Es entsteht ein dominantes oder hegemoniales gesellschaftslandschaftliches Bild, also das was der Geschäftsführer von TERRANOVA ‚verfestigtes Bild' nennt. Bekanntheit und gesellschaftslandschaftliches Bild von Destinationen wurden bei TERRANOVA für interne Strategiediskussionen in einer A-D Klassifizierung konzeptualisiert:

Narrative Muster 56: Interne Destinationsklassifizierung bei TERRANOVA

„Destination A: Region populär und allseits bekannt, „da muss man hin", wird auch mehrfach bereist (z. B. Toskana, Provence, Sizilien, Donau), klassischerweise Ziele im Süden aber auch Ostseeküste.

Destination B: Region allseits bekannt, Einschränkung wegen Klima und Spezialinteresse (z. B. Burgund (Wein), Bretagne und Schottland (wegen Wetter und Wind), Sardinien)

Destination C: Region eher unbekannt, aber sehr reizvoll, spezielles Interesse (z. B. Wales, Roussillon, Katalonien, Nordspanien)

Destination D: vollkommen unbekannt, ‚kann man da Fahrrad fahren?', nur Spezialinteresse (z. B. Picardie, Lake District, Causses und Cevennen, kleine Karpaten)

Mitunter steigt eine Region im Laufe der Jahre auf wie z. B. die Masuren von D zu B oder ab wie z. B. Burgund von A nach B" (Schriftliche Kommunikation per Email im Nachgang zu IntRV02).

„Wir wollen eine ausgewogene Mischung machen. Das Programm kann nicht nur A-Destinationen enthalten, sondern auch B- und C-Destinationen. Je abgelegener eine Region ist, desto intelligenter muss eine Reise sein. Der Reiseablauf, die Mischung der Aktivitäten zwischen Radfahren und Besichtigung muss dann besonders sein. Das muss direkt für den Leser erkenntlich sein, dass da eine Reise entwickelt wurde, die intelligent ist. Solche Reisen sind natürlich auch für den Reiseleiter anspruchsvoller, da kommt es dann eher mal auf jede Minute an. Manche Reisen sind simpel gestrickt und manche eher komplexer" (IntRV03).

Das Programm von TERRANOVA solle eine Mischung dieser Kategorien darstellen (IntRV03). Man brauche einerseits A-Destinationen, da dies die Ziele seien, „die jeder kennt und die jeder im Leben mal gesehen haben will" (IntRV02). Aber ein Programm dürfe nicht nur aus A-Destinationen bestehen, da die weniger bekannten Ziele ein Programm interessant machten (IntRV03). Diese Klassifizierung ist statisch, der zusätzliche Hinweis erklärt jedoch, dass sich ‚mitunter' die Popularität von Destination ändern könne. Die Analyse der Werbeaktivitäten von WIKINGER (Facebook-Posts, Kapitel 5.2.4.3) zeigt, dass die Popularität von Reisezielen bei WIKINGER als weniger statisch betrachtet wird und vor allem der Produktion und Aktualisierung gesellschaftslandschaftlicher Vorstellungen durch Filme und Bücher eine große Bedeutung bei der Erzeugung von Reisewünschen zugeschrieben wird.

6.5.4 Mediale Produktion und Aktualisierung landschaftlicher Vorstellungen als Auslöser von Reisetrends

Bei WIKINGER beobachtet man mediale Prozesse, die Aufmerksamkeit für Destinationen erzeugen und versucht den Produkten von WIKINGER in diesen Prozessen Präsenz zu verschaffen. Diese Vorgehensweise hat bereits die Analyse der Facebook-Fanseite ergeben. In den Interviews konnte diese Vorgehensweise mit weiteren Beispielen belegt werden. WIKINGER profitiere z. B. immer wieder von intensiven Marketingmaßnahmen des Regionalmarketings verschiedener Destinationen. Beispielsweise habe Südafrika vor einigen Jahren in einer umfangreichen Werbekampagne für das Reiseland Südafrika geworben. Das habe man bei WIKINGER durch eine Zunahme von Reisebuchungen nach Südafrika registriert. Daraufhin wurde das Produktangebot erweitert (IntRV05) und eine dauerhafte Marketingkooperation mit dem südafrikanischen Fremdenverkehrsamt geschlossen. In diesem Zusammenhang sei auch der oben besprochene Facebook-Post mit Gewinnspiel zum Kinostart eines Filmes entstanden (IntRV01).
Es könne auch passieren, dass eine Region durch Bücher bekannt werde, dies geschehe derzeit mit der Bretagne (IntRV01, IntRV05). Lange Zeit hätten sich relativ wenige Kunden für die Bretagne interessiert, doch durch eine Krimiserie des Autors Jean-Luc Bannalec sei die Nachfrage spürbar gestiegen. Unter dem Pseudonym Jean-Luc Bannalec veröffentlichte der deutsche Verleger und Autor Jörg Bong mehrere Kriminalromane, die in der Bretagne spielen. WIKINGER registrierte daraufhin ein verstärktes Interesse an Reisen in die Bretagne und griff das Thema auf. In der Bretagne biete man seit der Saison 2016 eine Reise zu den Schauplätzen der Krimis von Jean-Luc Bannalec an. Gemeinsam mit einer bretonischen Tourismusmarketing-Organisation arrangierte man Presseberichterstattung über die Bretagne, das betreffende Buch, und das passende Reiseangebot von WIKINGER (IntRV01). Die Reisebeschreibung der Reise „Bretonische Vielfalt – mit Spürsinn genießen" verspricht nun: „Wandern auf den Spuren der Krimis von Jean-Luc Bannalec" […]. „Die Krimis von Jean-Luc Bannalec sind absolut empfehlenswert. Neben spannenden und amüsant zu lesenden Kriminalgeschichten liefern Sie wunderbare Beschreibungen der bretonischen Landschaften und Stimmungen" (WIKINGER Bretonische Vielfalt – mit Spürsinn genießen).

Um den Einfluss redaktioneller Berichterstattung zu nutzen, organisiert WI-KINGER drei bis vier Pressereisen pro Jahr in Zusammenarbeit mit Regionalmarketing-Organisationen und lässt darüber hinaus 15-20 Journalisten pro Jahr an regulären Reisen kostenlos teilnehmen, sofern diese Journalisten Artikel über die Reise veröffentlichten, die in Printmedien mit einer Auflagenstärke von mindestens 100.000 Stück erscheinen. Dies ziele auf die Steigerung der Buchungszahlen für einzelne Reisen und sei zu diesem Zweck sehr effizient. Redaktionelle Beiträge in Zeitungen zeigten deutlich bessere Wirkung als herkömmliche Anzeigen, da sie von den Lesern für objektiver gehalten würden (IntRV01).

Narrative Muster 57: Medien und die Popularität von Destinationen

„Von den Marketingmaßnahmen des Regionalmarketings profitieren wir auch. Wir springen dann auch häufiger auf so einen Zug auf" (IntRV05).

„Es kann auch passieren, dass durch Bücher eine Region bekannt wird. Bannalec beschreibt zum Beispiel die Landschaft der Bretagne sehr schön und darauf haben wir reagiert. Ich kannte die Bücher nicht, bis mir eine Kollegin davon erzählte. Richtig hellhörig bin ich dann geworden, als mir das eine Kundin vorgeschlagen hat. Dann habe ich das gelesen, und es ist wirklich so, wenn Du das liest, dann willst Du da hin" (IntRV05).

„[…] allerdings hat der Reiseveranstalter ja nicht per se Interesse daran, eine Region bekannt zu machen. Reiseveranstalter, so wie wir, orientieren sich [bei der Auswahl von Destinationen; Anm. E. A.] ganz nüchtern an den Chancen" (RVInt02).

„Den Effekt von Pressereisen merken wir deutlich. Bei ‚Camino dos Faros' ist ein Journalist mitgewesen, der für die *FAZ* einen Artikel über die Reise gemacht hat, da sind in der Woche nach der Veröffentlichung die Buchungszahlen direkt deutlich gestiegen" (IntRV06).

„Wir haben unsere Kunden gefragt was sie lesen. Unsere Zielgruppe liest *ZEIT*, *FAZ, Welt am Sonntag*. Das sind Bildungsbürger. Die Leute gehen im Winter ins Kino, deshalb wollen wir sie jetzt mit unseren Filmclips auch im Kino ansprechen" (IntRV01).

„Ein redaktioneller Beitrag kommt grade bei unserer Zielgruppe gut an. Das sieht nach Neutralität aus und macht immer einen guten Eindruck" (IntRV01).

Reiseveranstalter bemerken, wie Reisewünsche durch Literatur und generell durch mediale Darstellungen geprägt werden und machen sich neu entstandene Deutungsmuster von Landschaft zunutze (Narrative Muster 57). Literatur oder Filme entsprechen hierbei der Dimension der gesellschaftlichen Landschaft. Das Lesen bewirkt eine Modifizierung der individuell aktualisierten Landschaft bei den Lesern. Ein Buch macht allen Lesern dasselbe Angebot zur Aktualisierung ihrer landschaftlichen Vorstellungen. Ein identisches Angebot zur Aktualisierung, welches von vielen Lesern konsumiert wird, kann als gesellschaftslandschaftliche Vorstellung gelten, auch wenn das Aktualisierungsangebot in Abhängigkeit von individuellem Vorwissen und individuellen Präferenzen unterschiedlich rezipiert wird und somit zu unterschiedlichen individuell aktualisierten Landschaften führen kann. Reiseveranstalter beschäftigen sich mit neuen Landschaftsdeutungen populärer Medien und schätzen ab, wie diese Landschaftsdeutungen Teil der individuell aktualisierten Landschaft ihrer Kunden werden. WIKINGER versucht an diesen Prozess anzuschließen und ein Angebot zur Aneignung der Landschaft zu machen. Die Ergebnisse der Diskursanalyse und der Interviews deuten darauf hin, dass die Entwicklung von Destinations-Trends weitgehend außerhalb des Einflussbereichs der untersuchten Reiseveranstalter erfolgt (zur ‚Karriere' von Reisedestinationen vgl. Egner 2000). Die Veranstalter sehen sich selbst nicht in der Position, Destinationstrends erzeugen zu können und sie zeigen daran vor allem wenig Interesse. Reiseveranstalter sind in der Regel auch nicht die Urheber innovativer landschaftlicher Deutungen. Diese Einschätzung wird durch die Interviews bekräftigt. Die Reiseveranstalter können Trends verstärken und tun dies bewusst, indem sie ‚auf einen Zug aufspringen' (IntRV05; vgl. Narrative Muster 57). Anstrengungen zur Entwicklung von Destinationstrends erscheinen jedoch einerseits zu aufwändig und zu unsicher und andererseits schlicht unnötig für die Reiseveranstalter, da sich ohnehin häufig neue Trends entwickeln, sodass es eher das Ziel der Veranstalter ist, diese Trends zu erkennen und wirtschaftlich zu nutzen.

6.5.5 *Attraktive Destinationen aus Sicht der Reiseveranstalter: ‚Grün, sauber, sicher'*

Die Beurteilung der Attraktivität von Destinationen und Landschaften gehört zum Arbeitsalltag der Mitarbeiter von Reiseveranstaltern. Destinationen werden beurteilt, aber auch einzelne Tage im Reiseablauf müssen hinsichtlich ihrer landschaftlichen Attraktivität beurteilt werden. Reiseziele müssten „grün, sauber, sicher" sein, heißt es bei WIKINGER (IntRV01). Bei TERRANOVA erklärt man die Attraktivität von Destinationen durch abwechslungsreiche Landschaft und kulturelle Sehenswürdigkeiten, die ‚Charakter' und die ‚Identität' einer Destination widerzuspiegeln vermögen (IntRV02).

Narrative Muster 58: Charakter und Identität von Destinationen

„Eine möglichst abwechslungsreiche Landschaft und ein vielfältiges Angebot an Kultur, welches den Charakter und die Identität der Destination wiederspiegelt, machen die Attraktivität einer Destination aus" (IntRV02).

„[Charakter und Identität kenne man; Anm. E. A.] durch Vorbildung. Reiseliteratur und generell Literatur erzeugen eine Vorstellung von der Destination. Dann befasst man sich genauer mit der Destination und stellt durch eine Informationsreise fest, ob die Erwartungen erfüllt werden, ob die Region das hält, was die Vorbereitung verspricht" (IntRV02).

‚Charakter' und ‚Identität' werden also anhand des hegemonialen gesellschaftslandschaftlichen Bildes zugeschrieben. Der ‚Charakter' von Destinationen sei demnach dort ‚erlebbar', wo die Aneignung von physischer Landschaft den individuell aktualisierten gesellschaftslandschaftlichen Vorstellungen genügt, das Vorgefundene also der Erwartung, entspricht. Die ‚Identität' einer Region besteht demnach in der Übereinstimmung von Vorstellung und Wahrnehmung. Zuschreibungen von ‚Charakter' und ‚Identität' zu Regionen, Destinationen und Landschaften zeigen nochmals deutlich, dass in der touristischen Produktion mit essentialistischen Vorstellungen von Landschaft gearbeitet wird. Wenn sich eine Region als Tourismusdestination etablieren wolle, dann müsse sie „sich erstmal ihre Identität bewusstmachen" (IntRV02), um diese zielstrebig im Regionalmarketing kommunizieren zu können.

Narrative Muster 59: Identität als Ausgangspunkt von Werbung

„Eine Region muss sich erstmal ihre Identität bewusstmachen. Stärken herausarbeiten. Was passieren müsste ist klar: eine konsequente Fokussierung auf die Stärke einer Region [...]. Um das wofür eine Region steht, breit in der Bevölkerung zu verankern, musst Du Dich konsequent als Region auf eine Stärke ausrichten. Hilfreich ist ein Leuchtturm Projekt. Guggenheim-Effekt nennen wir das, wie in Bilbao. Dort wurde gute Stadtplanung gemacht, aber es würde niemand hinfahren, wenn es nicht dieses Museum gäbe. So kommen die Leute wegen des Museums und sagen: ach Bilbao ist ja echt eine schöne Stadt" (RVInt02).

Seitens der Reiseveranstalter wird teilweise reflektiert, dass es sich bei ‚Charakter' und ‚Identität' von Destinationen um Zuschreibungen handelt. Dies scheint aber für die Arbeit der Veranstalter kaum von Bedeutung zu sein. Vielmehr offenbart das Zitat über Bilbao die Logik des Marketingmanagements, die hier auf Regionen übertragen wird, so wie es z. B. Morgan, Pritchard und Pride unter dem Stichwort ‚Destination Branding' fordern (vgl. Morgan/Pritchard/Pride 2004). Regionen werden als Marken betrachtet und Marken müssen nach verbreiteter Auffassung des Marketingmanagements über einen klaren Markenkern von Konsumentenversprechen verfügen. Das Marketingmanagement fordert eine möglichst intensive Aufladung einer Marke mit Bedeutungen, die einen ‚Markenkern' ausmachen und als Kaufversprechen wirken (Homburg/Krohmer 2009: 607-609). Wird Landschaft zur Marke, so folgen in der Tourismuswerbung automatisch Essentialisierungen (vgl. Morgan/Pritchard/Pride 2004: 13). Die Reiseveranstalter sind ferner nicht daran interessiert, selbst neue Deutungen von Landschaft zu produzieren, sondern ihr Interesse richtet sich darauf, die bestehenden Deutungen bestmöglich für sich zu nutzen.

6.5.6 Attraktive Landschaft

Unabhängig von Identität und Charakter, wird die Attraktivität einer Landschaft von den Befragten mit dem Reichtum an Kontrasten erklärt. Möglichst viele landschaftliche Kontraste machen demnach die Attraktivität einer Landschaft aus (Narrative Muster 60).

Narrative Muster 60: Attraktive Landschaft

„Möglichst viele Kontraste in der Landschaft [machen die Attraktivität aus; Anm. E. A.]: Berg/Tal, Wasser/Land, hohe/niedrige Berge. Eine ganz öde Ebene mit Weizenfeldern kann attraktiv werden, wenn sie von einer tiefen Schlucht durchschnitten ist, die man dann mit dem Rad überquert. Ein gutes Beispiel ist die Provence, da gibt's alles: Berge, Schluchten, Landwirtschaft, Felsen, Dörfer, Flüsse, wahnsinnig viel Abwechslung. Generell reist der Mensch immer dorthin, wo es Übergänge der Landschaften gibt, wie Berg/Tal oder Land/Wasser" (IntRV02).

„Was weniger attraktiv ist, sind so ganz flache Ebenen wo gar nichts ist. Mit Ungarn kommen wir zum Beispiel nicht so richtig weiter. Aufgrund der Erfahrungen, die wir da machen. Die Leute sagen: ‚die Puszta ist total langweilig'" (IntRV05).

„Ich glaube schon, dass die Kunden am liebsten eine Kombination aus Bergen und Meer oder Hinterland und Küste mögen" (IntRV06).

„Ein Beispiel ist die Emilia. Die Poebene ist ja todlangweilig. Da sagen die Gäste dann, die Landschaft ist ja hässlich hier, so langweilig. Und sie haben Recht. Es gibt ja auch gar keine Kontraste dort. Aber die Städte, die Kultur ist super. In der zweiten Hälfte der Woche fahren wir dann durch die Hügel der Romagna, das ist landschaftlich schön und die Gäste vergessen die ersten Tage. Und das ist eine unserer bestgebuchten Reisen. Die Gäste haben also scheinbar vorher keine Vorstellung von der Landschaft der Emilia" (IntRV02).

Diese Aussagen (Narrative Muster 60) zeigen, dass landschaftlichen Kontrasten eine große Bedeutung für die Schönheit von Landschaft zugemessen wird. Puszta und Poebene werden aufgrund ihres ebenen Reliefs als Inbegriff eintöniger und langweiliger Landschaften genannt. Diese Bedeutung erklärt die hohe Präsenz, welche Beschreibungen von landschaftlichen Kontrasten in den Werbetexten haben.

6.5.7 Regeln bei der Anfertigung von Reisebeschreibungen

Reisebeschreibungen sollen einerseits die sachlichen Leistungen deutlich machen, die der Gast auf der Reise erhält und andererseits Emotionen wecken und Lust machen, die Region zu bereisen (IntRV02, IntRV03). Als Regel wird genannt, dass alle bekannten Stätten, die im Reiseverlauf besichtigt werden, auch in der Beschreibung genannt werden sollen, um eine möglichst hohe Anschlussfähigkeit der Reisebeschreibung für den potentiellen Gast zu erreichen. Solche bekannten Sehenswürdigkeiten werden bei TERRANOVA ebenfalls A-Destinationen genannt. Als Beispiel für diese Praxis des Anschlussfähig-machens wird das UNESCO-Welterbe hervorgehoben. Labels wie Welterbestätten werden bei beiden Veranstaltern immer genannt und als solche in der Reisebeschreibung ausgewiesen, weil man sich sicher ist, dass diese Bezeichnungen über eine hohe Bekanntheit verfügen und Anschlussfähigkeit herstellen können. Bei der Formulierung der Texte sollen außerdem möglichst viele Adjektive verwendet werden und keine Wiederholungen.

Narrative Muster 61: Regeln für das Verfassen von Reisebeschreibungen

„Atmosphäre und sachliche Leistungen müssen beschrieben werden. Alles was der Gast auf der Reise erhält. Es soll aber vor allem ein Text sein der Lust macht, die Region zu bereisen" (IntRV02).

„Emotionen weckend sollen die Reisebeschreibungen sein. Das gilt für Bilder und Texte, es darf nicht nur eine Aneinanderreihung von Leistungen sein und dennoch müssen die Leistungen erkennbar sein" (IntRV03).

„Eine Regel ist ganz klar: A-Destinationen nennen! Das was die Leute von der Region kennen muss genannt sein. Zum Beispiel UNESCO-Weltnaturerbe nennen. Wenn es Welterbestätten gibt, müssen die immer genannt werden. Ansonsten ist das intuitiv. Die wichtigen Stätten müssen dastehen, das ist die einzige Regel. Entlang der Elbe ist Prag, Dresden, Wittenberg, Weltkulturerbe Gartenlandschaft Wörlitz, Weltkulturerbe Bauhaus" (IntRV03).

„In den Beschreibungen sollen viele Adjektive vorkommen aber keine Wiederholungen" (IntRV02).

„Derjenige, der den Text schreibt, wählt das aus was ihm als Aufhänger am attraktivsten erscheint. Da gibt es über den Stil viele Diskussionen. Ob ich Details beschreibe oder lieber irgendetwas Emotionales, Sinnliches beschreibe. Da scheiden sich manchmal die Geister" (IntRV05).
„Im Allgemeinen werden immer landschaftliche und kulturelle Highlights in den Vordergrund gestellt" (IntRV05).

„Ja, wir haben natürlich ein bestimmtes Prinzip. Erst ein Einleitungstext, der emotional ansprechen soll. Viele Adjektive, viele Füllwörter werden da benutzt. Der Text soll Lust machen" (IntRV06).

„Bei den Tagesbeschreibungen beschreibe ich das was an dem Tag das Highlight ist. Ich überlege, was den Gast am meisten anspricht, das beschreibe ich dann an diesem einen Tag" (IntRV06).

„Aktiv statt passiv schreiben, keine Schachtelsätze, viele Adjektive. Der Reiseverlauf muss drin sein. Der grobe Aufbau ist ja immer gleich" (IntRV07).

Die Diskursanalyse ergab eine stark stereotypisierte Ausgestaltung der einzelnen Landschaftsmomente, wie Berg, Wald, Dorf oder Stadt. Von diesen Landschaftsmomenten existieren idealtypische Vorstellungen, die den Reisebeschreibungen zugrunde liegen und die immer wieder aktualisiert werden. Diese Stereotype konnten auch im Interview reproduziert werden. Der folgende Block (Narrative Muster 62) zeigt die Antworten auf die Frage, wie man Berge, Wald, Dörfer und Städte für die Werbung beschreiben könne:

Narrative Muster 62: Die Anwendung von Stereotypen

Wie beschreibst Du … ? [Frage; E. A.]

… Berge:
„Man beschreibt eine steilaufragende Bergkulisse, Majestätische Gipfel, schroffe Felswände und grüne Almen, blühende Almwiesen" (IntRV07).

… Wald:
„Wald ist ja oft einfach dabei und ist ja weniger die Hauptattraktion. Wo Wald wirklich die Hauptattraktion ist, würde man Waldgeschichten suchen oder vielleicht schreiben: Märchenhafter Wald mit Moos und Farn, wenn es das auf der Reise wirklich gibt. Oder halt lichte Wälder. Lichte, duftende Kiefernwälder, wo Sie schöne Blicke auf die Küste haben […]. Eine emotionale Verknüpfung mit Wald ist schwierig. Vielleicht den Wald bewundern mit seinen alten Eichen. Bei Wald nehme ich ‚Staunen' nicht so, wie bei den Bergen oder vielleicht noch bei rauer Küstenlandschaft. […] Wenn Wald die Hauptattraktion an einem Tag ist, dann schreibe ich eher vielleicht noch UNESCO Weltnaturerbe oder so" (IntRV07).

… Dörfer:
„Malerisches Dorf XY mit engen Gassen, die zum Bummeln einladen oder Häuser, die sich an den Berg schmiegen, darüber thront das mittelalterliche Schloss" (IntRV07).

… Stadt:
„Kulturelles Zentrum der Region. Sehenswertes XY, wo sie dies und jenes besichtigen können" (IntRV07).

„Stereotype, korrekte und falsche, sind unsere Art über Kategorien zu denken" (Kahnemann 2012: 169; Übers. E. A.). Dieses Zitat von Kahnemann wird hier nochmals bestätigt und es wird deutlich, dass dies auch für geographische Kategorien, wie Landschaften, Berge, Wälder, Dörfer oder Städte gilt. Auch diese geographischen Kategorien sind konstruiert und existieren in der Vorstellungswelt in stereotyper Form. Diese stereotypen Kategorien mitsamt einer Äquivalenzkette verknüpfter Momente können auch ohne geographische Zuordnung, also ohne Bezug zu einem bestimmten Ort, reproduziert werden. Sie existieren unabhängig von der zu beschreibenden Destination, wobei es auch destinationsspezifische Stereotypen gibt, wie z. B. den Schottenrock. Beim Verfassen von Reisebeschreibungen werden als zur Destination passend identifizierte Stereotype aktualisiert, wobei die Stereotypisierung von den betreffenden Mitarbeitern nicht problematisiert wird.

Auffällig bei der Analyse der Reisebeschreibungen war ferner die häufige Thematisierung von Kontrasten in den Beschreibungen. Dabei war besonders die Aktualisierung der Kontrastierung von Natur und Kultur mittels Landschaft aufgefallen, aber auch weitere Kontrastierungen, wie die des Lieblichen am Erhabenen. Diese Gegenüberstellungen von Landschaft/Natur einerseits und Kultur andererseits, folgt keiner festgelegten Regel, so das Ergebnis der Interviews. Beschreibungen werden intuitiv gestaltet. Auch die Verwendung von Literatur bzw. die Einbeziehung von Autoren, Malern oder sonstigen kulturellen Autoritäten geschehe ‚intuitiv‘, werde aber nicht in Form von Regeln oder Zielvorgaben gesteuert. Die Vorgabe, bekannte Sehenswürdigkeiten in den Reisebeschreibungen immer zu nennen, führt zu einer weiteren Verfestigung bereits bestehender gesellschaftslandschaftlicher Vorstellungen und ist somit als ‚Arbeit am Charakter‘ einer Destination zu verstehen.

Narrative Muster 63: Intuitive Konstruktion von Kontrasten und Einbeziehung von Literatur

„Eine Mischung aus Kultur und Landschaft zu beschreiben ist nicht vorgegeben, weil jede Reise einen anderen Schwerpunkt hat. Manche Reisen haben einen Naturschwerpunkt und andere haben einen Kulturschwerpunkt, wobei Natur schwieriger zu beschreiben ist. [...] Ich würde sagen, dass Natur schwieriger zu beschreiben ist, weil schöne Landschaft auch eher vorausgesetzt wird als die kulturellen Stätten, die man außerdem erlebt" (IntRV03).

„Ob der Schwerpunkt einer Reise auf Natur oder Kultur liegt, ergibt sich einfach durch die Gegebenheiten vor Ort. Natur ist beim Radfahren wichtig, Radstrecken in schöner Landschaft werden vorausgesetzt, das besondere unserer Reisen ist ja, dass Kulturstätten der Region immer integriert werden. Aber manche Reisen sind kulturell schwächer, wie z. B. Sardinien. Sardinien ist kulturell schwächer. Die

Landschaft ist dort schön, aber Kulturhöhepunke sind bei weitem nicht so dicht gesät, wie auf anderen Reisen, da ist dann der Schwerpunkt klar auf der Natur" (IntRV03).

„Die Verwendung von Literaturzitaten, das hat wieder damit zu tun, dass die Ausschreibung eine gewisse Intelligenz ausstrahlen sollte. Der Kunde wird merken, dass da jemand ist, der sich gut auskennt, der weiß was über eine Region geschrieben wurde" (IntRV03).

6.5.8 Zwischenfazit zur Perspektive der Reiseveranstalter

Die Ergebnisse der Diskursanalyse konnten durch die Interviews im Wesentlichen bestätigt und an einigen Stellen vertieft werden. Besonders deutlich wurde die Bedeutung stereotyper landschaftlicher Vorstellungen für die Auswahl und Beschreibung von Destinationen. Die Auswahl von Destinationen orientiert sich in einem ersten, weitgehend unhinterfragten Schritt an der Bekanntheit von Destinationen. Als Reiseziel in Frage kommen demnach Destinationen, von denen die Reiseveranstalter annehmen, sie seien ihren Kunden mehr oder weniger bekannt und in der Vorstellungswelt der Kunden positiv belegt. Besonders bei WIKINGER reflektiert man, wie thematische Verknüpfungen, also Bedeutungszuschreibungen, die Attraktivität von Destinationen verändern können und versucht mit Erfolg diese Prozesse für sich zu nutzen. Reiseziele, von denen die Veranstalter glauben, sie existierten nicht in der Vorstellungswelt ihrer Kunden, werden im Allgemeinen als nicht-marktfähig bewertet. Die Reiseveranstalter greifen bei diesen Einschätzungen auf ihre Erfahrungen zurück und sind zuversichtlich, die Bekanntheit von Destinationen bei ihren Kunden gut beurteilen zu können (IntRV03). Unbekannte Destinationen bekannt zu machen, sehen die Reiseveranstalter nicht als ihre Aufgabe, daher werden projektierte Reiseentwürfe abgebrochen, wenn man zu der Einschätzung gelangt, das betreffende Reiseziel sei zu unbekannt. Stattdessen versuchen Reiseveranstalter Trends in der Entwicklung von Destinationen durch Marktbeobachtung zu erkennen, wie es die Mitarbeiter von TERRANOVA beschreiben. Bei WIKINGER geht man noch einen Schritt weiter und versucht mediale Aufmerksamkeit für Destinationen gezielt zu nutzen, da mediale Aufmerksamkeit als Quelle von Reisewünschen identifiziert wurde. Die Frage wie eine Region zum Reiseziel wird, lässt sich also mit Verweis auf ihre Präsenz in der landschaftlichen Vorstellungswelt zumindest für einige Beispiele beantworten. Regionen müssen bekannt und positiv belegt sein. Innovative Deutungen und Aufmerksamkeit beeinflussen demnach entscheidend, ob eine Region populär wird oder nicht, wie das Beispiel der Bretagne zeigt. Ob es in diesem

Zusammenhang Grenzen gibt, inwiefern also die Bedingungen des externen Raums der Möglichkeit positiver Deutungen Grenzen setzen ('langweilige Puszta'), kann auf Grundlage dieser Untersuchung nicht beurteilt werden. Über die Dimension der positiven Bekanntheit hinaus, müssen Regionen infrastrukturelle Voraussetzungen erfüllen und Sicherheit bieten, um von Reiseveranstaltern in Betracht gezogen zu werden.

Die Verwendung des Landschaftsbegriffs und die Gestaltung von Landschaftsbeschreibungen in der Werbung geschehen intuitiv und werden als Selbstverständlichkeit betrachtet. Aus dem Reiseverlauf ergebe sich, wo Landschaft wichtig sei und was als Landschaft beschrieben werden müsse. Die Ausgestaltung der Texte folge dann intuitiv. Dementsprechend bleibt die Aktualisierung landschaftlicher Stereotype in den Reisebeschreibungen weitgehend unhinterfragt und vollkommen unproblematisch. Die Attraktivität von Landschaften wird verschiedentlich durch Vielfalt landschaftlicher Formen erklärt. Auch bei den Aktivitäten ist Vielfältigkeit ein Ideal. Unter dem Stichwort 'Multiactivity' beschreibt man bei WIKINGER, dass in Zukunft auf immer mehr Reisen nicht nur gewandert werde, sondern auch Radtouren und Kanufahrten ins Programm integriert werden sollen. Bei TERRANOVA realisiert das Reiseprogramm Vielfältigkeit durch eine Mischung aus Radfahren und kulturellem Programm. Vielfältigkeit ist also ein Ideal an sich und erklärt als solches auch die häufige Aktualisierung des Themas bei der Beschreibung von Landschaft.

7 Aneignung physischer Landschaft: Produktion und Konsum

Im Folgenden werden die Ergebnisse der teilnehmenden Beobachtung sowie der ero-epischen Interviews mit Reisegästen und der Reiseleiterinterviews dargestellt. Diese Erhebungsformen beziehen sich auf die Reiseveranstalter WIKINGER Reisen und TERRANOVA Touristik, da in diesen beiden Firmen die teilnehmende Beobachtung durchgeführt werden konnte. Beobachtet wurde speziell die Aneignung von Landschaft, aber auch generell, wie die Touristen sich zu ihrem Reiseziel, ihrer Reiseform, also den Raumpraktiken, und zu ihrem Dasein als Tourist verhalten. In diesem Kontext sollen z. B. Aussagen der Reisegäste über eigene Deutungen von Reisen analysiert werden. Von Interesse ist die Deutung der Reisen und Reiseerlebnisse durch die Reisegäste besonders im Hinblick auf eine mögliche Bestätigung oder Widerlegung der Deutungen von Reisen als Passageritus (z. B. Amirou 2012), Paradiessuche (z. B. Wöhler 2011) oder Flucht (z. B. Enzensberger 2006 [1958]). Beobachtet wird, welche Deutungsansätze die Reisegäste äußern und inwiefern die aufgefundenen Deutungsansätze in Verbindung zur Aneignung von Landschaft stehen. Teilnehmende Beobachtungen konnten auf 14 Reiseleitereinsätzen in sieben verschiedenen Destinationen zwischen August 2014 und Mai 2016 durchgeführt werden. Die folgenden beiden Übersichtstabellen zeigen eine Zusammenstellung der Reisen, auf denen eine teilnehmende Beobachtung durchgeführt wurde (Tabelle 9) und eine Aufstellung der geführten Reiseleiterinterviews (Tabelle 10):

Veranstalter	Reise	Datum	Beobachtungsprotokoll
TERRANOVA	Rhone mit Rad und Schiff (Burgund und Provence)	August 2014	BeobPR01
TERRANOVA	Toskana und Umbrien Radreise	September 2014	BeobPR02
TERRANOVA	Veneto mit Rad und Schiff	Oktober 2014	BeobPR03
TERRANOVA	Andalusien Radreise	April/Mai 2015	BeobPR04-06
WIKINGER	Schottlands schönster Trek - West Highland Way	Mai/Juli/August 2015	BeobPR07-10

Veranstalter	Reise	Datum	Beobachtungs-protokoll
WIKINGER	Im Banne der Gletscher und Vulkane (Island)	Juni/Juli 2015	BeobPR11-12
WIKINGER	Wanderwoche auf Rhodos	September 2015, Mai 2016	BeobPR13-14

Tabelle 9: Reisen auf denen eine teilnehmende Beobachtung durchgeführt wurde.

Eigene Darstellung.

Interviews wurden mit 13 Reiseleitern der Firmen TERRANOVA Touristik und WIKINGER Reisen durchgeführt, wobei zwei Reiseleiterinnen von TERRA-NOVA auch für den Veranstalter STUDIOSUS arbeiten.

Reiseveranstalter	Interviewprotokoll
Reiseleiterin TERRANOVA	IntRL01
Reiseleiter TERRANOVA und WIKINGER	IntRL02
Reiseleiterin WIKINGER	IntRL03
Reiseleiterin TERRANOVA und STUDIOSUS	IntRL04
Reiseleiterin TERRANOVA und STUDIOSUS	IntRL05
Reiseleiter WIKINGER	IntRL06
Reiseleiterin TERRANOVA	IntRL07
Reiseleiter WIKINGER	IntRL08
Reiseleiterin TERRANOVA	IntRL09
Reiseleiter TERRANOVA	IntRL10
Reiseleiter TERRANOVA	IntRL11
Reiseleiter TERRANOVA	IntRL12
Reiseleiter TERRANOVA	IntRL13

Tabelle 10: Überblick Reiseleiterinterviews.

Eigene Darstellung.

Die Analyse der Aneignung von Landschaft auf Reisen wird in zwei Aspekte unterteilt. Dies sind erstens Produktion und zweitens Konsum der Situation, in der die Aneignung von Landschaft stattfindet. Der Begriff der angeeigneten physischen Landschaft bezeichnet diejenigen Objekte, die „in Zusammenschau als Landschaft verstanden werden können" (Kühne 2013: 62). Die Aneignung von Landschaft durch die Reisenden als Akt des Zusammenschauens und der Bedeutungszuweisung an Objekte wird als touristischer Konsum bezeichnet. Der Aspekt der Produktion wird hier als Analysedimension eingeführt, weil geführte Reisen dadurch gekennzeichnet sind, dass die Situation der Aneignung, also des Konsums, immer von einem Reiseleiter gestaltet wird und durch ein Programm vorgegeben ist. Diese Gestaltung des Aneignungsprozesses wird im Folgenden als Produktion bezeichnet.

Aus der Gestaltung des Aneignungsprozesses ergeben sich zwei Konsequenzen für die Aneignung von Landschaft: die geführte Reise bestimmt einerseits *was* angeeignet wird und macht andererseits Angebote, *wie* es angeeignet werden kann oder soll. Erstens entscheiden Reisende also nicht selbst, was sie sich aneignen, denn die Reisegruppe folgt einem vorgegebenen Verlauf und sieht, hört und schmeckt im Wesentlichen das, was Veranstalter und Reiseleiter vorsehen. Zweitens wird der Prozess der Aneignung stets durch den Reiseleiter moderiert. Grundsätzlich bewirkt die Aneignung von Landschaft gleichzeitig eine Aktualisierung der individuell aktualisierten gesellschaftlichen Landschaft (zu den Dimensionen von Landschaft vgl. Kapitel 2.4). Im Falle der geführten Reise lenkt der Reiseleiter die Wahrnehmung, indem er bestimmte Objekte thematisiert, während andere Objekte unbeachtet bleiben und indem er die thematisierten Objekte erklärt und deutet. Damit machen Reiseleiter ein Angebot zur individuellen Aktualisierung von Landschaft. Von der individuell aktualisierten gesellschaftlichen Landschaft wird in der Folge die angeeignete physische Landschaft beeinflusst, denn Objekte werden auf Grundlage des – in diesem Fall soeben – Erlernten zu Landschaft zusammengeschaut.

7.1 Generelles zur Produktion der Reise durch Reiseleiter

Die Reiseleiter und Reiseleiterinnen aller untersuchten Unternehmen sind deutschsprachig und die Sprache auf den Reisen ist durchweg Deutsch. Von Reiseleitern wird erwartet, dass sie selbst ‚Begeisterung' für das Reiseland mitbringen und diese an ihre Gäste vermitteln. Dies erwarten nicht nur die Veranstalter, sondern auch die Reisegäste (WIKINGER Unsere Reiseleiter). Bereits Theodor Fontane lobte einen Fremdenführer aufgrund dessen eigener Begeisterung für das, was er vermittelte: „Was diesen Mann weit über all die Hunderte von Führern erhebt, die ich kennengelernt habe, war seine unaffektierte Begeisterung für den See und das Inselschloss, dem wir jetzt zuruderten" (Fontane 2013: 190). Gesucht ist also damals wie heute die Fähigkeit, ‚begeisternde' Angebote zur individuellen Aktualisierung zu machen. Die Veranstalter messen den Erfolg des Reiseleiters in der Regel an der Zufriedenheit der Kunden. Um die Meinung der Kunden einzuholen, setzen die Reiseunternehmen mehr oder weniger umfangreiche Evaluationsmethoden ein, deren Resultate bei allen Veranstaltern gewissenhaft ausgewertet werden. Evaluationsergebnisse werden den Reiseleitern in der Regel mitgeteilt, sodass die Evaluation auch zur Motivation der Reiseleiter beiträgt. Ein weiterer Motivationsgrund für viele Reiseleiter ist das Trinkgeld, das einen beträchtlichen Anteil vom Gesamtverdienst von Reiseleitern ausmacht (mindestens 10%, teilweise aber auch bis zu 50%). Die Trinkgeldkultur ist vom Unternehmen geprägt und die Höhe der Trinkgelder ist in der Regel stärker vom Unternehmen abhängig, als von der Leistung des Reiseleiters oder der Gruppenzusammensetzung. Dabei steuern im konkreten Fall nicht die Unternehmen die Trinkgeldbeträge, sondern die ‚Stammgäste‘, die in den allermeisten Gruppen dabei sind und die ‚wissen‘, wieviel Trinkgeld ‚man gibt‘. Daher bekommt ein Reiseleiter z. B. bei TERRANOVA unabhängig von seiner Leistung und der Gruppenzusammensetzung in der Regel mehr Trinkgeld als bei WIKINGER. Das Thema Trinkgeld weist also auf einen Sozialisationsprozess im Kleinen hin, der eine weitgehend stabile ‚Trinkgeldkultur‘ erzeugt. Das Trinkgeld wird bei beiden Veranstaltern meist am Ende der Reise von der Reisegruppe gesammelt und stellvertretend für die Gruppe von einem Gruppenmitglied überreicht (BeobPR13).

7.1.1 Wie bereiten sich Reiseleiter auf Reisen vor?

Bevor Reiseleiter eine Reise zum ersten Mal durchführen, müssen sie sich das Reiseziel selbst erschließen und dabei antizipieren, welche Themen für ihre Gruppen von Interesse sein werden. Reiseleiter setzen sich in diesem Prozess gezielt mit dem gesellschaftslandschaftlichen Bild der Destination auseinander und tendieren somit zunächst dazu, in ihrer Arbeit Facetten dieses bekannten Bildes zu reproduzieren. Viele Reiseleiter nutzen Literatur für ihre Reisevorbereitungen, wie das folgende Zitat einer Reiseleiterin verdeutlicht:

> „Ich versuche immer den Zugang zur Region über Literatur zu bekommen. Im Idealfall gibt es Autoren, die über die Region geschrieben haben. Das gibt mir einen Eindruck von der Region und einen Text, den ich dann den Gästen vorlesen kann" (IntRL01).

Literatur erfüllt also zwei Funktionen: einerseits informiert sie die Reiseleiterin und andererseits gibt sie der Reiseleiterin – in Form passender Zitate – Material für die Moderation der Aneignung von Landschaft auf Reisen. Umso mehr Erfahrung eine Reiseleiterin oder ein Reiseleiter mit einer Destination hat, desto mehr kann er oder sie aus eigenen Erfahrungen berichten und ein gesellschaftslandschaftliches Bild einer Destination reflektieren. Dies passiert jedoch nicht zwangsläufig, denn es ist vom Veranstalter nicht vorgegeben, sondern von der individuellen Herangehensweise des Reiseleiters abhängig. Zunächst gibt das gesellschaftslandschaftliche Bild die wichtigsten Themen vor, die Touristen nachfragen werden.

7.1.2 Was erzählen Reiseleiter?

Die Aufgaben eines Reiseleiters beschreibt TERRANOVA in seinem Jobangebot:

> „Hauptaufgabe ist es, im Team mit einem Reiseleiterkollegen, unseren Gästen unterwegs Landschaft und Sehenswürdigkeiten, sowie einheimische Sitten und Gebräuche näher zu bringen, ihnen ein angenehmer und sachkundiger Reisebegleiter zu sein und für die Einhaltung des vorgegebenen Routenverlaufs zu sorgen" (TERRANOVA Jobangebote).

In Deutschland gibt es keinen berufsqualifizierenden Abschluss für Reiseleiter (Rudolphi 2007: 51), daher führen die Reiseveranstalter selbst Reiseleiterschulungen durch, die im Falle von WIKINGER und TERRANOVA aus einer einwöchigen Veranstaltung bestehen. In dieser Reiseleiterausbildung sowie in darauffolgenden Schulungen vermitteln Reiseveranstalter einen Themenkanon an ihre Reiseleiter. Die Auswahl der Themen für die jeweilige Reise treffen Reiseleiter bei WIKINGER selbst, TERRANOVA gibt den Reiseleitern Aufträge mit auf die Reise, welche Themen an welchen Tagen behandelt werden sollen. Die Relevanz von Themen, die auf einer Reise vermittelt werden, wird von den Reiseleitern je nach Destination unterschiedlich eingeschätzt. Die Themen ergäben sich aus dem Reiseablauf, auf jeder Reise seien andere Themen wichtig (IntRL11, IntRL12). Folgende Themen wurden von Reiseleitern grundsätzlich als wichtig betrachtet:

- Geschichte,
- Architekturgeschichte,
- Naturraum/erklären landschaftlicher Strukturen und Besonderheiten,
- Botanik/Flora/Fauna,
- typische Lebensmittel und deren Erzeugung/Landwirtschaftliche Produktion,
- bekannte Bräuche und Traditionen,
- Mythen und Heldengeschichten, die mit der Region verbunden sind,
- Wirtschaft der Region,
- aktuelles Zeitgeschehen, also das was man aus der Zeitung über eine Destination erfährt,
- Geologie (IntRL01, IntRL02, IntRL03, IntRL05, IntRL07).

Wie bereits in der Werbung, werden Themen wie Industrie, Armut, Umweltbe-lastungen, soziale Probleme oder Gefahr auch von den Reiseleitern nicht genannt. Reiseleiter gewichten die Relevanz der genannten Wissensgebiete nicht nur in Abhängigkeit von der jeweiligen Destination, sondern auch in Abhängigkeit von ihren eigenen Präferenzen, die häufig mit ihrer fachlichen Ausbildung in Zusam-menhang stehen. Die akademische Ausbildung wird bei WIKINGER auch zur Gestaltung der Einsatzplanung herangezogen. So werden Geographen und Geo-logen eher für Destinationen eingeteilt, die ihrem gesellschaftslandschaftlichen Bild entsprechend als Naturreiseziele verstanden werden, wie etwa Island, Schott-land oder Norwegen, während Kunsthistoriker eher in Italien oder Griechenland ‚gebraucht‘ werden. Reiseleiter reflektieren ihren eigenen Bildungshintergrund als Stärken und Schwächen. Wer sich etwa auf dem Gebiet der Kunstgeschichte gut auskennt, betrachtet dies als seine Stärke, die es aktiv in die Praxis der Reise-leitung einzubringen gilt (IntRL04, IntRL05).

Für die Reiseleiter ist jedes Reiseziel durch seine Verknüpfung mit gesell-schaftslandschaftlichen Vorstellungen mit bestimmten Themen und Wissensge-bieten verbunden. Die Aufarbeitung eines Wissensgebietes erfolgt entlang des Reiseverlaufs. Dies lässt sich am Beispiel des geschichtlichen Wissens darstellen. Basiswissen über die verschiedenen geschichtlichen Epochen und ihre jeweiligen Ausprägungen vor allem in der Architektur, wird als wichtige Grundlage für die Leitung der meisten Reisen genannt (IntRL01, IntRL02, IntRL06, IntRL13). Für eine spezielle Reise verschaffen sich die Reiseleiter einen Überblick über die Ge-schichte der Region. Dieser Überblick reicht in vielen Regionen von dem ange-nommenen Siedlungsbeginn bis zur aktuellen Zeit. Die meisten Reiseleiter geben im Reiseverlauf die Geschichte der Region in Grundzügen wieder und werden regelmäßig mit Fragen zur Geschichte der Region konfrontiert. Welche Epochen dabei hervorgehoben werden, hängt davon ab, welche Sehenswürdigkeiten das Programm vorsieht bzw. „welche Sehenswürdigkeiten man auf der Reise sieht" (IntRL11). Oft geben die Sehenswürdigkeiten Anlass, in der Geschichte weit zu-rück gehen zu müssen, wie etwa bei den Türmen der Talayot-Kultur auf Mallorca, den Pfahlbauten am Bodensee, dem Fundort der Venus von Willendorf in der Wachau (IntRL01) oder diversen antiken Sehenswürdigkeiten besonders im Mit-telmeerraum aber meist auch weit darüber hinaus. Dabei sei die Geschichte nicht „gebetsmühlenartig" zu erzählen, sondern lediglich die „Knackpunkte" seien in-teressant (IntRL11). Neben einem Überblick über historische Zusammenhänge sind besonders Geschichten um berühmte Persönlichkeiten und deren heroisierte Lebensläufe für die Reisegäste von Interesse und daher für den Reiseleiter not-wendig zu wissen (IntRL06).

Die Abhängigkeit der Relevanz eines Themas vom Reiseziel zeigt sich deut-lich beim Wissensgebiet der Geologie. Geologie oder Geomorphologie sind für bestimmte Reiseziele wichtig, z. B. auf Island (IntRL06). Abgesehen von derartigen Reisezielen mit Geologie-Bezug, wird vom Reiseleiter nicht erwartet, dass er sich mit Geologie auskennt. Geologie wird auf vielen Reisen zum Thema, meist angesichts besonders skurriler oder beeindruckender Felsformationen. Die Reaktion darauf seitens der Reisegäste ist aber eher Erstaunen und seltener Nachfragen und Verstehen-wollen. Wenn der Reiseleiter geologische Formen erklären kann, wird dies in der Regel sehr positiv aufgenommen und interessiert angehört, es wird aber eher nicht erwartet (BeobPR03, BeobPR08, IntRL03).

Auf die Frage, was sie ihren Gästen erklärten, gaben die Reiseleiter Antworten wie: „Das was man auf der Reise sieht" (z. B. IntRL03) oder „das, was man am Wegesrand sieht" (z. B. IntRL11). Erklärungen und Informationen vermitteln die Reiseleiter in der Regel immer zu der Sehenswürdigkeit, deren Aneignung momentan stattfindet, wobei abstraktere Informationen wie ein geschichtlicher Überblick oder Informationen über die Landessprache auch eine Busfahrt füllen können (IntRL01, IntRL11, IntRL12). Die genannten Wissensgebiete und Themen deuten auf das Überwiegen kognitiv zu verarbeitender Wissensbestände, deren Ordnung sich aus akademischen Disziplinen ableitet. Landschaft, Sehenswürdigkeiten und einheimische Sitten und Gebräuche werden von den Reiseleitern in der Regel mit den Mitteln, die Eckhardt Peterich beschreibt ‚näher gebracht': „[Zum Verständnis der Landschaft; Anm. E. A.] verhelfen uns Geographie, Geologie, Botanik, Ökologie ebenso, wie Archäologie und Kunstgeschichte zum Verständnis der Kunstwerke" (Peterich 1979 [1958]: 16).

7.2 Verwendung des Landschaftsbegriffs auf Reisen

Der Begriff ‚Landschaft' wird auf Reisen selten genannt und fast nie diskutiert oder hinterfragt. Das gilt für die Produktion durch den Reiseleiter ebenso wie für den Konsum durch die Touristen (BeobPR01-14). Eine Reiseleiterin von WIKINGER sagte im Interview:

> „Landschaft ist auf der Reise unwichtig. Da redet man über konkrete Sachen, erklärt Details. Vor der Reise ist die Landschaft wichtiger für die Entscheidung wo man hinwill" (IntRL03).

Was ist also die Rolle der Landschaft während der Reise? Zunächst soll gefragt werden, in welchem Kontext der Landschaftsbegriff auf Reisen verwendet wird bevor die Thematisierung von Landschaft jenseits des Landschaftsbegriffs untersucht wird.

7.2.1 Bei der Einführung

Zu Beginn einer Reise, wenn zum ersten Mal alle Reisegäste versammelt sind, organisiert der Reiseleiter meist eine Vorstellungsrunde. In diesem Rahmen stellt der Reiseleiter sich und die Reise vor und auch die Reiseteilnehmer stellen einander vor. Bei dieser Vorstellung der Reise geht es dem Reiseleiter vornehmlich um Erwartungsmanagement (BeobPR04). Man möchte einen ersten Eindruck bekommen, wer die Gäste sind und mit welchen Erwartungen sie anreisen und man möchte selbst die Erwartungen der Gäste steuern, wenn man sich über Stärken und Schwächen des Reiseablaufs bewusst ist. Die Reiseleiterin einer Radreise in Andalusien machte dies folgendermaßen:

> „In der ersten Hälfte unserer gemeinsamen Woche geht es um Landschaft, wir haben traumhafte Radstrecken mitten in der Natur. In der zweiten Hälfte der Woche geht es vor allem um die Kultur, da sind wir dann in Sevilla und Cordoba" (BeobPR04).

Die Reiseleiterin hatte auf vergangenen Reisen die Erfahrung gemacht, dass die Gäste sich auf dieser Tour in der zweiten Hälfte der Woche gelegentlich über die Radstrecken beschwerten, da sie ihnen nicht so gut gefielen, wie die Radstrecken zu Beginn der Tour. Die Reiseleiterin möchte nun also kommunizieren, dass die schönsten Landschaften und die schönsten Radstrecken zu Beginn der Tour zu erwarten sind und dass man sich in der zweiten Hälfte der Woche auf Kultur und Städte freuen sollte, aber nicht auf schöne Radstrecken und Landschaften (BeobPR04). Auch bei der Besprechung des jeweils nächsten Tagesablaufes kann Landschaft eine Rolle spielen, in demselben Sinne, wie es eben für die Vorstellung der gesamten Reise besprochen wurde. Diese Einführungen, entweder für die ganze Woche oder für den nächsten Tag, haben insofern dasselbe Ziel wie Werbung, indem sie auf die Steuerung von Erwartungen zielen und nicht unmittelbar Teil der Gestaltung eines Aneignungsprozesses sind.

7.2.2 Durch Literatur vermittelt

Eine gängige Praxis der Gestaltung des Aneignungsprozesses von Landschaft ist das Vortragen von Literaturzitaten durch den Reiseleiter (IntRL01, IntRL02). Literaturzitate mit Bezug zum aktuellen Aufenthaltsort oder zur aktuell anzueignenden Sehenswürdigkeit werden von Reiseleitern häufig als Angebot zur individuellen Aktualisierung vorgelesen. Wie häufig und zu welchen Themen Literatur zitiert wird, hängt dabei entscheidend vom persönlichen Geschmack des Reiseleiters ab. In diesem Kontext kann der Begriff ‚Landschaft' verwendet werden, wenn literarische Landschaftsbeschreibungen zitiert werden. Ich selbst lese z. B.

auf der Wanderreise durch die schottischen Highlands folgende Landschaftsbeschreibungen von Theodor Fontane vor:

> „Der Loch Lomond ist eine schöne, noble Wasserfläche, und es kommt ihm zu, dass er ‚der König der Seen' heißt. Dies ist jedoch mehr sein Ehrentitel als sein Name; die eigentliche Bedeutung ist ‚der inselreiche See'. Er ist groß und wasserreich, und die Inseln schwimmen auf ihm wie große Nymphäenblätter. Selbst die Berge an seinen Ufern scheinen ihn nicht gebieterisch einzudämmen, sondern gleichen Satelliten, die ihn umstehen und begleiten. Die Stellung dieser schönen Berge, die sich bis dreitausend Fuß hoch erheben, ist nämlich derart, dass man immer in ihrem Kreistanze bleibt und sie jederzeit um sich hat wie den Mond, wenn man in einer klaren Nacht meilenweit durch die Felder fährt" (Fontane 2013: 190).

Aussagen eines Schriftstellers, der als kulturelle Instanz anerkannt ist, dienen bei der Aneignung, wie in der Werbung, als wahre Referenzebene für ästhetische Landschaftsbewertung. Die Reisegäste nehmen derartige Angebote zur individuellen Aktualisierung in der Regel an und hören ruhig zu. Reaktionen auf den Inhalt beschränken sich meist auf Äußerungen, wie: ‚Hmm, sehr schön!'. Nachfragen betreffen nicht die Darstellung der Landschaft, sondern Fakten über die Reise des Autors, wie etwa: ‚Wann ist er denn hier gewesen?'. Der Landschaftsbegriff wird von den Reisegästen selbst eher in spontanen Äußerungen verwendet, wie etwa: ‚Das ist wirklich eine tolle/beeindruckende/wunderschöne Landschaft hier' (BeobPR05-08). Auf die Frage, worüber sich Gäste auf Reisen beschweren, antwortete eine Reiseleiterin:

> „Gäste beklagen sich nie über die Landschaft. Die beklagen sich über das Essen oder über Details im Hotelzimmer. Aber über die Landschaft nie" (IntRL03).

Dieses Zitat weist darauf hin, dass Landschaft weitgehend unhinterfragt bleibt. Sowohl von Seiten des Reiseleiters als auch von Seiten der Reisegäste wird der Begriff ‚Landschaft' selten verwendet. Die Aneignung von Landschaft auf Reisen bedeutet also nicht, dass Landschaft auch explizit thematisiert oder diskutiert wird. Andersherum bedeutet die niedrige Präsenz des Landschaftsbegriffs nicht, dass Landschaft auf Reisen unbedeutend ist. Mit welchen Erklärungen und welchen weiteren Praktiken Reiseleiter die Aneignung von Landschaft gestalten, wird im Folgenden thematisiert.

7.3 Die Aneignung von Landschaft jenseits der Verwendung des Landschaftsbegriffs

Die wichtigste Aneignungsform von Landschaft auf Reisen ist die Raumpraxis der jeweiligen Reise. Wanderungen oder Radtouren werden vom Veranstalter so ausgewählt, dass sie durch schöne Landschaften führen. Wenn das Landschaftserlebnis beeinträchtigt ist, fällt dies Reiseleitern und Gästen sofort auf. Wenn beispielsweise ein Radweg durch ein Industriegelände führt, so ist dies für den Reiseleiter gegenüber seinen Gästen erklärungsbedürftig. Viele Reisen haben landschaftliche Problemzonen. Der Fernwanderweg West Highland Way in Schottland führt gelegentlich nah an einer vielbefahrenen Straße entlang, sodass der Straßenlärm beim Wandern über längere Zeit wahrgenommen wird. Reiseleitern ist bewusst, dass dies den Gästen negativ auffällt (BeobPR05-08). Bevor ich die Reise am West Highland Way zum ersten Mal leitete, erkundigte ich mich bei einem Kollegen über Knackpunkte, auf die man bei der Reise achten müsse. Der Kollege nannte unter anderem die Lärmbelastung durch die Straße, über die sich auf jeder Tour Reisegäste beschwerten, gegen die man aber nichts machen könne, da es keinen anderen Weg gäbe. Gäste beklagen sich in einem solchen Fall jedoch nicht über die Beeinträchtigung ihres Landschaftserlebnisses, sondern über den Lärm (BeobPR08-10). Landschaft ist im Tourismus ein positiver konnotierter Begriff, der fast ausschließlich im Kontext von Wohlgefallen benutzt wird. Dies gilt vor allem für die Veranstalter aber auch für die Reisegäste. Über eine schlechte Landschaft beschweren sich Gäste demnach nicht, sondern eher über Störungen, welche die Konstruktion eines Raumes als Landschaft verhindern oder über Objekte, welche eine ansonsten schöne Landschaft ‚verschandeln‘, also im Landschaftsbild stören. Praktiken und Aspekte der Aneignung von Landschaft werden im Folgenden genauer untersucht.

7.3.1 Die Erklärung der Landschaft: Produktion

Noch einmal soll auf das bereits genannte Zitat der Reiseleiterin fokussiert werden:

> „Landschaft ist auf der Reise unwichtig. Da redet man über konkrete Sachen, erklärt Details" (IntRL03).

Dieses Zitat kontrastiert auf den ersten Blick mit der Stellenausschreibung von TERRANOVA gemäß der die Hauptaufgabe eines Reiseleiters darin besteht,

> „[…] unseren Gästen unterwegs Landschaft und Sehenswürdigkeiten, sowie einheimische Sitten und Gebräuche näher zu bringen […]" (TERRANOVA Jobangebote).

Dieser scheinbare Widerspruch entsteht, weil Landschaft unterwegs zwar erklärt, aber der Begriff ‚Landschaft‘ dazu nicht verwendet wird. Reiseleiter erklären Landschaft meist ohne das Wort ‚Landschaft‘ zu benutzen. Denn sie erklären das, was die Reiseleiterin als ‚konkrete Sachen‘ und ‚Details‘ zusammenfasst. Sie geben Erklärungen zu Kirchen, landwirtschaftlicher Produktion und regionalen kulinarischen Spezialitäten, erzählen die Geschichte zu einer Höhle, einem besonders alten Baum oder erklären den historischen Hintergrund einer barocken Parkanlage. Reiseleiter müssen durch ihre Erzählungen Objekte kontextualisieren und ein Angebot zur individuellen Aktualisierung machen, das für ihre Gäste anschlussfähig ist. Außerdem müssen sie ihre Gäste mit Informationen über die bereiste Landschaft unterhalten. Vieles von dem, was im Landschaftsdiskurs der Tourismuswerbung mit Landschaft äquivalenziert wird und somit unabhängig vom Gebrauch des Wortes Landschaft als Landschaftsmoment identifiziert werden kann, wird auf Reisen Gegenstand von Erklärungen der Reiseleiter.

Narrative Muster 64: Die Vermittlung von Landschaft durch Reiseleiter

„Ich vermittele Gästen die Landschaft, indem ich auf Dinge bewusst hinweise, die die Gäste auch so gesehen hätten aber ich erkläre sie und mache sie zum Thema. Z. B. kann man erklären, dass dieser Hügel aus der glazialen Zeit stammt und eine Endmoräne ist. Und dann aber auch immer wieder die Grundthemen: Klima der Region, wie entsteht es, warum, welche Veränderungen gibt es. In Indien: warum gibt's den Monsun, in Bhutan warum gibt's den Himalaya. Vor Ort erkläre ich das was man sieht. In Momenten, wo man die Landschaft gar nicht sieht, zum Beispiel bei Busfahrten, kann man Monsunwinde erklären, da spielt es ja keine Rolle, da muss man nicht vor Ort sein" (IntRL11).

„Sagen, was man sieht und was man sehen soll. Den Naturraum, den man offensichtlich sieht, kann man erklären. Da reichen manchmal zwei bis drei Sätze aus. Das hier ist Grauwacke. Dieses Gestein ist identitätsstiftend für die Region, denn darauf wächst guter Wein [...]. Rechts und links seht ihr Zuckerrüben. Schwarzerde erzielt gute Erträge bei Zuckerrüben, daher werden die hier schon seit Jahrhunderten angebaut" (IntRL12).

In der Interaktion von Reiseleiter und Reisegästen wird in der Regel nicht hinterfragt, in welcher Beziehung erklärte Objekte zur Landschaft stehen, also wie aus den Objekten Landschaft wird. Vielmehr konstruiert der Reiseleiter Landschaft, indem er zum Beispiel bestimmte Objekte als typisch für diese oder jene Region bezeichnet und ihnen damit eine Rolle bei der Konstituierung von Landschaft zuweist. Der Umgang mit Landschaft gehört für Reiseleiter und Produktmanager von Reiseveranstaltern zum Arbeitsalltag, der Landschaftsbegriff bleibt dabei meist unhinterfragt. Daher vermag die Frage, was Landschaft sei, Verunsicherung zu erzeugen, obwohl die Interviewpartner zuvor längere Zeit über ihren Umgang mit Landschaft erzählt hatten. Fünf Antworten auf die Frage, was Landschaft sei, sollen das verdeutlichen:

Narrative Muster 65: Landschaft aus Sicht der Reiseveranstalter

„Hmm… ich würde sagen, das, was vor Ort erlebbar ist, das was gesehen werden kann. Also die Topographie vor allem… Das habe ich jetzt total falsch definiert, oder?" (IntRL11).

„Was ist Landschaft? … Gute Frage. Also alles, was zur Natur gehört. [Nachfrage: Sind die Mücken auch Landschaft?] Nein, die Mücken nicht. Die gehören eher zum Naturraum, aber nicht zur Landschaft. Landschaft ist eher wie ein Bild" (IntRL03).

„Mmmhh…. Was ist Landschaft? Da erwischt Du mich jetzt… als erstes hat man im Kopf: Berge, Meer, Wiesen… Landschaft kann aber auch Kulturlandschaft sein… Landschaft ist ein ganz allgemeiner Begriff: es gibt auch eine Parteienlandschaft. Ein bestimmter Bereich, der sich aus mehreren Elementen zusammensetzt" (IntRV05).

„Oohh… Landschaft… Ja, Landschaft ist für mich Natur, grün. Das ist für mich im ersten Moment Landschaft" (IntRV06).

„Landschaft ist Natur, Landschaft muss grün sein" (IntRV01).

Die Vermittlung von Landschaft durch Reiseleiter orientiert sich an den von Peterich (1979 [1958]: 16) aufgezählten Wissenschaften Geographie, Geologie, Botanik und Ökologie. Landschaft wird diesem wissenschaftlichen Ansatz entsprechend vorwiegend durch kognitiv zu verarbeitende Informationen erklärt. Implizit werden Objekte in diesem Kontext durch ihre Bezeichnung als ‚typisch' zum Symbol für eine Region oder Landschaft stilisiert. Einen stärker ästhetisch oder emotional geprägten Zugang zu Landschaft vermitteln Reiseleiter in der Regel nur, wenn sie Literatur zitieren, oder vermittelt durch Raumpraktiken.

7.3.2 Die Aneignung der Landschaft: Konsum

Die Aneignung von Landschaft während der Reise findet vor allem individuell durch bewusstes Betrachten und beiläufige Wahrnehmung der als Landschaft konstruierten Umgebung während des Wanderns oder Radfahrens statt. Das Betrachten von Landschaft ist nur indirekt durch den Reiseleiter vermittelt, indem er die Gruppe zu Orten führt, an denen das Betrachten der Landschaft stattfindet und z. B. geeignete Plätze für Pausen kennt. Viele Themen der Werbung, wie zum Beispiel die Aneignung des Erhabenen, der Berge, Wälder und romantischen Dörfer sind auf Reisen nicht oder nur wenig erklärungsbedürftig. Dafür, dass die Reiseteilnehmer die Berge beim Wandern schön finden, ist nicht der Reiseleiter zuständig und auch nicht für die Beantwortung der Frage, wie sie emotional zu erleben seien. Dinge werden auf Reisen in ihrer Ästhetik erlebt und vom Reiseleiter mit Erklärungen versehen. Diese Erklärungen entspringen einem Wissenskanon, der sich an die oben beschriebenen akademischen Disziplinen anlehnt. Ästhetische Analysedimensionen wie das Erhabene, oder überhaupt das Reflektieren von Wahrnehmungen, sind üblicherweise nicht Teil dieser Vorgehensweise. Das Erhabene wird also, genau wie Landschaft, nicht als Begriff verwendet, seine Bedeutung für die Reise äußert sich in den Raumpraktiken, am Verweilen an Aussichtspunkten, an den Fotomotiven, und daran, zu welchen Dingen Reisegäste ihren Wohlgefallen äußern.

In der Interaktion mit dem Reiseleiter sind die Reiseteilnehmer ebenfalls auf den kognitiven Zugang zu Landschaft fixiert. Dies zeigen ihre Nachfragen, die auf kognitiv zu verarbeitende Informationen zielen. Häufige Nachfragen betreffen z. B. die Artenkenntnis bei Flora und Fauna. Reiseteilnehmer stellen beim Wandern oder während den Pausen einer Radtour Fragen wie: ‚Was ist denn das für eine Blume?' (IntRL02) oder ‚Was ist das für ein Vogel?' (IntRL11). Zufriedenstellend beantwortet sind diese Fragen fast immer durch die Nennung von Art- oder Gattungsnamen. Weitere häufige Nachfragen betreffen z. B. die Einwohnerzahl von Städten (IntRL11). Der Zugang zu Natur und Landschaft über Artenkenntnis entspricht einer kognitiven Bezugnahme, während das Wahrnehmen der Landschaft durch Innehalten und Genießen einer Aussicht oder durch bewusstes Riechen und Schauen während der Wanderung stärker emotional geprägt ist und in der Regel nicht zu Fragen an den Reiseleiter führt, sondern sich in Aussagen wie: ‚Das ist wunderschön hier' oder ‚Herrlich, diese frische Meeresluft' äußert (BeobPR08). Die kognitive Dimension der individuell aktualisierten gesellschaftlichen Landschaft wird also durch gezieltes Nachfragen erweitert. Für emotionale oder ästhetische Konstruktion von Landschaft scheint der Reiseleiter dagegen aus Sicht der Reisegäste nicht zuständig zu sein, zumindest werden Reiseleiter danach nicht gefragt.

7.4 Praktiken der Aneignung von Landschaft

7.4.1 Produktion: Aufsuchen geeigneter Aussichtspunkte

Eine der gängigsten Praktiken zur Aneignung von Landschaft ist das Aufsuchen von geeigneten Aussichtspunkten. Wandergruppen halten an Punkten mit besonderer Aussicht meist an, um die Aussicht zu genießen. Am Aussichtspunkt erklärt der Reiseleiter in der Regel überblicksartig, was zu sehen ist. Sichtbare Objekte werden benannt, aber auch Unsichtbares kann anhand sichtbarer Objekte thematisiert werden (z. B. ,Hinter diesem Berg liegt unser Hotel'). Auf die Frage, was Gästen auf Reisen generell am besten gefalle, antwortete eine Reiseleiterin: „Ausblicke gehen immer" (IntRL04). Die ästhetische Bewertung des Ausblicks beziehungsweise der betrachteten ,Landschaft' überlässt der Reiseleiter in der Regel den Gästen. Sein Part bei der Aneignung von Landschaft an Aussichtspunkten besteht darin, die Gäste zu den Aussichtspunkten zu führen, häufig gezielt bei einer gewünschten Stimmung, etwa bei Sonnenuntergang oder zu einem Zeitpunkt, an dem wenig andere Touristen den Aussichtspunkt frequentieren (BeobPR04, BeobPR12, IntRL06). Damit markiert der Reiseleiter den Aussichtspunkt als etwas Sehenswertes, er verfestigt die Praxis des Aufsuchens und Betrachtens von Landschaft aus einer sorgsam gewählten Perspektive. Desweitern besteht seine Aufgabe darin, den Gästen kognitiv zu verarbeitende Informationen über die Aussicht und die zu sehende Landschaft zu vermitteln. Beim Blick auf eine Gebirgsszenerie könnte er zum Beispiel die Namen der zu sehenden Gipfel nennen (BeobPR08, IntRL06). An Aussichtspunkten werden auch häufig Fragen seitens der Touristen gestellt. Im genannten Beispiel eines Bergpanoramas könnte sich der Reiseleiter sicher sein, dass jemand fragt, welcher Gipfel dieses oder jenes sei (BeobPR04, BeobPR08). Der Reiseleiter wird also den Informationsbedarf der Gruppe antizipieren und versuchen, diese Informationen zu liefern oder in jedem Fall zufriedenstellende Antworten darauf parat zu haben.

7.4.2 Konsum von Landschaft aus der Perspektive von Aussichtspunkten

Die Fragen der Touristen offenbaren eine wesentliche Dimension des Konsums von Aussichten. Aussichtspunkte dienen der Orientierung und dem Überblick. Häufige Fragen in diesem Zusammenhang sind etwa: ,Aus welcher Richtung sind wir gekommen?', ,wo liegt unser Hotel?' oder ,ist das dort der Berg/die Stadt XY?' (BeobPR04, BeobPR07, BeobPR11, BeobPR12). Der Konsum von Aussichtspunkten wird von den meisten Touristen sichtlich genossen. Neben Fragen nach kognitiv zu verarbeitenden, sachlichen Informationen ist die Aneignung von

Aussichten durch eine ästhetische und emotionale Bezugnahme gekennzeichnet. Dies zeigt sich in Äußerungen, wie: „Von hier oben sieht man erst die ganzen Inseln auf dem See, das ist so schön hier" oder „Toll, was für ein schöner Ausblick" (BeobPR04, BeobPR07, BeobPR11, BeobPR12).

An Aussichtspunkten wird besonders häufig fotografiert (BeobPR04, BeobPR07, BeobPR11, BeobPR12). Dabei ist fraglich, ob das Fotografieren dem Erlebnis oder der Erinnerung dienen soll. Kahnemann schreibt: „Ein Foto mag gut sein für die Erinnerung von Erlebnissen, aber Fotografieren ist nicht unbedingt die beste Art für Touristen, eine Aussicht zu genießen" (Kahnemann 2012: 389; Übers. E. A.). Schäfer bezeichnet als typisches Touristenfoto das Motiv ‚Ich vor der Sehenswürdigkeit', dieses Foto diene „primär dem Präsenzbeweis" (Schäfer 2015: 252). Das Motiv ‚Ich vor der Sehenswürdigkeit' wird auch an Aussichten häufig aufgenommen, wobei die fotografierte Person sich entweder selbst vor der Aussicht fotografiert (‚Selfie') oder jemand anderem seine Kamera in die Hand gibt, mit dem Auftrag das Foto aus der gewünschten Perspektive aufzunehmen (BeobPR04, BeobPR07, BeobPR11, BeobPR12). Das Fotografieren kann generell auch eine Aneignungsform von Landschaft sein, es ist dann als Hobby zu verstehen und das Aufnehmen von guten Bildern kann sinnstiftend für eine Reise sein. WIKINGER bietet zum Beispiel sogenannte Fotoreisen an, bei denen der Reiseleiter gleichzeitig ein professioneller Fotograf ist. Derartige Hobbyfotografen sind jedoch meist damit beschäftigt andere Motive als sich selbst zu fotografieren (BeobPR11). Ob das Fotografieren eine Aneignungsform von Landschaft ist oder die Aneignung von Landschaft eher stört, wie Kahnemann vermutet, ist also von der individuellen Praxis und Bedeutung des Fotografierens abhängig.

7.4.3 Wege durch die Landschaft: Wo ist es schön?

Beim Wandern und Radfahren ist der Weg von entscheidender Bedeutung für die Aneignung von Landschaft, wobei unterschiedliche Ansprüche an Wege und Landschaft bestehen. Mountainbiker haben andere Ansprüche an Weg und Landschaft als ‚normale' Radfahrer und Bergsteiger oder Kletterer haben andere Ansprüche als Wanderer. Innerhalb von Reisegruppen, die sich schließlich für eine bestimmte Reise entschieden haben, herrscht jedoch meist große Einigkeit darüber, welche Wege schöner und welche weniger schön seien (BeobPR04, BeobPR05, Beob14). Wie eng Landschaft und Raumpraxis miteinander verflochten sind, zeigt sich häufig daran, wo und in welcher Situation Reisegäste ihren Gefallen an der Landschaft ausdrücken. Schön und idyllisch finden Reisegäste es beim Wandern häufig dort, wo ein kleiner Pfad durch eine schöne Landschaft führt

(BeobPR14). Der Weg wird dabei stets als wichtiger Teil der Landschaft wahrgenommen, durch die er führt. Auf einem schmalen und kurvigen Pfad wird die Landschaft eher als abwechslungsreich wahrgenommen, wohingegen das Wandern auf einer Schotterstraße, etwa einem Forstweg, nur für einige Zeit akzeptabel ist. Findet die gesamte Wanderung auf einem Forstweg statt, wird die Landschaft eher als monoton wahrgenommen (BeobPR13, BeobPR14). Auch die Mitarbeiter der Reiseveranstalter verbinden Wege und Landschaft. Eine attraktive Landschaft wird von einem Produktmanager von TERRANOVA folgendermaßen beschrieben: „Möglichst wenig zersiedelt […]. Leicht hügelige Wege, viel Grün […] weg von den großen Trassen, rauf auf die kleinen Pfade, vorbei an Wiesen, Seen, Wäldern und Weinbergen" (IntRV04).

Die Einigkeit von Reisegruppen über das, was schöne Wege sind, kommt nur in seltenen Fällen nicht zustande. Ist dies der Fall, so wird häufig die Schwierigkeit des Weges unterschiedlich (positiv oder negativ) beurteilt. Das was die einen als das ‚schlimmste Stück' bezeichnen ist für die anderen dann manchmal das ‚schönste Stück'. Bei derartigen Bewertungen spielt auch Distinktionsverhalten eine Rolle, denn ein solcher schwerer Wegabschnitt ist ja für alle Beteiligten schwieriger zu gehen. Reisegäste, die derartige Schwierigkeiten leichter bewältigen, empfinden dies als gemeisterte Herausforderung und bewerten es positiv (BeobPR07-10).

Eine der häufigsten Fragen an Reiseleiter auf Rad- und Wanderreisen ist: ‚Wie weit ist es noch?' (BeobPR07). Diese Frage verweist auf das Verhältnis von Weg und Ziel und die Konstruktion von Reiseerlebnissen als Herausforderung anhand der Momente ‚Weg' und ‚Raumpraxis'. Ziele scheinen für die Motivation von Reisegästen von großer Bedeutung zu sein. Schon Petrarca wollte „den höchsten Berg der Umgebung" besteigen (Petrarca 2014 [14. Jhd.]: 9). Vor allem auf den beobachteten Wanderreisen motivieren ‚höchste' Berge immer viele Reisegäste, dabei scheint es egal zu sein, wie niedrig der höchste Berg ist (Höchster Berg von Großbritannien, höchster Berg von Rhodos, etc.). Die Reisegäste geben in der Regel an, es ginge ihnen darum, auf schönen Wegen zu wandern; sie fragen jedoch häufig, wie weit es noch sei und freuen sich, wenn das Ziel nah ist (BeobPR07). Besonders ‚Umwege' werden oft misstrauisch gesehen und sind erklärungsbedürftig. Die Erklärung, man gehe nicht den kürzesten Weg zum Ziel, weil der gewählte Weg schöner sei, wird spätestens jenseits eines bestimmten Erschöpfungszustandes nicht mehr akzeptiert. Für eine als sinnvoll erlebte Wanderung oder Fahrradtour ist es wichtig, dass die Verbindung von Weg und Ziel als schlüssig erlebt wird. Obwohl es vorgeblich nicht um ein möglichst schnelles Erreichen eines Zieles geht, sind Umwege dabei prinzipiell erklärungsbedürftig (BeobPR07).

7.4.4 Das Typische

Das ‚Typische' spielt für die Arbeit der Reiseleiter und für die Reisegäste eine wichtige Rolle. Im Folgenden soll gezeigt werden wie die Nachfrage nach dem Typischen seitens der Reisegäste die Produktion des Typischen durch die Reiseleiter beeinflusst. Die Nachfrage nach dem Typischen lässt sich in zwei Dimensionen unterteilen: Einerseits bringen die Reisegäste Vorstellungen und Erwartungen mit und möchten diese auf der Reise bestätigt bekommen. Die Reisegäste haben also eine Vorstellung von bestimmten Dingen, die in ihrer Vorstellungswelt das Reiseziel symbolisieren und diese wollen sie vor Ort erleben. Derartige Erwartungen werden mit dem Begriff des ‚Typischen' formuliert. Andererseits wollen Reisegäste auch neues Typisches kennenlernen. Dieser Aspekt äußert sich etwa in der Nachfrage, ob Lebensmittel, die gerade konsumiert werden, typisch für die Region seien (Narrative Muster 66).

Narrative Muster 66: Nachfrage nach dem Typischem

„Kommen wir denn mittags mal in so eine typische griechische Taverne?" (BeobPR13).

„Haben wir auf dieser Reise gar keinen typisch schottischen Abend? Mit Dudelsackmusik und Schottenröcken?" (BeobPR09).

„Ich bin super zufrieden mit der Reise bisher, hab schon fast alles gesehen, was auf der Liste stand, nur der Papageitaucher fehlt noch" (BeobPR12).

„Ist diese Wurst typisch für die Toskana?" (BeobPR02).

„Welcher Wein ist denn hier typisch?" (BeobPR02).

Als ‚typisch' bezeichnen die Reisegäste das, was ihre individuell aktualisierte gesellschaftliche Landschaft ausmacht. Das Typische kann sich verändern, je nachdem wie Reiseleiter vor Ort in ihren Aktualisierungsangeboten mit gängigen Stereotypen verfahren. Bei den Themen ‚Lebensmittel' und ‚Essen' spielt das Typische eine besonders wichtige Rolle. Einerseits gehört für die meisten Gäste der untersuchten Reisen das typische Essen zur Reise dazu, nach dem Motto: ‚Wenn Du in Griechenland bist, dann iss griechisches Essen und trinke griechische Getränke' (Schäfer 2015: 194). Andererseits herrscht gerade beim Essen häufig Unsicherheit darüber, welche Lebensmittel und Gerichte ‚wirklich typisch' seien. Die individuell aktualisierte gesellschaftliche Landschaft ist in diesem Bereich also unkonkret. Der Wunsch Typisches zu essen bleibt davon aber unberührt und lässt sich als romantischer Wunsch nach dem Authentischen interpretieren (vgl. Schäfer 2015).

Die Nachfrage nach dem Typischen drückt den Wunsch aus, Dinge zu sehen, die als Symbole für das Reiseziel funktionieren. MacCannell betont in diesem Zusammenhang, dass Symbole nicht nur als Teil der Dimension der gesellschaftlichen Landschaft eine wichtige Rolle für den Tourismus spielen – Paris wird demnach als Stadt der Liebe durch den Eifelturm symbolisiert – sondern auch bei der Aneignung von Landschaft entscheidend sind. So ist eine Reise nach Paris nicht komplett, ohne den Eifelturm gesehen zu haben. Gleichermaßen symbolisieren Ouzo und Retsina-Wein Griechenland (BeobPR13) und geben dem Touristen das gewünschte Gefühl, den Geschmack dieses Landes zu schmecken (MacCannell 2013: 131).

7.4.4.1   Komfort im Hotel: Grenze der Suche nach dem Typischen

Bestimmte Themen sind von der Suche nach dem Typischen nicht betroffen. Am Fall der Schlafgewohnheiten lässt sich zeigen, dass die Reisenden der untersuchten Reiseveranstalter nicht zu jedem Zeitpunkt einer Reise auf der Suche nach dem Typischen sind. Die Beobachtung einer TERRANOVA-Reisegruppe in Italien (BeobPR02) zeigte, dass die Reiseteilnehmer zwar großen Wert auf typisches Essen, typische Getränke und auch auf die Unterbringung in stilvollen, landestypischen toskanischen Landhäusern legte. Bei der Übernachtung aber forderten mehrere Reiseteilnehmer ein, dass das Bett in jedem Hotel heimischen Standards entspreche. In diesem Fall verlangten mehrere Ehepaare getrennte Betten. Als dies aufgrund der begrenzten Anzahl getrennter Betten unmöglich für alle zu realisieren war, verlangten die Paare zumindest einzelne Decken. Da die Unterkunft auf dieser Radtour täglich gewechselt wurde, wiederholten sich diese Verhandlungen um getrennte Betten täglich in einem neuen Hotel. Verschiedene Hoteliers erklärten, dass sie nur über eine geringe Anzahl an getrennten Betten in Doppelzimmern verfügten, da dies in Italien unüblich sei. Diese Erklärung wurde in jedem Hotel erneut ärgerlich zur Kenntnis genommen (BeobPR02). Häufige Anlässe zu Beschwerden über Hotelzimmer betreffen außerdem den Wasserdruck in der Dusche und das Fehlen von Warmwassermischern zum Beispiel in Großbritannien (BeobPR09). Hier zeigt sich, dass der Wunsch nach Authentizität und Typizität individuelle aber wohl auch milieuspezifische Grenzen hat.

7.4.4.2 Produktion des Typischen durch Reiseleiter

Reiseleiter reagieren auf die Nachfrage nach dem ‚Typischen', indem sie verstärkt auf das Typische hinweisen und damit stereotype landschaftliche Vorstellungen verfestigen oder neue Angebote zu Aktualisierung der Vorstellung des Typischen schaffen. Die Nachfrage nach dem Typischen unterscheidet sich je nach Reisegruppe und kann mehr oder weniger stark ausgeprägt sein. Eine Reiseleiterin berichtete von einer TERRANOVA-Gruppe, deren Teilnehmer bei Picknicks, welche das Reiseleiterteam vorbereitete, besonders häufig das Thema der Typizität von Lebensmitteln nachfragte (IntRV09). Alle Lebensmittel, die als ‚typisch mallorquin' präsentiert wurden, fanden die Zustimmung der Gäste, während sie untypische Lebensmittel ablehnten. Das verleitete die Reiseleiter dazu, den Gästen alle Lebensmittel als typisch zu präsentieren und führte zu einer Art Running-Gag unter den Reiseleitern, die sich darüber lustig machten, dass die Gäste immer Typisches nachfragten und alles guthießen, was ihnen als typisch präsentiert wurde. Nach der Heimreise von diesem Reiseleitereinsatz schrieb der Reiseleiter seiner Kollegin folgenden Text in einer SMS als Anspielung auf die Nachfrage nach dem Typischen:

> „Endlich zu hause. Heute Abend erstmal ein tyyyypisch mallorquinisches Wiener Schnitzel mit Pommes und Salat." (BeobPR06)

Von ähnlichen Beispielen berichten auch andere Reiseleiter (IntRL01, IntRL03, IntRL06). Der Wunsch, typisches Essen kennenzulernen, ist bei den meisten Reiseteilnehmern ebenso stark ausgeprägt, wie die Ablehnung untypischen Essens. Dabei herrscht oftmals Unsicherheit bei den Gästen, was denn in einer Region typisch sei. Viele Reisegäste kennen einige typische Gerichte, sind sich aber nicht sicher darüber, ob diese wirklich so typisch sind, wie sie denken und wollen darüber hinaus neue, ‚wirklich typische' Gerichte kennenlernen (BeobPR02, BeobPR04, BeobPR13, IntRV05). Aus Sicht der Gäste ist typisches Essen dadurch definiert, dass Lebensmittel und Zubereitungsform aus der bereisten Region stammen, wie auch immer diese Region abgegrenzt wird. Wichtigster Bezugspunkt sind hierbei Staaten. Französische Produkte können demnach in Spanien nicht typisch sein, ein spanischer Wein kann in Spanien getrunken werden, auch wenn er in der Rioja angebaut wurde, man aber selbst durch Andalusien reist (vgl. Schäfer 2015: 193-195).

Das ‚Typische' kann Fragen aufwerfen, wie das Beispiel der Herkunft der Lebensmittel zeigt, denn warum sollte von zwei Weinen, die beide nicht am Ort des Konsums produziert werden, einer typischer für den Ort sein, als der andere? Die Deutschen mögen mittags Sushi, Pizza oder Döner essen, der touristische Stereotyp kennt die Deutschen bei Weißbier, Brezen und Schweinebraten. McDonalds gilt der Tourismuswelt dagegen in keinem Land als typisch, obwohl seine

Filialen fast überall zu finden sind und von Einheimischen vieler Länder frequentiert werden. Für den Tourismus ist demnach nicht das typisch, was die meisten Bewohner eines Ortes machen. Das Typische ist auch nicht deshalb typisch, weil es schon immer mit einer Region verbunden ist und organisch aus dieser hervorkommt und deshalb Teil dieser Region ist, denn die meisten Lebensmittel und Herstellungsprozesse wurden irgendwann importiert und waren zu diesem Zeitpunkt neu und modern und nicht typisch und traditionell. Typisch ist, was zu einem bestimmten Zeitpunkt an einem bestimmten Ort von jemandem als typisch bezeichnet wurde, wenn eine derartige Deutung sich in der Folge verfestigen konnte. Das Typische ist immer eine Konstruktion und ein Wunschbild. Was in einer Landschaft produziert und zum Konsum angeboten wird, ändert sich. Das Typische ist im Kontext von Lebensmitteln demnach vielmehr als Ausdruck eines Wunsches nach Tradition, Verwurzelung und gesunden Lebensmitteln zu verstehen.

7.5 Die individuell aktualisierte Landschaft der Gäste als Reisemotivation

Auf der Reise erzählen Gäste im Gespräch gelegentlich, warum sie die Reise gebucht haben. Hierbei stellt sich heraus, dass das Reiseziel für einige Gäste weitgehend auswechselbar ist und andere Kriterien als das Reiseziel über die Buchung entscheiden. Andere Gäste wollen unbedingt eine bestimmte Destination bereisen, die Auswahl des Reiseziels ist bei ihnen also weniger kontingent. Bei Reisen in Schottland äußerten Reiseteilnehmer, sie fahren im Sommer immer ‚in den Norden‘, da ihnen das kühle Wetter besser gefalle als die Hitze in Deutschland (BeobPR09, BeobPR10). Ebenso äußerten Reiseteilnehmer auf Reisen in Griechenland, dass sie ‚nochmal Sonne für den Winter tanken‘ wollten und deshalb eine Reise in ‚den Süden‘ gebucht haben, wobei für die Buchung der konkreten Reise Termin und Preis ausschlaggebend gewesen seien (BeobPR13). Andere Reisegäste orientieren sich an der Produktkategorie und kommen auf diesem Weg zu ihrem Reiseziel. Auf Flusskreuzfahrten berichteten Reisegäste, dass sie immer Flusskreuzfahrten machten, weil ihnen diese Reiseform gefalle, sie hätten nicht unbedingt nach Südfrankreich gewollt, aber die Tour auf der Rhone hätten sie bisher noch nicht gemacht (BeobPR01; vgl. Böttger 2015). Ebenso berichteten Reisegäste auf einer Wanderreise in Schottland, sie hätten nach einer etwas anspruchsvolleren Reise auf einem Fernwanderweg gesucht und seien so auf den West Highland Way gestoßen, die Reisebeschreibung habe ihnen zugesagt (BeobPR10). Die Aussagen dieser Reisegäste bestätigen die Herangehensweise der Reiseveranstalter, die ihr Programm nicht nur nach Destinationen geordnet für die Werbung aufbereiten, sondern Produktkategorien schaffen, da für viele Reisegäste die Destination nicht das wichtigste Auswahlkriterium bei der Buchung einer Reise darstellt. Auf einen erheblichen Anteil der Reisenden trifft demnach Krippendorfs Aussage, wonach sich die touristische Nachfrage primär nach Reisezielen richte (Krippendorf 1980: 52; vgl. Kapitel 3.5.4) nicht zu.

Viele Reisegäste erzählen jedoch auch, dass für sie nur die ausgewählte Destination als Reiseziel infrage gekommen sei. Bei dieser Gruppe von Reisegästen ist die Auswahl des Reiseziels nicht oder nur wenig kontingent. Die betreffenden Reisegäste können häufig den Ursprung ihres Reisewunsches konkret benennen und verorten ihn oft in der Literatur. Auf einer Reise in Schottland berichtete ein Reisegast, er habe viele Bücher über Schottland gelesen und er sei dadurch auch zum Fan der schottischen Musik geworden. Nun habe er endlich einmal selbst herkommen wollen. Die Landschaft gefalle ihm hier genauso gut, wie er es sich vorgestellt habe, was ihn aber enttäusche, sei, dass in den Pubs die „normale Hitparade" gespielt werde. Er habe erwartet, dass dort „mehr nationale Identität" präsentiert werde (BeobPR10). Eine andere Reisende lokalisiert den Ursprung ihres Reisewunsches ebenfalls in der Literatur, sie habe Bücher über Schottland gelesen und sei fasziniert gewesen von den „Landschaftsbeschreibungen". Ihre Erwartungen würden durch die Reise erfüllt, woran sie nicht gezweifelt habe, denn man kenne ja die Landschaft ohnehin durch Filmaufnahmen (BeobPR09). Auch Berichte im Reiseteil von Zeitungen werden als Auslöser von Reisewünschen beschrieben (BeobPR09). Ein Reiseziel, dessen Auswahlprozess bei den Touristen offenbar wenig Kontingenz aufweist, ist Island. Die meisten Reiseteilnehmer berichten hier, dass sie sich bewusst für Island als Reiseziel entschieden hätten (BeobPR12). Dies steht in Zusammenhang mit der Aussage eines Reiseleiters: „Nach Island kommen andere Leute als nach Mallorca" (IntRL06). Als Hintergrund für diese Aussage nennt der Reiseleiter die niedrigere Wahrscheinlichkeit einen Sommerurlaub in Island bei sonnigem und warmem Wetter zu verbringen, man müsse sich also andere Gründe für seine Reise überlegt haben (IntRL06).

Die individuell aktualisierte gesellschaftliche Landschaft bezeichnet individuelle Vorstellungen von Landschaft, also z. B. die individuelle Vorstellung, die ein Mensch von Schottland, Island oder Mallorca hat (vgl. Kapitel 2.4.2). Die gesellschaftliche Praxis, solche Vorstellungen durch Reisen und Aneignung vor Ort zu aktualisieren, ist der Ausgangspunkt für die Tourismuswirtschaft. Gleichzeitig bilden diese Vorstellungen den Anknüpfungspunkt für die Tourismuswerbung. Sie versucht gängige Vorstellungen von Reisezielen aufzugreifen und propagiert das positive Erlebnis einer individuellen Aneignung. Auch wenn die Entstehung der individuell aktualisierten gesellschaftlichen Landschaft in dieser Untersuchung nicht detailliert behandelt wird, so weisen die Aussagen vieler Reisegäste darauf hin, dass diese Dimension der Landschaftstheorie gut geeignet ist, um Reisemotivation zu untersuchen.

Reisegäste entscheiden sich aus unterschiedlichen Gründen zur Buchung einer Reise und zur Auswahl eines Reiseziels. Die individuell aktualisierte gesellschaftliche Landschaft einer Person begründet, welche Regionen der Person als attraktive Reiseziele gelten; wobei viele Gäste Reisen aus einer Selbstverständlichkeit heraus buchen, welche das touristische Reisen als fest etablierte gesellschaftliche Praxis ausweist. Fast alle Reisegäste unternehmen jährlich mindestens eine Urlaubsreise. Nicht nur das Wissen über ein Reiseziel motiviert also zum Reisen, sondern der Wunsch zu Reisen existiert unabhängig von Reisezielen und wirft die Frage auf: ‚Wohin dieses Jahr?' (Amirou 2012: 78; Übers. E. A.). Landschaftsvorstellungen können einerseits Reisewünsche auslösen und andererseits bestehende Reisewünsche auf ein Ziel lenken. Reisen kann als gesellschaftlich vorgeformte Handlungsmöglichkeit, als Reaktion auf Bedürfnisse, verstanden werden. Auf welche Bedürfnisse eine Handlungsmöglichkeit die Antwort darstellt, darüber geben die Motivationen der Handelnden Auskunft (vgl. Kapitel 3.2). Urlaubsreisen sind als fest etablierte gesellschaftliche Praxis üblicherweise nicht als spontane Reaktion auf ein Bedürfnis zu verstehen, dies zeigt z. B. der lange Zeitraum, der bei den meisten Reisegästen zwischen Buchung und Reise liegt. Landschaftsdarstellungen dienen einerseits dazu, der fest etablierten Reiselust Ziele zu geben und andererseits dazu, die Reiselust immer neu zu entfachen.

7.6 Distinktionsverhalten: Touristen sind die Anderen

7.6.1 *Produktion der Abgrenzung von den ‚Touristenmassen' durch Reiseleiter*

Die untersuchten Reiseveranstalter sind darum bemüht, ihren Gästen ‚exklusive' Erlebnisse zu verschaffen. Dazu gehört auch die Bemühung um eine sichtbare Abgrenzung von anderen Touristen, denn der Gast soll das Gefühl bekommen, dieses oder jenes Erlebnis sei so nur mit dem gewählten Veranstalter möglich (BeobPR11). CHAMÄLEON wirbt zum Beispiel generell mit kleinen Reisegruppen von maximal zwölf Personen. Die Abgrenzung zu Veranstaltern mit größeren Gruppen wird hier zum Unterscheidungsmerkmal:

> „Schon durch die Vorstellung, mit höchstens 12 Leuten unterwegs zu sein, entsteht ein Gefühl dafür, wieviel intensiver Sie ein Land erleben werden. 12 oder weniger sind das ganze Geheimnis für hautnahe Begegnungen mit den Highlights eines Landes." (CHAMÄLEON)

In Island rät WIKINGER seinen Reiseleitern dazu, möglichst dann zu den Attraktionen, wie zum Beispiel dem Wasserfall Seljalandsfoss, zu fahren, wenn die großen Reisebusse wieder weg sind. Diese Maßnahme zugunsten eines ungestörten Erlebnisses der Gruppe kommuniziert der Reiseleiter auch seinen Gästen, denn die Bemühungen von Reiseleitern, an der Distinktion der Reisegruppe von ‚Touristenmassen' mitzuarbeiten, wird von Reisegruppen in der Regel durch Anerkennung honoriert. Indem der Reiseleiter dafür sorgt, dass die Gäste den Wasserfall ‚ungestört' durch andere Touristen genießen können, dürfen die Reisegäste sich als etwas Besonderes fühlen im Vergleich zu den ‚Touristenmassen'. Dass alle Touristen dieselben Sehenswürdigkeiten anschauen, weil der Reiseleiter andernfalls gar nicht versuchen müsste, den ‚Touristenmassen' nicht zu begegnen, bleibt weitgehend unproblematisch, da die Auswahl der Sehenswürdigkeiten unhinterfragt bleibt solange sie als Teil der individuell aktualisierten gesellschaftlichen Landschaft auf der imaginären ‚Must-see-Liste' der Reisegäste stehen. Die Reiseveranstalter präsentieren ihren Reisegästen also nichts Neues oder Unbekanntes, sondern versuchen ihnen das Bekannte so zu präsentieren, als würden sie es gerade entdecken. Dafür müssen sie exklusiven Zugang ermöglichen, der unter Ausschluss der ‚Touristenmassen' stattfindet. Die einzige Möglichkeit dazu besteht meist darin, ungewöhnliche Zugangszeiten zu wählen (BeobPR04, BeobPR11).

7.6.2 Konsum: Distinktion

Der Umgang der Touristen mit anderen Touristen bietet verschiedene Ansatzpunkte, um das Verhalten im Hinblick auf Distinktionsprozesse zu untersuchen. Hier werden drei Aspekte thematisiert: die Wahrnehmung anderer Touristen bei der Aneignung von Landschaft, der Ausschluss anderer Touristen von Fotomotiven und explizit geäußerte Abgrenzung von den Reiseformen anderer Touristen.

7.6.2.1 Andere Touristen und Einheimische als lesbare Zeichen

John Urrys Konzept von *romantic* und *colletive gaze* bietet eine Grundlage zum Verständnis, wie die Präsenz anderer Touristen, aber auch Einheimischer gedeutet wird (Urry 2002). Je nach Sehenswürdigkeit dominieren unterschiedliche gesellschaftslandschaftliche Vorstellungen die Erwartungen von Touristen und produzieren andere Wünsche bezüglich der Anwesenheit oder Abwesenheit anderer Menschen. Die Geysire und Wasserfälle in Island werden als Naturwunder im Modus des *romantic gaze* betrachtet, das heißt für eine Gruppenreise, man wäre dort am liebsten allein mit seinen Mitreisenden (BeobPR12). Der Geysir oder auch die Wasserfälle Gullfoss oder Seljalandsfoss sind jedoch während der Tourismussaison immer stark besucht, und selbst bei wenig Betrieb weist die intensive Besucherinfrastruktur mit Parkplätzen, Toiletten, Shops, markierten Wegen und Absperrungen darauf hin, dass man sich an einem touristischen Hotspot befindet. Sind die Reisenden trotzdem von der Sehenswürdigkeit begeistert, dann treffen sie Aussagen, wie: ‚Trotz der vielen Menschen ist es einmalig schön/beeindruckend‘. Manche Reisende sind jedoch enttäuscht wegen der vielen Touristen an diesem Ort (BeobPR12). Ihr Wunsch nach *romantic gaze* wurde also nicht erfüllt. Sie wollten nicht nur den Geysir sehen, sondern sie wollten ihn in einer bestimmten Art und Weise sehen, eben dem *romantic gaze*. In Städten ist die Situation meist umgekehrt. Menschen gehören zum Stadtbild, sie sind Teil der gesellschaftslandschaftlichen Vorstellung von Stadt. An diese Menschen werden jedoch Anforderungen gestellt, denn es muss mindestens ein bestimmter Anteil Einheimischer darunter sein, andernfalls wird die Situation als ‚zu touristisch‘ abgelehnt. Beispielhaft ist dieser Anspruch in folgender Aussage der Teilnehmerin einer Wanderreise auf Rhodos dargestellt:

> „Rhodos-Stadt habe ich mir anders vorgestellt. Ich mag es nicht so gern wenn es so voll ist. So mit der Gruppe ist das was anderes. Aber wenn das so vermarktet wird, das mag ich nicht." (BeobPR14)

Einheimische dagegen dienen als Beweis für ein gutes Erlebnis. Reisegäste berichten zum Beispiel erfreut, dass sie an einem freien Nachmittag ihren Kaffee in einem „richtig typischen italienischen Café" getrunken hätten, in dem „ansonsten nur Italiener waren" (BeobPR02, BeobPR05) oder ein „Bier in einem Pub getrunken haben, wo sonst nur Schotten" (BeobPR08) gewesen seien. Auch Reiseleiter beziehen sich auf die Gewohnheiten der Einheimischen, wenn sie den Gästen das Programm schmackhaft machen wollen. Etwa so: „In diesem Restaurant gehen viele Einheimische essen" oder „die Spanier gehen am Wochenende gern in die Sierra Subbetica" (BeobPR04).

7.6.2.2   Touristen stören auf Fotos

Touristen versuchen in der Regel ihr Fotomotiv abzulichten, ohne dabei andere Touristen im Bild zu haben. Ein Reisegast einer Gruppe in Andalusien zeigte nach der Besichtigung der Alhambra stolz der Gruppe ein Foto des ‚Löwenbrunnens‘ ganz ohne andere Menschen und erntete dafür die Anerkennung der Gruppe (BeobPR06). Der Löwenbrunnen ist deshalb so schwer ohne Menschen zu fotografieren, weil der Innenhof in dem er sich befindet, ständig mit Menschen gefüllt ist. Auf den Fotos der Reiseveranstalter sind die Sehenswürdigkeiten der Alhambra aber menschenleer fotografiert. Die Reisenden versuchen in derartigen Situationen bewusst oder unbewusst Katalogbilder von Reiseveranstaltern zu reproduzieren, welche die Sehenswürdigkeiten ebenfalls ohne Touristen, oder nur mit Personen, die als Teilnehmer der eigenen Reisegruppe identifizierbar sind, darstellen.

7.6.2.3   *Distinktion mittels der Reiseform*

Touristen sind sich in hohem Maße ihrer eigenen Reiseform bewusst und nutzen diese zur Distinktion von anderen Touristen. Dabei kann eine regelrechte Distinktionskette entstehen, die sich an einem stereotypen Ideal orientiert, das als eigenständiger Abenteurer oder Bildungsreisender beschrieben werden kann. Im Falle einer Wanderreise entlang des Fernwanderwegs West Highland Way in Schottland lässt sich dieses Prinzip verdeutlichen, da hier zahlreiche Reiseformen aufeinandertreffen und vielfältige Möglichkeiten zu fein abgestuften Disktinktionsprozessen gegeben sind. Der West Highland Way ist ein sehr populärer Fernwanderweg, der von einem Außenbezirk Glasgows nordwärts bis in die Stadt Fort William durch die schottischen Highlands verläuft. Der Weg ist circa 150 Kilometer lang, übernachtet wird in Herbergen entlang des Weges oder im eigenen Zelt auf Campingplätzen. Eine Wanderreise entlang dieses Fernwanderwegs kann prinzipiell selbstständig geplant und durchgeführt werden. Das bedeutet, dass Wanderer ihre Ausrüstung für die etwa sieben- bis achttägige Tour sowie gegebenenfalls ein Zelt, Schlafsack und Isomatte selbst tragen. Es gibt jedoch auch Reiseagenturen, die den Wanderern die Übernachtungen buchen und sie mit Kartenmaterial und sonstigen Informationen versorgen. Diese Agenturen bieten auch Gepäcktransport an, einige Wanderer sind also mit vollem Wochengepäck und Zelt unterwegs während andere ihr Wochengepäck tragen, aber in den Herbergen übernachten und wieder andere nur Tagesgepäck tragen. Weiterhin finden auf dem Weg geführte Gruppenreisen mit Reiseleiter statt (u.a. WIKINGER) und schließlich werden verschiedene Sehenswürdigkeiten der Region auch per Reisebus von vielen internationalen Veranstaltern angesteuert. Touristen mit unterschiedlichen Reiseformen sind also im gleichen Gebiet unterwegs, begegnen einander häufig und bringen an verschiedenen Stellen ihr Bedürfnis nach Disktinktion zum Ausdruck. Da alle Reisenden den Weg von Süd nach Nord laufen und sich die Strecke in ähnliche Etappen einteilen, begegnet man in der Regel täglich bekannten Gesichtern entweder beim Start, der Mittagspause oder bei Sehenswürdigkeiten entlang des Weges (BeobPR07-10). Die Interaktionen, die zu diesen

Gelegenheiten zwischen den Wanderern stattfinden offenbaren folgende Distinktionskette:

1. Die Reisenden, die ihre komplette Ausrüstung tragen, machen häufig
Scherze über diejenigen, die nur einen Tagesrucksack tragen.

2. Individuell Reisende mit Gepäcktransport sagten, wenn sie auf die Reisegruppe von WIKINGER trafen „Oh da kommt schon wieder die Tourigruppe.
Schnell weiter" (BeobPR07). Im Gespräch stellten sie heraus, dass es wunderschön sei, allein zu wandern, weil man sich nicht nach einer Gruppe richten müsse
und anhalten könne, wo es einem unterwegs gefalle. Das ganze Gepäck zu schlep-
pen hielten sie allerdings für sinnlos, da es doch die Möglichkeit zum Gepäcktransport gebe.

3. Mitglieder der Reisegruppe von WIKINGER betonten wiederum ihre
Leistung gegenüber Busreisenden, die nur durch die Landschaft gefahren würden.

Diese Distinktionskette richtet sich also entlang der Dimensionen ‚körperliche Anstrengung‘ und ‚Selbstständigkeit bei der Reiseorganisation und beim Reiseablauf‘ aus. Entlang der Distinktionskette sprechen die Reisenden den jeweils
‚niedrigeren‘ Gruppen ein echtes Reiseerlebnis mit der Begründung ab, dass dafür
mehr körperlicher Einsatz und Selbstständigkeit notwendig seien. Der nächsthö-
heren Gruppe in der Distinktionskette wird dagegen entweder Respekt entgegengebracht oder ihre Reisemodalitäten werden als sinnlose Quälerei oder sogar als
gefährlich abgelehnt. Kommentare lauten dann zum Beispiel ‚Respekt, das wäre
nichts für mich‘ oder man belächelt die ‚sinnlose Quälerei‘, der sich die anderen
aussetzen (BeobPR07-10). Ähnliche Distinktionsprozesse zwischen Touristen
lassen sich auf jeder einzelnen Reise beobachten. Teilnehmer von Wanderreisen
grenzen sich zum Beispiel von ‚Strandurlaubern‘ ab, wie die folgenden zwei Beobachtungen von einer WIKINGER-Wanderreise auf Rhodos zeigen.

Narrative Muster 67: Distinktionsverhalten

Beispiel 1: Ein Reiseteilnehmer erzählte von seinem Hinflug: „Im Flugzeug habe
ich mit Leuten geredet, die haben das gar nicht verstanden, dass ich hier zum
Wandern herkomme. Die meisten kommen ja nur her und legen sich an den
Strand. Manche verlassen in einer Woche nicht einmal das Hotel. All inclusive
und dann immer am Pool oder am Strand" (BeobPR14).

Beispiel 2: Beim Abstieg vom Klosterberg Tsampika auf Rhodos kamen der
Wanderreisegruppe vier Personen entgegen und wunderten sich offenbar über die
entgegenkommende (WIKINGER-) Gruppe. Eine der Personen sagt laut hörbar
zu ihren Begleitern: „Gerade eben war es so schön leer und jetzt kommt uns so

eine Busgruppe entgegen." Darauf reagierte ein Reisegast der WIKINGER-Wandergruppe mit den Worten: „Nein, nein, kein Bus, wir sind den längeren Weg vom Strand hier heraufgelaufen!" Und danach zum Reiseleiter: „Das sind so typische Touristen aus den Bettenburgen, die fahren mit dem Auto bis ganz rauf" (BeobPR14).

Besonders Beispiel 2 (Narrative Muster 67) verdeutlicht, wie Touristen mit verschiedenen Reiseformen sich im Hinblick auf ihre persönliche Idee vom ‚richtigen' Reisen jeweils selbst in der Position des Überlegenen wähnen. Die Wanderer hoffen darauf, aufgrund ihres körperlich anstrengenden Zugangs zur Sehenswürdigkeit einen Distinktionsgewinn zu erzielen. Nicht-wandernde Touristen werden von ihnen als ‚typische Touristen aus den Bettenburgen, die mit dem Auto bis rauf fahren' abgeurteilt. Die nicht-wandernden Touristen identifizieren jedoch das Kriterium der Gruppenreise als Ansatzpunkt von Kritik und Distinktion, indem sie die Wandergruppe abwertend als ‚so eine Busgruppe' bezeichnen und sich damit als mündige, selbstständige Individual-Reisende gegenüber unmündigen, unselbstständigen Pauschalreisenden positionieren. Im Kontext derartiger Distinktionsprozesse stellt Illing (2006) fest, dass schlechter Geschmack „meistens im Hinblick auf Werte und Ästhetiken der jeweils ‚niederen' Milieus konstatiert [wird], denen man sich auch sozial überlegen fühlt" (Illing 2006: 170). Das eben besprochene Beispiel (Narrative Muster 67, Beispiel 2) zeigt, dass über den Aufbau der sozialen Rangordnung nicht immer so große Einigkeit besteht, wie sie oben am Beispiel der Distinktionskette zwischen unterschiedlichen Reiseformen auf dem Fernwanderweg West Highland Way demonstriert werden konnte.

7.7 Reisen als Passageritus

Die beschriebenen Distinktionsmuster weisen auf eine Idealvorstellung der Reise und der Reisenden hin. Das Vorbild der Reisegäste ist demnach ein Reisender, der selbstständig und unabhängig das Reiseland erkundet (trägt sein Gepäck selbst oder wäre zumindest dazu imstande). Er scheut keine Anstrengungen (fährt nicht mit dem Auto bis ganz rauf) und braucht nicht die Sicherheit einer ‚Tourigruppe' oder ‚Busgruppe', sondern möchte lieber flexibel sein. Er tritt mit Einheimischen in Kontakt und beweist dadurch, dass er überall selbstständig zurechtkommt (trinkt Kaffee und Bier dort, wo nur Einheimische sind). Dieser Idealtypus kann, wie weiter oben bereits geschehen, als Ideal des eigenständigen Bildungsreisenden oder Abenteurers bezeichnet werden. Dieses Ideal unterliegt individuellen Modifizierungen (vgl. Blumer 1969: 4-5). Die allgegenwärtige Abgrenzung gegenüber dem Massentourismus auch seitens der Reiseveranstalter erhärtet diese

Feststellung eines stereotypen Ideals des Reisens. Die Reiseveranstalter betonen indes nicht die Herausforderung einer Reise. Sie versprechen in ihrer Werbung wunderbare Erlebnisse abseits des Massentourismus. Bei Veranstaltern und auch bei den Reisenden scheint die gängige Tourismuskritik, die von Stefan Zweig formuliert wurde, die aber auch von vielen anderen Stimmen mit ähnlicher Argumentation und Zielrichtung immer wieder geäußert wird, Wirkung zu entfalten. Den Vorwurf, nicht zu reisen, sondern ‚gereist zu werden', aktualisieren Reisende in ihrem Distinktionsverhalten während jeder Reise aufs Neue. Alleinreisende sagen: ‚Schnell weiter, da kommt die Tourigruppe'. Die wandernde ‚Tourigruppe' sagt: ‚Die Busgruppen werden ja nur durch die Landschaft gefahren' und meint damit – sie werden gereist und das ist schlechter als zu Wandern, denn Wandern bedeutet selbst zu reisen (vgl. Zweig 2010 [1926]: 71-74).

Die Reisegäste offenbaren somit ihre Übereinstimmung mit einem Verständnis von Reisen wie es von Stefan Zweig formuliert wurde (Zweig 2010 [1926]: 71-74; Kapitel 5.12.2). Stefan Zweig konstruiert ein Wesen der Kulturpraxis Reisen, in dessen Zentrum er Herausforderung und Abenteuer positioniert. Das Wesen des Reisens sei demnach die Herausforderung, sich in der Fremde selbstständig zurecht zu finden. Ein Reisender unterbricht in dieser Vorstellung seinen Alltag, um die Herausforderungen anzunehmen, welche die Fremde an ihn stellt und gewinnt dadurch positive Erfahrungen:

Narrative Muster 68: Abenteuer als Teil eines sozial konstruierten Wesenskerns der Kulturpraxis Reisen

„Ich habe mich bemüht, einmal in einen solchen Menschenschub mich hineinzudenken; die Bequemlichkeit lässt sich nicht leugnen [...]. Aber doch: geht nicht gerade das Geheimnisvollste des Reisens [...] verloren? Noch von uralten Zeiten her umwittert das Wort Reise ein leises Aroma von Abenteuer und Gefahr [...]. Wenn wir reisen, tun wir's doch nicht nur um der Ferne allein willen, sondern auch um des Fortseins vom Eigenen [...]. Und dies sonderbare, aber zum wahrhaften Erleben gehörige Gefühl entbehren alle, die so gereist werden statt zu reisen, die irgendwo an einem Schalter zwar den Preis für die Rundreise aus der Brieftasche bezahlen, aber nicht den anderen Preis, den höheren, wertvolleren, aus dem inneren Willen, der gespannten Energie. Und sonderbar: gerade dieser Aufwand erstattet sich später am verschwenderischsten zurück. Denn nur da, wo wir mit Ärger, Unannehmlichkeiten, Irrtum uns einen Eindruck erkauften, bleibt die Erinnerung besonders leuchtkräftig und stark, an nichts denkt man lieber als an die kleinen Mühseligkeiten, die Verlegenheiten, die Irrungen und Wirrungen einer Reise [...]" (Zweig 2010 [1926]: 71-74).

Stefan Zweig begreift Reisen also nicht als Flucht aus dem Alltag, sondern als Unterbrechung des Alltags, in der Reisende sich Herausforderungen stellen. Diese Deutung begreift das Reisen als eine Art von Passageritus. Das Motiv ist nicht Flucht, sondern Unterbrechung des Alltags, denn von Anfang an ist die Rückkehr in den Alltag geplant. Vor diesem Hintergrund stellen sich nun die Fragen: Welche Rolle spielt das Motiv ‚Herausforderung' in den untersuchten Reisen? Lassen sich die Reisen als Passageritus deuten und welche Bedeutung hat Landschaft dabei?

7.7.1 Produktion von Dramaturgie

Eine Dramaturgie im Sinne dieser Arbeit ist eine Form der Kontextualisierung von Ereignissen, also ein Angebot zur Aktualisierung von Ereignissen, so wie Deutungen von räumlichen Einheiten ein Angebot zur Aktualisierung dieser räumlichen Einheiten darstellen. Eine volle Altstadt kann zum Beispiel unterschiedlich gedeutet werden: ‚Von Touristen überlaufene Altstadt mit jeder Menge Neppgeschäften' oder ‚absolutes kulturelles Highlight, klar, dass man dort nicht allein ist'. Gleiches gilt für eine leere Altstadt: ‚Authentische spanische Altstadt frei vom Touristenrummel' oder ‚langweiliger Ort, hier gibt's ja auch nichts zu sehen'. Ebenso kann ein Ablauf, wie eine Wanderung auf einen Berg, als ‚sinnlose Schinderei' bezeichnet und gedeutet werden oder als ‚Herausforderung, die mit einem spektakulären Ausblick belohnt wird und außerdem hat man sich danach das Essen so richtig verdient'. Eine Dramaturgie in diesem Sinne stellt Abläufe in einen Kontext, dies kann entweder vor dem Ablauf oder nach dem Ablauf der Ereignisse geschehen. Das Erwartungsmanagement von Reiseleitern kann in einigen Fällen als Versuch der Etablierung einer Dramaturgie der Reise bewertet werden. Wenn eine Reiseleiterin bei der Vorstellung einer Reise sagt, in der ersten Hälfte der Woche geht es um Landschaft, in der zweiten Hälfte geht es um Kultur, dann interpretiert sie damit die Reise und fordert die Gäste auf, dieser Interpretation zu folgen in der Hoffnung, dies möge sich auf ihre Erwartungen und damit auf ihre Beurteilung der Erlebnisse auswirken (BeobPR04). Inwiefern Herausforderungen durch Reiseleiter und Reisegäste thematisiert werden, soll im Folgenden analysiert werden. Die Frage ist dabei, ob es Formen von Produktion und Konsum von Herausforderungen gibt, die es rechtfertigen würden, die untersuchten Reisen als Passageriten zu betrachten.

Der erste Kontakt zwischen Reisegästen und Reiseleiter findet in der Regel an einem vereinbarten Startpunkt der gemeinsamen Reise statt, häufig ist dies der Ankunftsbereich des Zielflughafens. Der erste gemeinsame Programmpunkt als Reisegruppe ist danach die Vorstellungsrunde mit Vorstellung der Reisegäste, des

Reiseleiters und des Reiseverlaufs. Die Vorstellungsrunde lässt sich als inszeniertes Eintrittsritual begreifen. Sie findet meist am Ankunftstag statt, sobald alle Gäste eingetroffen sind und ihre Hotelzimmer bezogen haben. Als Ende der gemeinsamen Reise wird üblicherweise der letzte gemeinsame Abend inszeniert. Meist gibt es zu diesem Anlass zwei kürzere oder längere Reden vom Reiseleiter und von einem Reisegast, der stellvertretend für die Gruppe spricht. In diesem Rahmen findet auch die Übergabe des Trinkgeldes an den Reiseleiter statt. Dieser letzte gemeinsame Abend lässt sich als Austrittsritual verstehen. Man spricht darüber, wie schön die Reise war und aktualisiert die Erinnerung an das gemeinsam Erlebte. Diese beschriebenen Ein- und Austrittsrituale sind spezifisch für die untersuchte Reiseform der Gruppenreise. Im Kontext individueller Reisen betrachtet Lippmann Reisevorbereitungen sowie An- und Abreise als Ein- und Austrittsrituale in eine Gegenwelt, als die er touristische Reiseziele versteht (Lippmann 2016: 33). Welche Herausforderungen werden zwischen Eintritts- und Austrittsritual erlebt? Herausforderungen, die das Programm bereithält, werden vom Reiseleiter in der Regel als solche dargestellt. Dabei kann es sich um die längste Wanderetappe der Woche handeln oder um den höchsten Berg, der auf einer Reise erwandert wird (BeobPR08). Diese Programmpunkte legt der Reiseveranstalter fest und sie sind jedem Reiseteilnehmer von vornherein bekannt oder können es aufgrund ihrer Veröffentlichung in der Reisebeschreibung zumindest sein. Der Reiseleiter hat nun die Aufgabe, das Programm zu interpretieren. Hierbei kann er eine Dramaturgie erstellen, indem er bestimmte Programmpunkte zu Herausforderungen stilisiert. Bei der Wanderung auf dem West Highland Way gibt der Reiseverlauf eine Dramaturgie vor, die leicht vom Reiseleiter ausgeschmückt werden kann, denn man wandert zunächst 150 Kilometer in Richtung Norden, um dann am letzten Tag den Ben Nevis, den höchsten Berg Großbritanniens, zu besteigen, den man bei klarer Sicht bereits drei Tage vor der Besteigung aus der Ferne sehen kann (BeobPR08). Bei weniger sportlichen Reisen, wie denen von TERRANOVA, ist eine derartige Dramaturgie seltener und nicht so stark ausgeprägt, denn auch den Gästen geht es weniger um sportliche Herausforderungen. Die Darstellung eventueller Risiken dient bei allen Reisen und Veranstaltern vor allem der Absicherung des Reiseleiters vor Anschuldigungen im Falle eines Unfalls. Auf Wanderreisen passiert es gelegentlich, dass einzelne Etappen für einige Teilnehmer zu schwierig sind. Wenn diese Reisegäste nicht von selbst vorschlagen, die schwierige Etappe auszulassen, dann kann der Reiseleiter in dieser Situation die Herausforderung der nächsten Etappe etwas überzeichnen, um so die betreffenden Personen davon zu überzeugen, dass es besser für sie (und die Gruppe) sei, diese Etappe auszusetzen. Grundsätzlich verbieten das Sicherheitsbedürfnis der Reisegäste und die Inhomogenität von Reisegruppen den Reiseveranstaltern, Angebote mit technisch schwierigen Wanderungen oder Radtouren anzubieten. Die Schwierigkeiten ergeben sich daher bei den allermeisten anspruchsvollen Wanderreisen aus den konditionellen Anforderungen.

Neben diesen geplanten Herausforderungen sieht sich ein Reiseleiter auf jeder Reise mehr oder weniger großen spontanen Herausforderungen gegenüber. Diese entstehen aus dem Wetter, Unfällen, Inhomogenität bis hin zu Inkompatibilität der Reisegruppe, Zusammenarbeit mit örtlichen Dienstleistern, etc. (BeobPR03, BeoPR04, BeobPR12). Ein Reiseleiter muss bei Wanderungen oder Radtouren Wasser und Verbandsmaterial für den Notfall mitführen und kann sich während der Wanderung oder Radtour nicht auf sein eigenes Wohlbefinden konzentrieren, sondern richtet seine Aufmerksamkeit vor allem darauf, dass alle Teilnehmer gesund und zufrieden das Tagesziel erreichen. Darüber, ob sich ein Teilnehmer gesund und zufrieden fühlt, entscheidet dessen subjektive Wahrnehmung, welche der Reiseleiter kennenlernen und antizipieren muss, um den jeweiligen Reisegast ‚bei Laune zu halten‘. In diesem Kontext ist ein Reiseleiter in der Regel darum bemüht, Situationen von der Gruppe abzuwenden, die von den Reiseteilnehmern als Herausforderung empfunden werden könnten, denn keinesfalls darf bei Teilnehmern der Eindruck entstehen, der Reiseleiter habe sie in Gefahr gebracht oder absichtlich überfordert, da dies mit starkem Unbehagen seitens der Gäste verbunden ist. Bei aufziehendem Regen oder sonstigem schlechten Wetter wird ein Reiseleiter zum Beispiel überlegen, wie er der Gruppe eine trockene Mittagspause ermöglichen kann (BeobPR08). Angesichts einer Herausforderung, wie sie etwa schlechtes Wetter häufig stellt, kann der Reiseleiter entscheiden, das geplante Programm abzubrechen. In Entscheidungsprozesse ohne Relevanz für die Sicherheit wird die Gruppe miteinbezogen, denn so entscheiden die Reisegäste selbst, ob sie zum Beispiel bei Regen Radfahren möchten oder nicht.

Der Umgang von Reiseleitern mit dem Thema ‚Herausforderung‘ ist von zwei gegensätzlichen Ansprüchen der Gäste bestimmt. Einerseits haben die Gäste ein sehr hohes Sicherheitsbedürfnis. Daher sind Reiseleiter vor allem darum bemüht, Herausforderungen und unvorhergesehene Anstrengungen von der Gruppe abzuwenden. In allen Situationen muss ein Reiseleiter seinen Gästen ein Gefühl der Sicherheit vermitteln, denn ein Gefühl von Gefahr wird von den Reisegästen extrem negativ erlebt (BeobPR14). Andererseits werden erfolgreich gemeisterte Herausforderungen von den Reisegästen in der Regel positiv bewertet, wenn sie nicht das Gefühl hatten, in Gefahr gewesen zu sein (BeobPR04, BeobPR12, BeobPR14). Daher heben Reiseleiter vor allem zurückliegende Ereignisse als erfolgreich gemeisterte Herausforderung positiv hervor, um ihren Gästen vor allem nach körperlichen Herausforderungen Bestätigung zu vermitteln. Das Motiv der Herausforderung wird im Vorfeld von Ereignissen benutzt, um den Gästen Risiken zu verdeutlichen und sie damit zur Vorsicht zu mahnen und eigene Verantwortung zu betonen. Trotz aller Bemühungen der Reiseleiter, Herausforderungen von der Gruppe abzuwenden, hat jede Reise ihre Herausforderungen und gerade diese beweisen ihre Relevanz, indem sie regelmäßig Gegenstand von reiseinternen Erzählungen werden, wie im folgenden Abschnitt gezeigt wird.

7.7.2 *Konsum: Passageritus als Idealtypus einer gelungenen Reise*

Während einer Reise werden Reiseerlebnisse häufig zum Gesprächsthema zwischen den Reisegästen. Dabei können Erlebnisse der aktuellen Reise ebenso wie Erlebnisse vergangener Reisen Gegenstand der Erzählungen werden. Innerhalb einer Reise sammeln sich über den gemeinsamen Reisezeitraum von ein oder zwei Wochen oft Anekdoten und Erinnerungen, die dann in Gesprächen häufig wieder aufgegriffen werden. Erzählungen vergangener Reisen spielen einerseits in der Kennenlernphase zu Beginn einer Reise eine wichtige Rolle und werden andererseits häufig als Reaktion auf Situationen, die man so oder ähnlich auch schon andernorts erlebt habe, aktualisiert. Derartige Erzählungen über Reisen weisen häufig vergleichbare thematische Motive auf. Oft handelt es sich um Erlebnisdarstellungen, die zum Beispiel anstrengende Bergtouren, besondere Erlebnisse mit Einheimischen oder Herausforderungen, die aus der Andersartigkeit der Kultur des Reiselandes entstanden sind, thematisieren und im Nachhinein als lustige Anekdote erzählt werden. Zwei Motive finden sich besonders häufig in Geschichten vom Reisen: Einerseits Geschichten von kuriosen, teils bedrohlichen Erlebnissen, die sich als bestandene Prüfungen deuten lassen. Nicht immer muss dabei etwas schiefgegangen sein. Es handelt sich häufig auch um Situationen, in denen man sich etwas getraut hat, eine große Anstrengung auf sich genommen hat oder ein Risiko eingegangen ist und die Sache gutging. Das zweite häufige Motiv sind Erzählungen, die von besonders intensivem Kontakt der Reisenden mit Einheimischen handeln.

7.7.2.1. *Motiv 1: Reiseerlebnis als bestandene Herausforderung*

Die folgenden beiden Beispiele zeigen, wie ungeplante Reiseerlebnisse zu Herausforderungen stilisiert werden und in der Folge eine Reisegruppen-interne Erzählung entsteht.

Beispiel 1: Auf einer Radtour in Andalusien kam die Reisegruppe am dritten Reisetag in einen starken Regen. Der Weg war aufgeweicht, lehmiger Schlamm lagerte sich an den Schutzblechen an und blockierte die Räder, sodass Reiseleiter und Reisegäste im Regen einige Zeit damit verbrachten, mit allen möglichen Hilfsmitteln die Räder wieder frei zu bekommen. Diese kleine Geschichte einer unvorhergesehenen und unangenehmen Herausforderung entwickelte sich im weiteren Verlauf der Woche zu einer Art Heldengeschichte der Beteiligten. Die Reiseteilnehmer spielten in verschiedenen Situationen immer wieder ironisierend darauf an, wie sie den andalusischen Regen in einer Schlammschlacht besiegt hatten. (BeobPR04)

Beispiel 2: Auf einer Wanderreise in Island fuhr der Reiseleiter mit der Hälfte der Reisegruppe an einem freien Tag per Schiff auf die Insel Grimsey, die in Island die einzige Möglichkeit bietet, den Polarkreis zu überschreiten. Es stellte sich schnell heraus, dass starker Seegang herrscht. In der ersten Stunde dominierten Geschichten von vergleichbaren Überfahrten. Die Reiseteilnehmer erzählen Geschichten davon, wo sie schon überall stärkeren Seegang erlebt hatten. Nach einiger Zeit waren sich alle Reiseteilnehmer einig, noch nie so starken Seegang erlebt zu haben. Damit war die Grundlage einer neuen Heldengeschichte geschaffen. Die meisten Reiseteilnehmer hatten sehr stark unter der dreistündigen Überfahrt zu leiden. Nach ihrer Rückkehr deuteten alle Beteiligten die Überfahrt gegenüber dem am Festland gebliebenem Rest der Gruppe als einmaliges Erlebnis und schufen eine Erzählung mit Anekdoten, die sich die Beteiligten im restlichen Reiseverlauf immer wieder gegenseitig erzählten. (BeobPR12)

Derartige Erzählungen bezeichnet Binder (2005: 180) als ‚Risikonarrationen‘. In ihrer Ethnographie über Backpacker stellt Binder heraus, dass Darstellungen von Gefahr und körperlichem Risiko eine hohe Präsenz in Erlebnisberichten von Backpackern haben. Unter Bezug auf Elsrud (2001) spricht Binder von einer ‚Abenteurer-Identität‘, welche die Reisenden von sich selbst erzeugen möchten und der solche Erzählungen zuträglich seien, „ohne, dass sich die Reisenden zwangsläufig realen Risiken ausgesetzt haben" (Binder 2005: 180). Passend dazu bezeichnete eine Produktleiterin der Firma WIKINGER im Interview die WIKINGER-Reisegäste als ‚Pseudoabenteurer‘. Damit sei gemeint, dass die Gäste sich gern als Abenteurer fühlten, gleichzeitig aber sehr risikoavers seien und Reiseerlebnisse immer ungefährlich sein müssten (IntRV06). Die vorliegende Untersuchung weist darauf hin, dass Risikonarrationen keine Spezialität von Backpackern sind, sondern auch bei Teilnehmern von organisierten Reisen zu den gängigen Deutungsmustern von Reiseerlebnissen gehören.

7.7.2.2   Motiv 2: Das Ideal einer authentischen Begegnung mit Einheimischen: Variation des Passageritus-Motivs

Der Kontakt mit Einheimischen ist ein häufig thematisiertes Motiv von Erzählungen über Reisen. Viele Reiseanekdoten handeln vom Kontakt, den die erzählenden Reisenden mit Einheimischen hatten. Erzählt werden hierbei gleichermaßen Begebenheiten, die sich während der aktuellen Reise zugetragen haben wie auch Geschichten von früheren Reisen.

Narrative Muster 69: Kontakt mit Einheimischen auf Reisen

Beispiel 1: WIKINGER Wanderreise Rhodos, Gästezitate

„Gestern Abend war ich noch in der Kirche und habe eine Frau hier aus der Straße vom Hotel getroffen, die hat mir ein Osterbrot geschenkt. Ich bin bei den Einheimischen hier ja schon bekannt, wie ein bunter Hund" (BeobPR14).

„Gestern Abend haben wir in der Taverne Fußball geschaut. Da haben wir uns länger mit Einheimischen unterhalten" (BeobPR14).

Beispiel 2: WIKINGER Rundreise Island, Gästezitat

„Von Einheimischen eingeladen zu werden, ist doch das Beste, was einem passieren kann. Viele wollen das ja gar nicht. Aus Angst man könnte von dem fremden Essen krank werden, oder weil die Küche nicht sauber ist. Um das zu erreichen, musst Du erstmal in Kommunikation treten, das heißt Du kannst die Sprache oder hast Dich sonst wie verständlich gemacht. Das Ziel ist doch, dass man in dem fremden Raum war und sich nicht abgekapselt hat, dass man versucht, Teil dieses Raumes zu sein indem man in Kommunikation mit den eigentlichen Bewohnern des Raumes kommt" (BeobPR12).

Dem nicht-geschäftsmäßigen Kontakt mit Einheimischen wird von Seiten der Reisenden besonders große Wertschätzung entgegengebracht. Erzählungen vom besonderen Kontakt mit Einheimischen erfüllen eine Distinktionsfunktion, denn sie dienen dazu, den Erzähler über die ‚gewöhnlichen Touristen' hinauszuheben. Erzähler derartiger Geschichten beanspruchen für sich, eine Beziehung zu Einheimischen aufgebaut zu haben, die über die geschäftliche Beziehung zwischen Tourist und Dienstleister hinausgeht. Es geht darum auszudrücken, dass es dem Reisenden gelungen ist, dass die Einheimischen nicht nur den Touristen in ihm sehen, sondern erkennen, dass es sich um einen besonderen Menschen handelt.

Die Anerkennung durch Einheimische wird so zum Beweis, dass man selbst kein gewöhnlicher Tourist sei. Somit wird deutlich, was Touristen unter ‚authentischen Begegnungen' verstehen: Der nicht-geschäftsmäßige Kontakt ist das Ideal der ‚authentischen Begegnung'. Der nicht-geschäftsmäßige Kontakt ist jedoch für Reiseveranstalter nicht organisierbar, denn seine organisierte und damit kommerzielle Herbeiführung macht ihn zum geschäftsmäßigen Kontakt. Dieses Motiv hat eine Parallele zu den Schritten ‚Überschreiten der ersten Schwelle' und ‚Bewährungsproben/Verbündete/Feinde' der typisierten Heldenreise, wie oben dargestellt (Kapitel 3.4.1.1). In der Heldenreise folgt auf den Aufbruch die Initiation. Der Held lernt eine neue Welt mit ihren anderen Regeln kennen und er lernt, darin zurechtzukommen. Er wird Meister der neuen Umgebung. Parallel dazu geht es den Reisenden darum, sich in der neuen Welt, in die man sich begibt, zurechtzufinden und im nächsten Schritt von dieser neuen Welt akzeptiert zu werden. Die Einladung durch den Einheimischen entspricht dem Schritt ‚Meister der anderen Welt werden' der Heldenreise nach Vogler (1998: 56). Risikonarrationen und Reiseanekdoten über den gelungenen, nicht-geschäftsmäßigen Kontakt mit Einheimischen lassen sich folglich als Variationen des Passageritus-Motivs interpretieren. Darüber hinaus freuen sich viele Reisegäste auf die Rückkehr nach Hause. Die Reisegäste idealisieren das Reiseziel im Gegensatz zur Werbung meist nicht als Paradies, sondern sind auch an sozialen, politischen und wirtschaftlichen Problemen interessiert, sofern diese Probleme nicht das Reiseerlebnis beeinträchtigen. Besonders vor dem Hintergrund der Wirtschaftskrise in Spanien und Griechenland äußern Reisegäste Positionen wie: „Da merkt man erst, wie gut wir es haben" (BeobPR04, BeobPR13). Die Wirtschaftskrise wird von den Reisegästen häufig als kulturelles Phänomen betrachtet, das sich aus der Lebensweise ‚der Spanier' oder ‚der Griechen' ergebe und eine Deidealisierung dieser Kulturen zu bewirken scheint (BeobPR13). In Island äußern Reisegäste, sie fänden die geologische Konstellation mit Vulkanismus unter Gletschern beeindruckend und wollten diese Insel unbedingt bereisen, aber mit dieser unberechenbaren Naturgewalt dauerhaft zu leben, könnten sie sich nicht vorstellen (BeobPR12).

Während die Sehenswürdigkeiten ausschlaggebend für Reisewünsche sind und die Werbung dominieren, verbringt jeder Reisende und somit auch die Reisegäste von Pauschalreisen auf der Reise viel Zeit mit Alltäglichem. Dies sind zum Beispiel Busfahrten auf denen die Gäste Straßen und Verkehrsgeschehen miterleben oder Aufenthaltszeit in Hotels, wo die Gäste den üblichen Standard sanitärer Einrichtungen sehen. Dazu kommt ein Gefühl für die Risikosituation eines Landes. So werden die südeuropäischen Länder als grundsätzlich durch die Finanzkrise und allgemeine wirtschaftliche Probleme bedroht wahrgenommen während Island grundsätzlich durch Naturgewalten bedroht sei. Diese Faktoren werden als Determinanten des alltäglichen Lebens der Einwohner wahrgenommen und mit der eigenen Heimat verglichen. So entsteht eine Bewertung des Landes, die unabhängig von der Bewertung des Landes als Reiseland ist. Auf diese Weise vergewissern sich viele Reisegäste auf Reisen darüber, wie gut (wie viel besser als im Reiseland) es zu Hause sei, obwohl ihnen das Land (die Sehenswürdigkeiten) sehr gut gefallen.

7.7.3 Zwang in der Gruppenreise als sinnstiftende Struktur

Soziale Zwänge in der Gruppenreise werden von Reiseteilnehmern manchmal als positiv empfunden, etwa wenn es darum geht, für eine Wanderung früh aufzustehen oder lange durchzuhalten (BeobPR08). Viele Reisegäste berichten davon, wie die Gruppensituation und das vorgegebene Programm sie zu Leistungen motivierten, zu denen sie sich allein nicht motivieren könnten und wie stolz sie am Ende einer Reise auf das Geschaffte seien (BeobPR08). Dies lässt sich ebenfalls durch einen Vergleich von Reisen mit dem Analyseschema der Heldenreise erläutern. Während der Held einer Heldenreise-Erzählung stets eine Mission hat, seine Reise durch einen äußeren Zwang ausgelöst wird und er somit ein klares Ziel verfolgt, kommt der Tourist aus eigenem Antrieb und ohne Mission an sein Reiseziel. Eingeübte Aneignungsformen wie Wandern, Fotografieren oder Surfen können dabei helfen, Fragen wie: ‚Was mache ich eigentlich hier?‘ zu beantworten und damit Phasen der empfundenen Sinnlosigkeit zu überwinden. Die Aneignungsformen tun dies, indem sie als Missionen fungieren, so wie zum Beispiel ein Forscher auf Forschungsreise ebenfalls eine Mission hat und sich daher die Sinnfrage bezogen auf seine Reise ebenso wenig zu stellen braucht wie der Held der Heldenreise. Die Zwänge einer Gruppenreise erlösen den Reisegast genauso von der Sinnfrage, denn das Programm ist vorgegeben, der Reisegast braucht sich nicht zu fragen, ob er morgen wirklich früh aufstehen und losgehen sollte, sondern das Programm steht fest und der Reiseleiter weiß, was man erleben muss.

7.8 Zwischenfazit: Aneignung von Landschaft

Das Schema der Heldenreise wurde ursprünglich entwickelt, um Erzählstrukturen in Filmen und der Literatur zu analysieren. Doch dieses Muster passt auch auf private Reiseanekdoten, wie die vorliegende Untersuchung zeigt. Reiseanekdoten sind häufig kleine Heldengeschichten. Zwei Motive waren auf den beobachteten Reisen besonders auffällig. Reiseerlebnisse wurden häufig als Prüfung dargestellt, in der die Protagonisten ‚alles geben‘ mussten oder zumindest ein großes

Maß an Anstrengung und Durchhaltevermögen notwendig war, um eine als skurril oder bedrohlich beschriebene Situation zu überwinden. Die zweite Variation handelt vom besonderen Kontakt mit Einheimischen, von der authentischen Begegnung, deren erzählerische Wiedergabe Distinktionsfunktionen erfüllt, indem sie den Erzähler über ‚normale Touristen' hinaushebt. Im Anschluss an Bourdieu (1982) lassen sich diese Distinktionsmuster als Abgrenzung einer mittleren Kultur beziehungsweise eines mittleren Geschmacks zur Massenkultur (populärer Geschmack) verstehen (Fuchs-Heinritz/König 2011: 59, Illing 2006). Deutlich zeigte sich in dieser Untersuchung, dass die Reiseteilnehmer nicht einer Avantgarde zuzurechnen sind, die neue kulturelle Praktiken prägt. Vielmehr bieten stereotype Vorstellungen von einer historischen Elite von Forschungsreisenden und Abenteurern den Reiseteilnehmern das Ideal, an dem sie sich orientieren. Gleichzeitig distanzieren sie sich von einer Massenkultur (Illing 2006: 65), die im Kontext des Tourismus als Massentourismus bezeichnet wird. Die Reiseteilnehmer grenzen sich bewusst zu Formen des Reisens ab, die sie mit niedrigeren sozialen Milieus assoziieren wie etwa dem Badeurlaub (vgl. WIKINGER Nachhaltigkeitsbericht 2015: 23). Die Reiseveranstalter kennen das Distinktionsbedürfnis ihrer Kunden gegenüber dem Massentourismus, aktualisieren die Kritik am Massentourismus und machen somit Distinktion zu einem Teil ihres Produktes. Die Reiseform lässt sich im Anschluss an Illing als Ausdruck eines sozialen Rangs verstehen (Illing 2006: 31), den es durch entsprechende Erlebnisse zu demonstrieren und zu verteidigen gilt.

Die Reisenden haben ein ambivalentes Verhältnis zur Gefahr beziehungsweise zur Sicherheit. Einerseits haben die Reisegäste ein hohes Bedürfnis nach Sicherheit. Veranstalter und Reiseleiter reagieren darauf und versuchen Probleme und Herausforderungen von der Reisegruppe fernzuhalten. Andererseits freuen sich die Reiseteilnehmer über Erlebnisse, die als bestandene Prüfung gedeutet und erzählt werden können. Sie erzählen ihre Geschichten über kleine Pannen und Herausforderungen in derselben Weise, die Stefan Zweig im Literaturbeispiel beschreibt (Kapitel 5.12.2). Obwohl Stefan Zweig mit seiner Kritik an organisierten Reisen den Pauschalreisenden das Erleben von Abenteuern abspricht, spielt das Abenteuer für die Pauschalreisenden eine bedeutende Rolle, was sich daran zeigt, dass Pauschalreisende ebenso wie Backpacker, ihre Erlebnisse in Form von Risikonarrationen fassen. Der Passageritus läuft auch in der Spezialform der Heldenreise auf eine Rückkehr in die Normalität hinaus und auch in diesem Aspekt passt das typisierte Erzählschema auf die untersuchten organisierten Reisen, denn die wenigsten Reisegäste wünschen sich, in ihrem Reiseland zu verbleiben. Die allermeisten Gäste freuen sich nach einer Reise auf die Heimkehr. Dies trifft auch dann zu, wenn den Gästen das Reiseland besonders gut gefallen hat. Die Reisegäste unterziehen das Reiseland einer differenzierten Bewertung, indem sie einerseits die touristischen Sehenswürdigkeiten heranziehen, um die Attraktivität des Landes als touristische Destination zu bewerten. Andererseits nutzen sie ihre Eindrücke vom Alltagsleben im Reiseland, um sich der Vorteile ihrer eigenen Heimat zu vergewissern. Damit handelt es sich bei der touristischen Reise nicht um den Ausdruck eines Wunsches nach dauerhafter Flucht aus dem Alltag. Vielmehr ist sie im Anschluss an Lévi-Strauss (1966) als Bestätigung der Normalität des Alltags zu verstehen.

Die Bedeutung von Landschaft bei der Aneignung von Reisezielen erschließt sich nicht ohne weiteres aus den Dialogen, die während einer Reise stattfinden, da der Landschaftsbegriff dort eine vergleichsweise niedrige Präsenz hat. Während der Landschaftsbegriff in der Werbung häufig verwendet wird, ist dies auf den Reisen nicht der Fall. Landschaft wird in der Regel nicht reflektiert, hinterfragt oder überhaupt thematisiert. Von Seiten der Reisegäste wird der Begriff zum Ausdruck von Wohlgefallen zum Beispiel an Aussichtspunkten genutzt, ist in dieser Konstellation aber durch viele andere Begriffe ersetzbar. Reiseveranstalter und Reiseleiter betonen, dass eine Aufgabe von Reiseleitern darin bestehe, den Gästen die Landschaft des Reiseziels ‚näher zu bringen‘. Für die Aneignung von Reisezielen gibt es einen mehr oder weniger festgelegten Themenkanon, der sich lose an wissenschaftlichen Disziplinen orientiert und daher auf kognitiv zu vermittelnde Informationen fokussiert. Reiseleiter erklären vor allem sichtbare Objekte und machen den Reisegästen damit ein Angebot zur Aktualisierung ihrer individuell aktualisierten landschaftlichen Vorstellungen. Reiseleiter kennen und erlernen, genauso wie Reisegäste, das touristische Relevanzsystem von Objekten, die erklärungsbedürftig sind. Vor diesem Hintergrund werden das Erklären und ‚Näherbringen‘ von Landschaft verstanden als Erklärung einzelner, als natürlich und zur Natur gehörend konstruierter Gegenstände. Der Gegenstand der Erklärungen wird dabei regelmäßig ‚identitätsstiftend‘ oder typisch für eine Region genannt, was einer Konstruktion von Landschaft entspricht, da eine Relation von Objekten konstituiert und mit Bedeutung aufgeladen wird. Die Beziehung von Objekten zu Landschaft wird dabei nicht hinterfragt, sie wird vielmehr hergestellt durch das Herausgreifen und Erklären von Objekten und deren Bezeichnung als typisch oder prägend für eine Region. Der Landschaftsbegriff selbst entzieht sich der Erklärbarkeit, wird aber auch nicht als erklärungsbedürftig wahrgenommen. Die vielfältigen Disktinktionsprozesse weisen sämtlich auf ein sozial konstruiertes stereotypes Idealbild des Reisenden hin, dem Reisegäste selbst möglichst nahekommen wollen. Bei den untersuchten Reisen ist die Raumpraxis, das Wandern beziehungsweise Radfahren, Ausgangspunkt der Distinktion gegenüber anderen Touristen.

8 Schlussbetrachtung

8.1 Landschaftstheorie und Tourismus

In seinem Buch *Kunst des Reisens* beschreibt Alain de Botton, wie er sich vermittelt durch Kunst für Landschaften, wie etwa die Provence zu interessieren begann und wie ein französisches Tourismusbüro die Werke von Vincent van Gogh für die Tourismuswerbung nutzt. Er postuliert, darauf aufbauend, einen ‚anerkannten Zusammenhang zwischen Kunst und dem Wunsch zu reisen‘:

> „Das Tourismusbüro von Arles baute darauf, dass eine Landschaft für uns reizvoller werden kann, wenn wir sie bereits von der Darstellung eines großen Künstlers kennen. Es machte sich damit nur den allseits anerkannten Zusammenhang zwischen Kunst und dem Wunsch zu reisen zunutze, der in den verschiedensten Ländern (und unterschiedlichsten künstlerischen Medien) durch die gesamte Geschichte des Tourismus verfolgt werden kann“ (de Botton 2013: 226).

Ein Zusammenhang zwischen Landschaft, Kunst und dem Wunsch zu reisen mag allgemein anerkannt sein, er wurde in der Geographie jedoch bislang wenig erforscht und nicht in ein theoretisches Konzept gebracht, obwohl er für die geographische Tourismusforschung von größtem Interesse ist. Auch die Rolle der Tourismusbranche in diesem ‚allseits anerkannten Zusammenhang‘ wurde noch nicht herausgearbeitet. Die sozialkonstruktivistische Landschaftstheorie ermöglicht es, derartige Zusammenhänge in ein theoretisches Konzept zu fassen, die Landschaftsbezüge des Tourismus systematisch zu ordnen und darauf aufbauend empirisch zu untersuchen, wie in der vorliegenden Arbeit gezeigt werden konnte. Auf dieser Grundlage ließen sich auch weitergehende Fragen stellen, etwa nach den Prozessen, die Regionen zu touristischen Destinationen machen.

Die Beziehung von medialen Landschaftsdarstellungen zur Auswahl und Bewerbung von Reisezielen durch Reiseveranstalter und zur Aneignung von Landschaft auf Reisen, soll im Folgenden zusammengefasst werden, so wie sie sich auf Grundlage der in dieser Arbeit gewählten Methodik darstellt. Der Zusammenhang von Landschaftsdarstellungen, Tourismusbranche, Reisewunsch und Aneignung von Landschaft wird als Prozess der diskursiven Erzeugung von Geographie im Sinne alltäglicher Regionalisierungen (Werlen 2001) verstanden. Reiseveranstalter reproduzieren Landschaftsvorstellungen, um Einfluss auf die

individuell aktualisierte gesellschaftliche Landschaft potentieller Kunden zu nehmen. Aus einer betriebswirtschaftlichen Logik heraus versuchen die Unternehmen mentale Geographien zu etablieren, die handlungsleitend werden und die in
der Folge über die Auswahl von Reisezielen den physischen Raum beeinflussen.

8.2 Tourismuswerbung reproduziert und verfestigt gesellschaftslandschaftliche Vorstellungen

In der Werbung werden Reiseziele nach bekannten und immer wiederkehrenden
Mustern beschrieben. Landschaft spielt dabei eine Schlüsselrolle, denn der Begriff Landschaft fungiert als Klammer und Knotenpunkt in den untersuchen Reisebeschreibungen. Landschaft wird durchweg positiv belegt und mit Natürlichkeit und Schönheit äquivalenziert. Die Bedeutung von Landschaft als natürlich,
ländlich und schön entspricht dem allgemein unter Laien verbreiteten Verständnis
von Landschaft (Hokema 2013: 261). Die vorliegende Untersuchung zeigt, wie
dieses verbreitete Verständnis von Landschaft durch den touristischen Werbediskurs verfestigt wird. Die Tourismusbranche erzeugt permanent Landschaftsvorstellungen und wird durch ihre Werbung auch zukünftig stabilisierend auf das
laienhafte Verständnis von Landschaft wirken. Unter dem Gesichtspunkt der
(Re-)Produktion touristisch wirksamer Landschaftsvorstellungen sind nicht nur
Reiseveranstalter und Destinationsmarketing der Tourismusbranche zuzuordnen,
sondern auch Reisemagazine und Reiseteile von Zeitungen. Diese Akteure bilden
ein Netzwerk von wirtschaftlichen Verflechtungen (vgl. Kapitel 6.5), wobei alle
Akteure von der Erzeugung positiver Landschaftsvorstellungen profitieren. Zur
Erzeugung derartiger Vorstellungen eignet sich der beschriebene Landschaftsbegriff. Die Bedeutung des Landschaftsbegriffs (natürlich, ländlich, schön) macht
ihn für die Werbung aufgrund seiner positiven Konnotation und seiner flexiblen
Anwendbarkeit attraktiv. Der Landschaftsbegriff und die Beschreibung bekannter
landschaftlicher Stereotype schaffen Vertrautheit und machen das Beschriebene
für den Leser anschlussfähig. Dabei erfolgt die Aktualisierung landschaftlicher
Stereotype seitens der Reiseveranstalter weitgehend unreflektiert. Die Verwendung des Begriffs ‚Landschaft' und die Ausgestaltung der Landschaftsbeschreibungen in den Werbetexten erfolgt intuitiv, so das Ergebnis der Interviews. In der
Diskursanalyse konnte eine Reihe idealtypischer Landschaftsmomente herausgestellt werden, die offenbar unhinterfragt angewendet werden, weil sie als selbstverständlich gelten. Gemäß einer Regel beim Verfassen von Reisebeschreibungen, die sowohl bei TERRANOVA als auch bei WIKINGER gilt, sollen bekannte
Sehenswürdigkeiten stets in den Texten genannt werden, um Anschlussfähigkeit
für die lesenden Kunden herzustellen. Dazu gehört auch das Nennen bekannter

Kategorien von Sehenswürdigkeiten wie UNESCO-Welterbestätten und Nationalparks. Dieselbe Funktion erfüllen, so die Interpretation dieser Arbeit, auch stereotype Landschaftsbeschreibungen. Beispielsweise verfügt jede Person, die sich für Berglandschaften interessiert, über Vorstellungen von schöner Berglandschaft. Wird ein Reiseziel mittels vertrauter Motive (Bergdörfer, Kontrastierung von schroffen Gipfeln an lieblichen Almen und Wäldern) oder auch explizit als ‚schöne Berglandschaft' beschrieben, dann ist die Beschreibung für den Leser anschlussfähig. Mit Schütz und Luckmann lässt sich sagen, der Leser ‚weiß' nun, aufgrund der Anwendung ihm bekannter Typisierungen, wie ein spezifisches und ihm zunächst unbekanntes Reiseziel einzuordnen ist (Schütz/Luckmann 2003: 204; Kapitel 2.2.1).

Die Orientierung am Bekannten (Nennung bekannter Sehenswürdigkeiten) führt zur essentialistischen Darstellung von Landschaft und Reisezielen insgesamt. Die Highlights eines Reisezieles werden hervorgehoben und symbolisieren damit automatisch das Reiseziel. Das Symbol für ein Reiseziel wird in einem weiteren Schritt als Essenz des Reiseziels gedeutet. Anhand dieser Essenz werden unterscheidbare Konsumversprechen formuliert. Die Landschaftsstereotype bleiben die gleichen, man erlebt den Kontrast von Lieblich und Erhaben und die traditionellen Bergdörfer in Frankreich, Italien oder im Himalaya, aber jeweils, so das Versprechen, in ihrer ‚typischen' Ausprägung. Einheimische in traditioneller Kleidung, die traditionelles Essen servieren, sind in diesem Zusammenhang wichtige Symbole des Typischen. Denn besonders die Einheimischen machen auf Bildern häufig sofort deutlich, wo auf der Welt sich ein Reiseziel befindet. Damit sind sie Symbol des Konsumversprechens, das jeweils versichert, auf den Reisen zum Typischen einer Destination vorzudringen, was die einzelnen Reisen damit unterscheidbar macht. Um diese Symbolfunktion erfüllen zu können, müssen Einheimische als typisch erkennbar sein. Im Hinblick auf Einheimische verspricht die Tourismuswerbung authentische Begegnungen. Das Ideal der authentischen Begegnung ist der nicht-geschäftliche Kontakt zwischen Tourist und Einheimischen, das zeigen die Ergebnisse der teilnehmenden Beobachtung deutlich (vgl. Kapitel 7.6.2.2). Die Tourismusbranche verspricht also etwas, das sie nicht einlösen kann, denn als Kunde kommerzieller Veranstalter lernt man vor allem die Beschäftigten der Tourismusindustrie eines Landes während der Ausübung ihrer Arbeit kennen, da der organisierte Kontakt mit Einheimischen immer eine Geschäftsbeziehung zwischen Reiseveranstalter und Einheimischen zur Grundlage hat.

Die essentialistischen Darstellungen von Landschaft in Reisebeschreibungen folgen der Logik des Marketingmanagements, der zufolge Marken gezielt mit Bedeutung aufgeladen werden sollen (Homburg/Krohmer 2009: 607-609). Reiseziele werden in den Reisebeschreibungen ebenfalls, wie das Marketingmanagement es für Marken fordert, durch Essentialisierungen mit Bedeutung aufgeladen, sodass sie für etwas (Positives) stehen (vgl. Morgan/Pritchard/Pride 2004: 13). Durch die Nennung bekannter Sehenswürdigkeiten werden etablierte Symbolbeziehungen aktualisiert. Durch diese Aktualisierungen wird der Kunde daran erinnert, dass es in Island Vulkane und Gletscher gibt oder dass in der Toskana die Städte Florenz und Siena liegen, die ihrerseits mit UNESCO-Welterbe verbunden werden. Das Reiseziel Italien oder Toskana steht also für Kultur (-landschaft), während das Reiseziel Island für Natur (-landschaft) steht. Die Sehenswürdigkeiten in ihrer spezifischen Ausprägung stehen gleichermaßen als Symbole für das Reiseziel. Auf derartige Symbolbeziehungen deutet die Verwendung des ‚Typischen‘, denn Typizität verweist immer auf etwas Anderes. ‚Typisch‘ bedeutet, einer wesentlichen Eigenschaft von etwas Anderem entsprechend (Schäfer 2015: 196-197; vgl. Kapitel 3.5.3). Die häufige Aktualisierung des Typischen ist also als Begleiterscheinung der Essentialisierungen zu verstehen, die sich selbst wiederum als Folge der betriebswirtschaftlichen Logik der Reiseveranstalter erklären lassen, die mit diesen das Ziel verfolgen, eine möglichst wirkmächtige Bedeutungsaufladung von Landschaft zu erzielen.

Für die Autoren der Reisebeschreibungen stellt sich die Frage, ob Landschaft ein materielles Objekt sei oder essenzielle und akzidentielle Eigenschaften habe ebenso wenig, wie die Frage, wann überhaupt von Landschaft zu sprechen sei. Landschaft wird selbstverständlich und unhinterfragt in der Werbung angewendet. Ein Hinterfragen des Landschaftsbegriffs scheint für die Arbeit der Reiseveranstalter unwichtig zu sein. Verbreitete Vorstellungen von Landschaft wurden in der Darstellung der Fallbeispiele (Kapitel 5) als ‚gesellschaftliche Landschaft‘ abstrahiert. Dieses Vorgehen dient dem Zweck, die Herkunft selbstverständlicher Landschaftsdeutungen nachzuvollziehen. Jedes Muster der Landschaftsbeschreibungen der Werbung (z. B. die Kontrastierung von lieblich und erhaben) findet sich auch in anderen, nicht-touristischen Medien. Das heißt nicht, dass die Landschaftsbeschreibungen der Werbung sich stets auf identifizierbare Landschaftsbeschreibungen aus der Literatur beziehen, obwohl auch das vorkommt und Literatur manchmal als wahre Referenzebene zum Feststellen schöner Landschaften benutzt wird. Vielmehr sind all diese Landschaftsbeschreibungen und Deutungen von Landschaft, welche der Tourismus nutzt, in irgendeiner Form schon vorhanden und dies meist seit einer beträchtlich langen Zeit, wie einige der Fallbeispiele zeigen. Die Tourismuswerbung reproduziert allgemein bekannte landschaftliche Stereotype und macht sich dabei zwei verschiedene Konstellationen zunutze. Einerseits sind Destinationen mit konkreten Deutungen belegt und diese Deutungen werden reproduziert. Demnach sind die schottischen Highlands eine raue Gebirgslandschaft mit Hochmooren und nebelverhangenen Gipfeln, Tirol ist eine

Bergwelt aus schroffen Gipfeln, lieblichen Almen, Wäldern und traditionellen Bergdörfern und Rajasthan ist eine Region in Indien mit traumhaften Palästen. Aus den Gemeinsamkeiten dieser konkreten Deutungen lassen sich andererseits auch allgemeine Deutungen herausarbeiten: von Bergen, Wäldern, Dörfern, Städten, Einheimischen und Essen existieren stereotype Vorstellungen. Diese Stereotype schaffen Vertrautheit dort, wo Kunden möglicherweise keine konkrete Vorstellung einer Destination haben.

Die empirischen Ergebnisse dieser Arbeit weisen darauf hin, dass der Tourismus keine neuen Deutungen von Landschaft produziert. Dieser Aspekt zeigt sich auch in den Aussagen der Mitarbeiter über die Auswahl neuer Destinationen (Kapitel 6.5). Destinationstrends werden nicht von den Reiseveranstaltern initiiert, vielmehr versuchen die Reiseveranstalter die Entstehung solcher Trends zu verstehen und für sich zu nutzen, wobei das Nutzen von Trends häufiger als Mitlaufen denn als Gestalten zu verstehen ist. Grundsätzlich orientiert sich die Auswahl von Reisezielen an Bekanntem. Demnach müssten Reiseziele den Kunden bekannt sein, um gebucht zu werden. Reiseveranstalter sehen sich nicht in der Position, Reiseziele bekannt zu machen. Präferenzen für Reiseziele können sich jedoch verändern und tun dies in dem Maße, wie sich gesellschaftslandschaftliche Vorstellungen verändern.

8.3 Gesellschaftliche Landschaft und die Entwicklung von Destinationen

In Interviews wurde zur Erklärung von Destinationstrends mit dem aktuellen Beispiel der Bretagne darauf verwiesen, wie Bücher Reisetrends auslösen können. Dies zeigt, wie in dieser Untersuchung das Zusammenspiel von gesellschaftlicher Landschaft und Tourismuswerbung gedacht wird, wobei die Wirkung der gesellschaftlichen Landschaft in der Entstehung von Reisetrends nicht immer derartig deutlich sein muss. Filme oder Bücher über Berge könnten beispielsweise auch das Interesse an Urlaub in den Bergen im Allgemeinen verstärken, ohne eine bestimmte Region in den Fokus zu rücken. In besonders reiner Form verdeutlicht das Beispiel der Bretagne (Kapitel 6.5.4) die folgende Ereigniskette (Tabelle 11):

Ein Destinationstrend entsteht ausgehend von der Publikation eines Buches				
Ereignis	Buch →	Reisewunsch →	Marketing des → Reiseveranstalters, Presseberichte	Verstärkung und Verbreitung des Reisewunsches
Entsprechende Ebene der Landschaftstheorie	Gesellschaftliche Landschaft	Individuell aktualisierte gesellschaftliche Landschaft	Teilgesellschaftliche Landschaft des Tourismus (Neue gesellschaftslandschaftliche Vorstellung wird registriert und wirtschaftlich genutzt)	Individuell aktualisierte gesellschaftliche Landschaft

Tabelle 11: Entstehung neuer Destinationstrends.

Quelle: Eigene Darstellung.

Die Untersuchung des empirischen Materials dieser Arbeit legt die Einschätzung nahe, dass gesellschaftslandschaftliche Vorstellungen die Auswahl von Destinationen durch Reiseveranstalter und auch die Auswahl von Destinationen durch Touristen gut erklären können. Anhand der Dimension des externen Raums kann der Prozess, in dem Regionen zu Destinationen werden, dagegen nicht erklärt werden. Zwar spielt die physische Ausstattung eine Rolle für die Auswahl von Destinationen: die passende Infrastruktur muss vorhanden sein und vor allem sind es ja materielle Objekte, die zu Sehenswürdigkeiten werden. Ob sie es werden, ist jedoch nicht in ihrer Materialität begründet, sondern wird durch die Zuschreibungen begründet, deren Gegenstand sie werden oder nicht. Ohne, dass ein Ort oder eine Region diskursiv mit Bedeutung belegt wurde, wird er auch nicht zum Reiseziel. Erst durch seine Bekanntheit wird er marktfähig (vgl. Kapitel 6.5).

8.4 Wie entsteht gesellschaftliche Landschaft?

Die gesellschaftliche Landschaft ist in ihrer Genese „konstitutiv mit der individuellen Ebene verbunden" (Kühne 2013: 62). Die vorgestellten Fallbeispiele (Kapitel 5) hatten das Ziel, diese Verbindung zu illustrieren. Jedes der Literaturzitate ist Ausdruck individuell aktualisierter Landschaft eines Autors. Werden Deutungsmuster wiederholt (etwa durch häufige Thematisierung der Berge als erhaben und bewunderungswürdig in verschiedenen regionalen Kontexten), so können sie sich verfestigen und zu gesellschaftslandschaftlichen Vorstellungen werden, die unabhängig von ihren Urhebern bekannt sind, weil sie Teil des kulturell erlernten Umgangs mit der Welt geworden sind. Dies trifft zum Beispiel auf den

Begriff Landschaft mit seiner aktuellen Bedeutung im Laiendiskurs zu. Gesellschaftliche Landschaft kann sich in verschiedene Richtungen verändern. Abgrenzungen und Deutungen von Landschaftsmomenten sind wandelbar. So veränderte sich zum Beispiel in der Vergangenheit die Bedeutung der Berge (vgl. Kapitel 3.7) von furchteinflößend und schrecklich zum Schönheitsideal (Burckhardt 2011: 26). Literarische Beschreibungen vermögen es, landschaftliche Vorstellungen bei ihren Lesern zu erzeugen. Bereits die reine Präsenz von Orten in der Literatur ist für die Tourismusbranche relevant, da sie Aufmerksamkeit für die betreffenden Orte erzeugt. Es entsteht eine Geographie der Aufmerksamkeit, die allein genommen für den Tourismus wirksam ist, ohne dass innovative Deutungen von Landschaft involviert sind. Im Marketingmanagement ist in diesem Kontext die Rede von ungestützter Bekanntheit: Wer an Schokoriegel oder Automobile denkt, dem fallen bestimmte Marken eher ein als andere (Homburg/Krohmer 2009: 738). Dasselbe gilt für Reiseziele: Mediale Aufmerksamkeit befördert Reiseziele ins Bewusstsein von Reisenden. Wer an Wander- oder Strandurlaub denkt, dem gelangen bestimmte Regionen eher ins Bewusstsein als andere, obwohl die materielle Ausstattung, also der externe Raum, anderer Regionen die Bedürfnisse der Touristen möglicherweise ebenso gut befriedigen könnte. Allein die Aufmerksamkeit und die Nennung von Ortsnamen befördern die Orte im Bewusstsein eines Lesers nach vorne und etablieren Verknüpfungen mit dem jeweiligen Thema (vgl. Smith 2004: 264). In einem weiteren Fall von medialer Rezeption können bekannte Orte mit Themen verknüpft werden, für die sie bisher nicht bekannt waren, wie in dem Beispiel: „Landschaft ist nicht alles, Norwegen umwirbt jetzt auch Kulturtouristen" (*Der Tagesspiegel* 2016: R2; Kapitel 5.9). Außerdem können bekannte Motive auf bisher unbekannte Orte übertragen werden, dies drückt Fontanes Argumentation für den Killiecrankie-Pass aus. Dieser unbekanntere Ort zeige ‚in Wirklichkeit' besser das beliebte und bekannte Muster wilder, romantischer Berglandschaft, als die bekannten Trossachs. Beide Muster sind gesellschaftslandschaftliche Innovationen, wobei in beiden Fällen etablierte touristische Motive mit Orten verknüpft werden, die bisher für anderes oder gar nicht bekannt waren. Wie im Falle des Erhabenen im 19. Jahrhundert, können durch Neudeutungen auch Landschaftsmomente für den Tourismus erschlossen werden, die bislang nicht als Tourismus-kompatibel gelten, weil sie zum Beispiel hässlich gefunden wurden. Auch in Zukunft ist es daher wahrscheinlich, dass aus Landschaftsmomenten die derzeit als hässlich oder uninteressant gelten, durch innovative Deutungen und Verknüpfungen begehrenswerte Landschaft konstruiert wird.

Offensichtlich haben bestimmte Medien im Prozess der Deutung von Landschaft größere Macht als andere, weil sie zum Beispiel als glaubwürdiger gelten. Aus diesem Grund gibt die Firma WIKINGER Presseberichterstattung den Vorzug gegenüber klassischen Werbeanzeigen (vgl. Kapitel 6.5.4). Literatur spielt in diesem Kontext eine entscheidende Rolle. Dies zeigte sich an mehreren Stellen dieser Untersuchung zum Beispiel daran, dass Schriftsteller als kulturelle Autoritäten herangezogen werden, wenn es gilt, ihr Werk als wahre Referenzebene für die Aussagen der Werbung zu nutzen. Auch Musik kann gesellschaftslandschaftliche Vorstellungen prägen, wird aber in den untersuchten Werbeaktivitäten nicht verwendet. In der teilnehmenden Beobachtung zeigte sich, dass Musik bei vielen Reisenden Teil der gesellschaftslandschaftlichen Vorstellung ist. Der schottische Dudelsack und die griechische Bouzouki mit dazugehöriger Musik funktionieren für die Reisegäste als Symbole für die jeweiligen Destinationen. Wie Literatur erzeugt auch Musik (teil-) gesellschaftslandschaftliche Vorstellungen, wobei die Popularität in beiden Fällen die Reichweite der landschaftlichen Vorstellungen bestimmt.

8.5 Aneignung von Reisezielen

Die Ergebnisse der teilnehmenden Beobachtung zeigen, dass die Aneignung von Landschaft vor allem individuell stattfindet und weniger durch Interaktion geprägt ist. Das ästhetische und emotionale Landschaftserlebnis während der Reise vollzieht sich weitgehend individuell. Reiseteilnehmer betrachten Landschaft fokussiert von Aussichtspunkten und beiläufig während der Aktivitäten, die ein Reiseprogramm vorgibt. Landschaft wird durch ästhetische und emotionale Zuwendung auf Grundlage individuell aktualisierter gesellschaftslandschaftlicher Vorstellungen vor allem während der Ausübung von Raumpraktiken konstruiert. Dabei gibt es wiederkehrende Praktiken, wie etwa das Aufsuchen von Aussichtspunkten. Diese sind von besonderer Bedeutung bei der genussvollen Konstruktion von Landschaft. Außerdem reagieren die Reisegäste sensibel auf ‚landschaftliche Problemzonen' von Reisen. Trotz individueller Geschmacksunterschiede existiert eine weitreichende Übereinstimmung in der Frage, welche Räume als (schöne) Landschaft konstruiert werden können. Letztlich ermöglicht diese Übereinstimmung erst den Erfolg organisierter Gruppenreisen. Während der Reise erschließt sich das Landschaftserlebnis der Reisegäste dem Beobachter besonders durch Äußerungen, die Gefallen oder Missfallen ausdrücken. Hierbei zeigt sich, dass Wege und Raumpraktiken eine wichtige Rolle bei der Beurteilung attraktiver Landschaft spielen. Die Beurteilung des Weges stellt sich als entscheidender Faktor für die Beurteilung der landschaftlichen Attraktivität dar.

Die Bedeutung von Landschaft auf Reisen lässt sich schwer durch Anwendung eines formalen Schemas der Beobachtung von Reiseteilnehmern oder durch vorstrukturierte Interviews mit denselben erheben. Die Bedeutung der Landschaft erschließt sich am besten ‚zwischen den Zeilen'. Dasselbe gilt auch für die Interviews mit Reiseleitern. Der Grund dafür liegt darin, dass das Erkennen von Landschaft im Allgemeinen und schöner Landschaft im speziellen, als selbstverständlich gilt und explizite Fragen zu diesem Thema für die Befragten ungewohnt sind und daher Irritationen hervorrufen.

Das Landschaftserlebnis der Reisegäste ist insofern durch den Reiseveranstalter vermittelt, als dass dieser in einem Programm Wanderwege, Radwege und Sehenswürdigkeiten festlegt. Reiseleiter vermitteln Landschaft entlang eines landeskundlichen Themenkanons, durch kognitiv zu verarbeitende Informationen. Die Erklärungen von Reiseleitern beziehen sich vor allem auf sichtbare Gegenstände, weswegen einige Reiseleiter der Meinung sind, Landschaft sei auf Reisen unwichtig, da man konkrete Dinge erkläre. Andere Reiseleiter begreifen das Erklären dieser ‚konkreten Dinge' als Vermittlung von Landschaft. Indem Reiseleiter Gegenstände thematisierten, erklären und als typisch für die bereiste Region bezeichnen, konstruieren sie Landschaft im Sinne dieser Arbeit. Sie machen Vorschläge, welche Objekte zusammengeschaut werden sollen und in der Zusammenschau ‚das Besondere' der Region ausmachen. Inhaltlich lehnen Reiseleiter ihre Erklärungen an wissenschaftliche Disziplinen an. Daraus resultiert eine Informationsvermittlung, die auf kognitiv zu verarbeitende, ‚sachliche' Informationen fokussiert ist. Auch Nachfragen der Reisegäste beziehen sich meist auf diese kognitive Dimension der Aneignung von Landschaft.

Aneignung von Landschaft bedeutet Zuweisung von Bedeutung an Objektkonstellationen, die als Landschaft konstruiert werden. Wie John Urry bemerkte, ist die Wahrnehmung anderer Touristen wichtig für die Bedeutungszuweisung zu Objekten, also für den Aneignungsprozess von Landschaft. Das Konzept des *tourist gaze* erwies sich für diese Untersuchung als gute Ergänzung der sozialkonstruktivistischen Landschaftstheorie. Aus sozialkonstruktivistischer Perspektive ist Urrys Konzept als prägnante Analyse diskursiv verfestigter Erwartungen an touristische Aneignungspraktiken von Landschaft zu verstehen. *Romantic*- und *collective gaze* sind demnach konstruierte Idealtypen im Sinne Max Webers (Weber 1999: 193). Für die sozialkonstruktivistische Landschaftsforschung bedeutet dies, dass die Anwesenheit oder Abwesenheit anderer Menschen Teil gesellschaftslandschaftlicher Stereotype ist. Der Modus des *romantic gaze* bedeutet eine diskursive, durch gesellschaftslandschaftliche Vorstellungen hervorgebrachte Form der Aneignung von Sehenswürdigkeiten, die als Landschaft oder Natur konstruiert werden. Diese Vorstellungen der idealen Aneignung von Landschaft werden von der Werbung reproduziert und führen hier zur Marginalisierung anderer Personen in den Landschaftsdarstellungen. Die Werbung bezieht sich in ihrer Reproduktion auf eine sozial konstruierte Idealvorstellung von der Kulturpraxis Reisen, wie sie beispielsweise von Stefan Zweig formuliert wurde (vgl. Kapitel 5.11.2). Die Reiseveranstalter haben dieses Ideal nicht erfunden, jedenfalls können sie eigentlich kein Interesse an diesem Ideal des ‚Untouristischen' haben, da sie es nie einlösen können. Dennoch schärfen und reproduzieren Reiseveranstalter das Ideal des ‚Untouristischen', des Reisens abseits des ‚Massentourismus', indem sie sich selbst permanent vom Massentourismus abgrenzen.

Bei der Aneignung von Landschaft im Sinne des Tourismusdiskurses (schöne Natur) wird die Anwesenheit anderer Menschen im Allgemeinen, dem *romantic gaze* entsprechend, als störend empfunden. Viele Reisegäste gehen mit dieser Situation pragmatisch um und zeigen sich nicht enttäuscht, sondern drücken aus, sie fänden z. B. die Geysire ‚trotz der vielen Leute' beeindruckend. Ohne andere Touristen stellen diese Reisegäste es sich folglich noch besser vor. Das Einbeziehen anderer Touristen als Kriterium für die Bewertung des eigenen Erlebnisses verweist auf die Disktinktionsfunktion von Reiseerlebnissen und die Beschaffenheit der Stereotype, die das Verständnis vom Reisen prägen. Die empirischen Ergebnisse dieser Arbeit deuten darauf hin, dass sich das Selbstverständnis der beobachteten Reisenden an einem stereotypen Ideal orientiert und dass dieses stereotype Ideal als Abenteurer oder eigenständiger Bildungsreisender umrissen werden kann. Die Argumente für diese Position sollen an dieser Stelle zusammengetragen werden.

- Zunächst erzeugt die Werbung durch die Marginalisierung anderer Touristen in Text und Bild sowie durch zahlreiche ausdrückliche Abgrenzungen zum ‚Massentourismus' die Vorstellung, man sei als Kunde der betreffenden Reiseveranstalter kein gewöhnlicher Tourist. Der ‚gewöhnliche Tourist' wird also von der Werbung als etwas dargestellt, von dem es sich abzugrenzen gilt.
- Auch die Praxis der Reiseleiter produziert eine Abgrenzung vom Massentourismus. Diese Abgrenzung wird zum Beispiel realisiert, indem der Reiseleiter exklusive Zugänge zu gängigen Sehenswürdigkeiten schafft (Sehenswürdigkeiten per Wanderung oder Fahrrad erreichen, während ‚die Masse' nur aus dem Bus aussteigt; zu den Zeiten kommen, wenn andere Touristen nicht mehr oder noch nicht dort sind).
- Die zahlreichen Reiseanekdoten, die auf jeder Reise erzählt werden und die von früheren oder der aktuellen Reise handeln, erweisen sich häufig als Risikonarrationen oder als Geschichten über den nicht-geschäftlichen Kontakt mit Einheimischen. Mit diesen Erzählungen erschaffen die Reisegäste sich selbst eine ‚Abenteurer-Identität' (Binder 2005: 180 im Anschluss an Elsrud 2001) und deuten ihre Reisen als bestandene Prüfungen.

- Reiseveranstalter wissen, dass Gäste sich gern als Abenteurer fühlen wollen, eine Mitarbeiterin spricht von Reisegästen als ‚Pseudoabenteurer'. Die Reisegäste haben einerseits ein hohes Sicherheitsbedürfnis, wollen sich aber andererseits als Abenteurer fühlen.

- Das Distinktionsverhalten der Reisegäste offenbart eine Distinktionskette, die sich an einem Ideal des selbstständigen Abenteurers oder Bildungsreisenden orientiert (vgl. Kapitel 5.3.6). Andere Touristen, die diesem Ideal weniger zu entsprechen scheinen, als man selbst, werden eher abwertend betrachtet. Touristen, die diesem Ideal mehr entsprechen als man selbst, weil sie beispielsweise schwierigere Wanderungen machen, werden bewundert oder deren Anstrengungen und/oder Risikobereitschaft werden als überflüssig oder wahnsinnig (‚unkalkulierbares Risiko, unverantwortlich') bezeichnet.

Während die Analyse der Werbung mit ihren Wunder- und Paradiesbeschreibungen leicht zu der Annahme führt, Tourismus sei als Suche nach dem Paradies zu interpretieren, zeigt die Analyse der Aneignung von Reisezielen ein anderes Bild. Wenn man Reisen mithilfe religiöser Erklärungsmuster beschreiben möchte, dann erscheint hier das Motiv des Passageritus passender. Die teilnehmende Beobachtung zeigt, dass Reisegäste ihr Reiseland nicht als Paradies konstruieren. Sie interessieren sich auch für soziale, politische und wirtschaftliche Themen und sind nicht, wie der Reisende Georg Forster, auf der Suche nach einer edlen Zivilisationsform in der es keine Ungerechtigkeit gibt (Burckhardt 2011: 303). Vielmehr ist die Reise als außeralltägliche Erfahrung und Kontext, in dem Erlebnisse und Sozialkapital erzeugt werden, stärker auf das Selbst bezogen, das Reiseziel dient diesen Zwecken.

Das ausgeprägte Distinktionsverhalten der Touristen offenbart den Idealtypus eines Abenteurers oder eigenständigen Bildungsreisenden als stereotypes Vorbild vieler Touristen. Dieses Ideal passt in das Analyseschema der Heldenreise, denn das Erlebnis des Abenteurers, das Abenteuer, kann als Passageritus verstanden werden (Vogler 1998: 54). Die Fokussierung auf Risikonarrationen und authentischen Kontakt mit Einheimischen legt offen, dass die Verheißung des Reisens auch bei Pauschalreisen im Erleben von Herausforderung und Wiederkehr mit Gewinn besteht. Auch Pauschalreisen sind nicht frei vom Motiv der Suche nach dem Fremden, an dem man sich selbst entwickelt. Herausforderungen der Reise sind zwar durch den Reiseleiter und ein vorgegebenes Programm minimiert, insofern handelt es sich bei Pauschalreisen um leichte Kost, was die Herausforderungen für die Reisenden betrifft, aber diese Herausforderungen bilden dennoch eine zentrale Motivation der kulturellen Praxis des (Pauschal-) Reisens.

Reiseanekdoten und besonders Risikonarrationen und Geschichten über authentische Kontakte mit Einheimischen sind als Sozialkapital zu verstehen und bilden damit den Gewinn, den Reisegäste von ihren Reisen mitbringen. Der Gewinn kann zum Beispiel auch in einer erworbenen Einstellung zur Heimat bestehen, etwa wenn Reisegäste Bestätigung gefunden zu haben glauben, dass es zu Hause am schönsten sei und sie sich durch diese Einschätzung besonders auf die Rückkehr ins gewohnte Umfeld freuen oder sogar mehr Zufriedenheit im Alltag erlangen. Diese abschließenden Betrachtungen sollen zeigen, wie die kulturelle Praxis des Reisens mitsamt ihren Paradiesbezügen und ihrem Ideal des Abenteuers und außeralltäglichen Erlebnisses sozial konstruiert wird. Während die Touristen mit ungefährlichen Paradiesbezügen auf die Reise gelockt werden (möchten) und sie Landschaft auf Reisen am liebsten ohne größere Probleme erleben möchten, so sind Abenteuer und Erlebnisse, die sich für eine Verwendung als Gegenstand von Risikonarrationen eignen, für die Erinnerung und den Gewinn von Sozialkapital am ertragreichsten.

8.6 Fazit: Die Bedeutung von Landschaft im Tourismus

Landschaft ist in der touristischen Produktion von großer Bedeutung und bildet insofern ein Grundkapital des Tourismus. Die Bedeutung von Landschaft für den Tourismus ist jedoch vielschichtig und keineswegs nur auf materieller Ebene, sondern vor allem auf einer sozialen Bedeutungsebene zu suchen wie in dieser Arbeit gezeigt werden konnte. Die sozialkonstruktivistische Landschaftstheorie bietet ein geeignetes theoretisches Konzept zur Analyse dieser Bedeutungsebene. Der sozialkonstruktivistische Ansatz im Allgemeinen und das Konzept der vier Dimensionen von Landschaft im Speziellen, eignen sich sehr gut, um geographische Fragen der Tourismusforschung zu bearbeiten. Gegenstand dieser Arbeit war die touristische Produktion, die auf ihren Umgang mit Landschaft hin untersucht wurde. Ausgehend vom Modell der vier Dimensionen von Landschaft konnte eine systematische Einteilung des empirischen Gegenstands entwickelt werden. Anhand dieser Einteilung konnte herausgearbeitet werden, wie Landschaft in verschiedenen Phasen der touristischen Produktion unterschiedliche Bedeutung zukommt: In der Tourismuswerbung hat der Landschaftsbegriff eine sehr hohe Präsenz. Landschaft ließ sich als eines der wichtigsten sprachlichen Werkzeuge der Tourismuswerbung identifizieren. Durch häufige Aktualisierung wird ein enger Landschaftsbegriff verfestigt. Durch eine positive Bedeutungsaufladung wird der Begriff Landschaft zu einer konkreten Aussage, er bedeutet schöne Natur. Die Verwendung eines engen Landschaftsbegriffs aktualisiert die Dichotomie von Natur und Kultur. Äquivalenzketten ziehen Grenzen zwischen Natur und Kultur und weisen Landschaftsmomente der einen oder der anderen Seite zu. Diese Bedeutungsfixierungen sind relevant für die Entwicklung bzw. Stabilisierung gesellschaftslandschaftlicher Vorstellungen, da das touristische Landschaftsverständnis nicht nur von Reiseveranstaltern, sondern auch von Reisemagazinen, Reiseteilen von Tageszeitungen, Reisedokumentationen etc. verfestigt wird. Dem touristischen Landschaftsdiskurs kommt daher eine Rolle bei der Stabilisierung des ‚laienhaften Landschaftsverständnisses‘ (Hokema 2013: 261) zu. Unter Verwendung des Landschaftsbegriffs konstruiert die Tourismuswerbung ein Weltbild, das sein konstitutives Außen im problem-orientierten Nachrichtendiskurs und in der Kritik am Massentourismus hat. Diese Bereiche werden in der Werbung entsprechend marginalisiert.

Diese Arbeit stellt die Bedeutung landschaftlicher Stereotype heraus. Es konnte gezeigt werden, dass stereotype Vorstellungen von Landschaft für den Tourismus große Bedeutung haben. Dabei zeigt der Tourismus die Bedeutung von Stereotypen lediglich besonders deutlich. Einiges spricht dafür, auch in anderen Kontexten, wie etwa verschiedenen Naturschutzdiskursen, oder der Raumplanung eine gewisse Bedeutung landschaftlicher Stereotype zu vermuten. Geographische Kategorien werden, wie Kategorien im Allgemeinen, in stereotyper Form gedacht, der Tourismus ist in besonderem Maße an der Verfestigung bestehender Stereotypen beteiligt. Innovative Landschaftsdeutungen werden nicht von den Reiseveranstaltern selbst hervorgebracht. Die Reiseveranstalter reproduzieren und verfestigen Landschaftsdeutungen, die sie aus anderen gesellschaftlichen Teilsystemen (gesellschaftliche Landschaft) beziehen.

In ihrer Werbung versuchen die Reiseveranstalter mit Landschaftsbeschreibungen Emotionen bei den Lesern hervorzurufen. Zur Beschreibung der Reiseziele werden daher positiv belegte landschaftliche Stereotype herangezogen. Auf der Reise erfolgt die Vermittlung von Landschaft durch Reiseleiter dagegen vor allem auf einer kognitiven Ebene. Reiseleiter erklären Landschaft und konstruieren sie weitgehend unbewusst durch die Auswahl der Objekte die erklärt werden, da durch diese Auswahl Beziehungen zwischen Objekten konstituiert und mit Bedeutung aufgeladen werden. Eine Beziehung von erklärten Objekten und Landschaft wird also hergestellt. Dabei bleibt das Thema Landschaft unproblematisch und wird daher auch nicht hinterfragt. Die ästhetische Aneignung von Landschaft ist durch die Raumpraktiken einer Reise vermittelt und findet in der Regel individuell statt.

In der Frage, wie Regionen zu Reisezielen werden, deuten die Ergebnisse dieser Arbeit darauf hin, dass eine Analyse der Entwicklung gesellschaftslandschaftlicher Vorstellungen die Entwicklung von Reisezielen besser erklären kann als eine Analyse der physischen Strukturen vor Ort. Für die touristische Destinationsentwicklung gilt: Es können wahrscheinlich noch viel mehr Orte zu begehrenswerten Landschaften werden und schön gefunden werden, denn auch die Schönheit vieler aktueller Sehenswürdigkeiten musste zuerst ‚entdeckt' bzw. von einem ‚schöpferischen Geist' zugeschrieben werden. In dieser Arbeit konnte auch gezeigt werden, dass die Tourismusindustrie, obwohl sie sicher zu den mächtigsten Verstärkern landschaftlicher Vorstellungen zählt, selbst eher keine neuen landschaftlichen Deutungen hervorbringt, da dies aus ihrer Systemlogik heraus nicht erforderlich erscheint. Innovative landschaftliche Deutungen sind in der Vergangenheit eher durch andere gesellschaftliche Teilsysteme entwickelt worden, vor allem durch Literatur und Kunst.

Literaturverzeichnis

Amirou, R. (2012): L'imaginaire touristique. Paris. CNRS.

Antrop, M. (2015): Interacting Cultural, Psycological and Geographical Factors of Landscape Preference. In: Bruns, D./Kühne, O./Schönwald, A./Theile, S. (Hrsg.): Landscape Culture – Culturing Landscapes. Wiesbaden. Springer VS. 53-67.

Apolinarski, I./Gailing, L./Röhring, A. (2004): Institutionelle Aspekte und Pfadabhängigkeiten des regionalen Gemeinschaftsgutes Kulturlandschaft. Erkner. http://www.irs-net.de/download/Kulturlandschaft.pdf. Zugriff: 09.10.2016

Arnason, A./Ellison, N./Vergunst, J./Whitehouse, A. (2012): Landscapes beyond land. New York, Oxford. Berghahn Books.

Aster, R./Merkens, H./ Repp, M. (1989): Teilnehmende Beobachtung – Werkstattberichte und methodologische Reflexionen. Frankfurt Main. Campus Verlag.

Babey, V. (2005): Lexikonartikel Albert Lugardon. SIKART Lexikon zur Kunst in der Schweiz. http://www.sikart.ch/KuenstlerInnen.aspx?id=4023156. Zugriff: 09.10.2016

Bachleitner, R./Penz, O. (2000): Massentourismus und sozialer Wandel. München, Wien. Profil Verlag.

Bachleitner, R. (2010): Der Tourist. In: Moebius, S./Schroer, M. (Hrsg.): Diven, Hacker, Spekulanten – Sozialfiguren der Gegenwart. Frankfurt. Suhrkamp. 422-436.

Bailer-Jones, D. M. (2005): The Difference Between Models and Theories. In: Nimtz, Ch./Beckermann, A. (Hrsg.): Philosophie und/als Wissenschaft. Paderborn. Mentis. 339 – 353.

Balderjahn, I. (2014): Standortmarketing. 2. Aufl. München. UVK Lucius.

Bätzing, W. (2000): Postmoderne Ästhetisierung von Natur versus „schöne Landschaft" als Ganzheitserfahrung – Von der Kompensation der „Einheit der Natur" zur Inszenierung von Natur als Erlebnis. In: Arndt, A./Bal, K./Ottmann, H. (Hrsg.): Hegels Ästhetik. Die Kunst der Politik - Die Politik der Kunst. Zweiter Teil. Berlin. Akademie Verlag. 196-202.

Bätzing, W. (2015): Die Alpen. 4. Auflage. München. C.H. Beck.

Bätzing, W. (2015a): Zwischen Wildnis und Freizeitpark - Eine Streitschrift zur Zukunft der Alpen. Zürich. Rotpunktverlag.

Bauman, Z. (1996): From Pilgrim to Tourist – or a Short History of Identity. In: Hall, S./Du Gay, P. (Hrsg.): Questions of cultural identity. London. SAGE. 18-36.

Baur, C. (1979): Landschaftsmalerei in der Romantik. München. Heyne.

Baur, N./Blasius, J. (Hrsg.) (2014): Handbuch Methoden der empirischen Sozialforschung. Wiesbaden. Springer.

Beeton, S. (2005): Film-induced tourism. Clevedon, Buffalo, Toronto. Channel View Publications.

Bell, C./Lyall, J. (2002): The accelerated sublime. Landscape, tourism and identity. Westport. Praeger Publishers.

Berger, P. L./Luckmann, T. (1991) [1966]: The social construction of reality. London. Penguin Books.

Berton, P. (1992): Niagara – a history of the falls. Albany. Excelsior.

Beyer, R. (1995): Stadt- und Regionalmarketing – Irrweg oder Stein der Weisen? Bonn. Kuron Verlag.

Bieger, T. (2002): Management von Destinationen. 5. Aufl. München. Oldenbourg.

Binder, J. (2005): Globality. Eine Ethnographie über Backpacker. Münster. LIT Verlag.

Blumer, H. (1969): Symbolic Interactionism. London. University of California Press.

Blumer, H. (1981): Der methodologische Standort des symbolischen Interaktionismus. In: Arbeitsgruppe Bielefelder Soziologen (Hrsg.): Alltagswissen, Interaktion und gesellschaftliche Wirklichkeit. Wiesbaden. Springer. 80-146.

Bollnow, O. F. (1997): Mensch und Raum. 8. Aufl. Stuttgart.

Böttger, A. (2015): Viel zu sehen und (zu) wenig Zeit. Flusskreuzfahrten und Landgänge. Marburg. Tectum Verlag.

Bougainville, L.-A. (1980 [1772]): Reise um die Welt. Stuttgart. Parkland Verlag.

Bourdieu, P. (1982): Die feinen Unterschiede – Kritik der gesellschaftlichen Urteilskraft. Frankfurt am Main. Suhrkamp.

Burckhardt, J. (2014) [1860]: Die Kultur der Renaissance in Italien. Stuttgart. Reclam.

Burckhardt, L. (2011): Warum ist Landschaft schön? Die Spaziergangswissenschaft. Berlin. Martin Schmitz Verlag.

Burr, V. (2005): Social Constructionism. London, New York. Routledge.

Büttner, F. (2013): Giotto und die Ursprünge der neuzeitlichen Bildauffassung. Darmstadt. WBG.

Büttner, N. (2003): Tourismus. In: Cancik, H. (Hrsg.): Der Neue Pauly: Enzyklopädie der Antike, Bd. 15/3, Stuttgart. 524-533.

Büttner, N. (2006): Geschichte der Landschaftsmalerei. München. Hirmer.

Büttner, N. (2007): Landschaft und Hirsch. Kunsthistorische Überlegungen zu Deutung und Bedeutung. In: Engell, L. (Hrsg.): Stadt – Land – Fluss. Medienlandschaften. Wilhelm Fink Verlag. Weimar. 9-21.

Büttner, N. (2008): Die historische Perspektive. Oder: Wie der Berg ins Bild kam. In: Busse, K.-P. (Hrsg.) (2008): Landschaften erfinden: Von der Idee zur Karte zum Bild. Norderstedt. Athena Verlag. 6-13.

Büttner, N. (2011): Zur Geschichte der Landschaftsmalerei. In: Eclercy, B. (Hrsg.): Nah und Fern: Landschaftsmalerei von Brueghel bis Corinth. Köln. Wienand. 10-27.

Campbell, J. (2004) [1949]: The Hero with a Thousand Faces. Princeton, Oxford. Princeton University Press.

Chatwin, B. (2012) [1987]: Traumpfade. Frankfurt am Main. Fischer Taschenbuchverlag.

Clammer, P./Sainsbury, B. (2014): Jamaica. 7.Auflage. Oakland. Lonely Planet Publications.

Cosgrove, D./Daniels, S. (Hrsg.) (1988): The Iconography of Landscape. Cambridge. Cambridge University Press.

Culler, J. (1981): Semiotics of tourism. In: American Journal of Semiotics, 1. 127-140.

De Botton, A. (2013): Die Kunst des Reisens. 6. Auflage. Frankfurt. Fischer.

Descola, P. (2011): Jenseits von Natur und Kultur. Berlin. Suhrkamp.

Drexler, D. (2011): Landschaft und Landschaftswahrnehmung. Ein Vergleich englischer, französischer, deutscher und ungarischer Landschaftsverständnisse. http://www.anl.bayern.de/publikationen/spezialbeitraege/doc/lsb2011_003_dre xler_landschaftswahrnehmung.pdf. Zugriff: 01.10.2016.

Dringenberg, S. (2004): Wengernalpbahn. http://www.rail-info.ch/WAB/index.de.html. Zugriff: 12.10.2016.

Dumazedier, J. (1962): Vers une civilisation du loisir? Paris. Éditions du seuil.

Dürr, B. (2013): Im Wohnzimmer der Armen. In: Spiegel Online. http://www.spiegel.de/reise/fernweh/slum-tourismus-in-suedafrika-tour-durch-township-in-kapstadt-a-921957.html. Zugriff: 14.10.2016.

Dzudzek, I./Glasze, G./Mattissek, A./Schirmel, H. (2009): Verfahren der lexikometrischen Analyse von Textkorpora. In: Glasze, G./Mattissek, A. (2009): Handbuch Diskurs und Raum. Bielefeld. Transcript. 233-260.

Eco, U. (1986): Der Name der Rose. München. Hanser.

Egner, H. (2000): Trend- und Natursport als System. Die Karriere einer Sportlandschaft am Beispiel Moab, Utah. http://ubm.opus.hbz-nrw.de/volltexte/2001/197/pdf /diss.pdf. Zugriff: 12.10.2016.

Egner, H. (2008): Gesellschaft, Mensch, Umwelt – beobachtet. Ein Beitrag zur Theorie der Geographie. Stuttgart. Steiner Verlag.

Eibl-Eibesfeldt, I. (1997): Die Biologie des menschlichen Verhaltens. Grundriß der Humanethologie. München. Piper Verlag.

Eisel, U. (2012): Gespenstische Diskussionen über Naturerfahrung. http://www.ueisel.de/ fileadmin/dokumente/eisel/Gespenster/Eisel_Gespenster.pdf.   Zugriff: 09.10.2016.

Ellenberg, L./Beier, B./Scholz, M. (1997): Ökotourismus – Reisen zwischen Ökonomie und Ökologie. Heidelberg. Spektrum Verlag.

Elsrud, T. (2001): Risk Creation in Travelling – Backpacker Adventure Narration. In: Annals of Tourism Research. Vol. 28, Nr. 3, 597-617.

Emerson, R. W. (1836): Nature. https://archive.org/stream/naturemunroe00emerrich# page/n5/mode/2up. Zugriff: 06.12.2015.

Enzensberger, H. M. (2006 [1958]): Eine Theorie des Tourismus. In: Enzensberger, H. M. (2006): Einzelheiten I&II. Hamburg. Spiegel Verlag. 177-204.

Eschenburg, B. (1987): Landschaft in der deutschen Malerei. München. Beck.

Fischer, H. (1966): Conrad Gessner 1516-1565. Neujahrsblatt der Naturforschenden Gesellschaft Zürich. http://www.ngzh.ch/media/njb/Neujahrsblatt_NGZH_ 1966. pdf. Zugriff: 21.10.2016.

Fischer, T. (2016): Auf zu neuen Horizonten. In: Globetrotter Magazin - Neue Horizonte. http://globetrotter-magazin.de/sites/default/files/pdf/000_gt_1_2016_doppel_ komplett.pdf. Zugriff: 30.08.2016.

Flick, U./von Kardorff, E./Steinke, I. (Hrsg.) (2008): Qualitative Forschung – Ein Handbuch. 6. Auflage. Hamburg. Rowohlt.

Fontaine, D. (2017): Simulierte Landschaften in der Postmoderne: Reflexionen und Befunde zu Disneyland, Wolfersheim und GTA V. Wiesbaden. Springer VS. Im Erscheinen

Fontane, Th. (2013) [1860]: Jenseit des Tweed. Berlin. Omnium.

Forster, G. (1983 [1777]): Reise um die Welt. Frankfurt Main. Insel Verlag.

Foucault, M. (1981): Archäologie des Wissens. Frankfurt Main. Suhrkamp.

Frenzel, F./Koens, K./Steinbrink, M. (2012): Slum Tourism. New York. Routledge.

Freud, S. (2010): Der Mann Moses und die monotheistische Religion. Stuttgart. Reclam.

Freyer, W. (2011): Tourismus-Marketing. München. Oldenbourg Verlag.

Frisch, M. (2012) [1936]: Vom Wandern. In: Kampa, D. (Hrsg.): Wanderlust. Zürich. Diogenes. 275-280.

Fuchs-Heinritz, W./König, A. (2011): Pierre Bourdieu: Eine Einführung. 2. Auflage. Konstanz und München. UVK Lucius.

Gailing, L./Leibenath, M. (2012): Von der Schwierigkeit, "Landschaft" oder "Kulturlandschaft" allgemeingültig zu definieren. Raumforschung und Raumordnung. 70 (2012) 2, 95-106.

Gailing, L. (2012): Sektorale Institutionensysteme und die Governance kulturlandschaftlicher Handlungsräume. Eine institutionen- und steuerungstheoretische Perspektive auf die Konstruktion von Kulturlandschaft. In: Raumforschung und Raumordnung 70 (2012) 2, 147-160.

Gailing, L. (2014): Kulturlandschaftspolitik. Die gesellschaftliche Konstituierung von Kulturlandschaft durch Institutionen und Governance. Detmold. Rohn Verlag.

Garfinkel, H. (1967): Studies in Ethnomethodology. Englewood Cliffs. Polity Press.

Gergen, K. J./Gergen, M. (2009): Einführung in den sozialen Konstruktivismus. Heidelberg. Carl-Auer Verlag.

Girtler, R. (2004): 10 Gebote der Feldforschung. Wien. LIT Verlag.

Glasze, G. (2007): Vorschläge zur Operationalisierung der Diskurstheorie von Laclau und Mouffe in einer Triangulation von lexikometrischen und interpretativen Methoden. In: FQS – Forum Qualitative Sozialforschung 8 (2): http://www.qualitative-research.net/index.php/fqs/article/view/239/ 530. Zugriff: 06.11.2016.

Glasze, G./Mattissek, A. (2009): Handbuch Diskurs und Raum. Bielefeld. Transcript.

Glasze, G. (2013): Politische Räume. Die diskursive Konstitution eines „geokulturellen Raumes" – die Frankophonie. Bielefeld. Transcript.

Google (2014): The 2014 travellers road to decision. https://think.storage.googleapis.com/docs/2014-travelers-road-to-decision_research_studies.pdf. Zugriff: 18.12.2015.

Greider, T./Garkovich, L. (1994): Landscapes: The Social Construction of Nature and the Environment. In: Rural Sociology 59, 1, 1-24.

Grinnell, G.B. (1883): The Park Grab. Forest and Stream Magazine 1883, January 4, P.1. New York. https://archive.org/stream/ForeststreamXIX#page/ 441/mode/1up. Zugriff: 25.10.2015.

Grinnell, G.B. (1883a): Mr. Vest's Victory. Forest and Stream Magazine 1883, March 8, P.1. New York. https://archive.org/stream/ForeststreamXX#page/101/mode/ 1up/search/fleeced. Zugriff: 26.10.2015.

Gröning, G./Herlyn, U. (Hrsg.) (1990): Landschaftswahrnehmung und Landschaftserfahrung. Texte zur Konstitution und Rezeption von Natur als Landschaft. München. Minerva.

Groß, M. (2006): Natur. Bielefeld. Transcript.

Gruenter, R. (1975) [1953]: Landschaft. Bemerkungen zu Wort und Bedeutungsgeschichte. In: Ritter, A. (Hrsg.): Landschaft und Raum in der Erzählkunst. Darmstadt. WBG. 192 – 207.

Grupp, P. (2008): Faszination Berg. Die Geschichte des Alpinismus. Köln, Weimar, Wien. Böhlau Verlag.

Hachtmann, R. (2007): Tourismusgeschichte. Göttingen. UTB.

Hackl, W. (2004): Eingeborene im Paradies. Die literarische Wahrnehmung des alpinen Tourismus im 19. und 20. Jahrhundert. Tübingen. Niemeyer.

Häder, M./Häder, S. (2014): Stichprobenziehung in der quantitativen Sozialforschung. In: Baur, N./Blasius, J. (Hrsg.): Handbuch Methoden der empirischen Sozialforschung. Wiesbaden. 283-297.

Haines, A. L. (1974): Yellowstone National Park. It's Exploration and Establishment. Washington. https://archive.org/stream/yellowstonenatio74hain#page/n7/mode/2up. Zugriff: 10.01.2016.

Hall, F. (1818): Travels in Canada and the United States 1816 – 1817. Boston. https://archive.org/details/travelsincanada00hallrich. Zugriff: 06.12.2015.

Hall, M./Gössling, S./Scott, D. (Hrsg.) (2015): The Routledge Handbook of Tourism and Sustainability. London, New York. Routledge.

Hankinson, G. (2004): The brand images of tourism destinations: a study of the saliency of organic images. Journal of Product & Brand Management, Vol. 13, 1. 6-14.

Hard, G. (1969): Das Wort Landschaft und sein semantischer Hof. Zur Methode und Ergebnis eines linguistischen Tests. Wirkendes Wort 19. 3-14.

Hard, G. (1970): Die "Landschaft" der Sprache und die "Landschaft" der Geographen. Bonn. Dümmler Verlag.

Harzer Schmalspurbahnen (o.J.): Die Harzer Schmalspurbahnen. http://www.harzer-schmalspurbahn.de/harzer-schmalspurbahn-geschichte.htm. Zugriff: 10.01.2016.

Hasse, J. (2000): Die Wunden der Stadt. Für eine neue Ästhetik unserer Städte. Wien. Passagen Verlag.

Heiser, P./Kurrat, C. (Hrsg.) (2014): Pilgern gestern und heute. Soziologische Beiträge zur religiösen Praxis auf dem Jakobsweg. Münster. LIT Verlag.

Helfferich, C. (2014): Leitfaden- und Experteninterviews. In: Baur, N./Blasius, J. (Hrsg.): Handbuch Methoden der empirischen Sozialforschung. Wiesbaden. 559-574.

Herbers, K. (2014): Pilgerformen und Motive im Mittelalter. In: Heiser, P./Kurrat, C. (Hrsg.): Pilgern gestern und heute. Soziologische Beiträge zur religiösen Praxis auf dem Jakobsweg. Münster. LIT Verlag. 75-90.

Hesse, H. (1974) [1922]: Siddhartha. Frankfurt Main. Suhrkamp.

Hesse, H. (2010) [1905]: Sommerreise. In: Zopfi, E. (2010): Über alle Berge. Zürich. Unionsverlag. 16-37.

Höhne, M. (2015): Tourismus und Naturerleben. Eine empirische Untersuchung in Hawai'i und im englischen Garten. Wiesbaden. Springer VS.

Hokema, D. (2013): Landschaft im Wandel? Zeitgenössische Landschaftsbegriffe in Wissenschaft, Planung und Alltag. Wiesbaden. Springer VS.

Homburg, C./Krohmer, H. (2009): Marketingmanagement – Strategie, Instrumente, Umsetzung, Unternehmensführung. 3. Aufl. Wiesbaden. Gabler Verlag.

Hopf, C. (2008): Qualitative Interviews – ein Überblick. In: Flick, U./von Kardorff, E./Steinke, I. (Hrsg.): Qualitative Forschung – Ein Handbuch. 6. Auflage. Hamburg. Rowohlt. 349-359.

Howard, P./Thompson, I./Waterton, E. (Hrsg.) (2013): The Routledge Companion to Landscape Studies. New York. Routledge.

Illing, F. (2006): Kitsch, Kommerz und Kult. Soziologie des schlechten Geschmacks. Konstanz. UVK Lucius.

Irving, W. (1868) [1832]: The Alhambra. https://archive.org/stream/alhambra13irvi#page/n7/mode/2up. Zugriff: 05.02.2016.

Jackson, J.B. (1980): The necessity for ruins. Amherst. University of Massachusetts Press.

Job, H./Woltering, M./Harrer, B. (2009): Regionalökonomische Effekte des Tourismus in deutschen Nationalparken. Naturschutz und biologische Vielfalt 76 (2009). Bonn.

Kagermeier, A./Kobs, G. (2013): Governance und Performance in Destinationen: Das Beispiel Kenia. In: Conrady, R./Ruetz, D. (Hrsg.): Tourismus und Politik. Berlin. Erich Schmidt Verlag. 149-162.

Kagermeier, A. (2016): Tourismusgeographie. Konstanz/München. UTB.

Kahnemann, D. (2012): Thinking, Fast and Slow. London. Penguin.

Kaspar, C. (1998): Das System Tourismus im Überblick. In: Headrich, G./Kaspar, C./Klemm, K./Kreilkamp, E. (Hrsg.): Tourismusmanagement. 3. Auflage. Berlin. De Gruyter. 15-32.

Kelle, U. (2008): Die Integration qualitativer und quantitativer Methoden in der empirischen Sozialforschung. 2. Auflage. Wiesbaden. VS Verlag.

Kelle, U. (2014): Mixed Methods. In: Baur, N./Blasius, J. (Hrsg.): Handbuch Methoden der empirischen Sozialforschung. Wiesbaden. Springer VS. 153-166.

Kiefl, W. (1997): Wo du nicht bist, dort ist das Glück. Überlegungen zur Vielschichtigkeit touristischer Motive. In: Tourismus-Journal: Zeitschrift für tourismuswissenschaftliche Forschung und Praxis. 1 (1997). 207–224.

Kirbach, R. (1987): Kunst im Eimer – Beuys „Fettecke" weggeputzt. http://pdf.zeit.de/1987/46/kunst-im-eimer.pdf. In: Zeit Online. Zugriff: 26.10.2016.

Kirchenamt der Evangelischen Kirche Deutschland (2005): Fern der Heimat – Kirche. Ein Beitrag der EKD zu einer missionarischen Handlungsstrategie. Hannover. https://www.ekd.de/download/ekd_texte_82.pdf. Zugriff: 05.02.2016.

Kirchhoff, T./Trepl, L. (2009): Vieldeutige Natur – Landschaft, Wildnis und Ökosystem als kulturgeschichtliche Phänomene. Bielefeld. Transcript Verlag.

Kloock, D./Spahr, A. (2007): Medientheorien: Eine Einführung. München. UTB.

Knebel, H.-J. (1960): Soziologische Strukturwandlungen im modernen Tourismus. Stuttgart. Ferdinand Enke Verlag.

Knoblauch, H. (2014): Ethnographie. In: Baur, N./Blasius, J. (2014): Handbuch Methoden der empirischen Sozialforschung. Wiesbaden. Springer VS. 521-528.

Knoll, G.M. (2014): Landschaften geographisch verstehen und touristisch erschließen. Berlin, Heidelberg. Springer.

Knoll, G.M. (2016): Handbuch Wandertourismus. Konstanz, München. UVK Lucius.

Knudsen, D.C./Metro-Roland, M.M./Soper, A.K./Greer, C.E. (2008): Landscape, Tourism and meaning. Hampshire. Routledge.

Knudsen, D.C./Metro-Roland, M./Rickly-Boyd, J.M. (2013): Landscape studies and tourism research. In: Howard, P./Thompson, I./Waterton, E. (Hrsg.): The Routledge Companion to Landscape Studies. New York. Routledge. 286-295.

Kost, S./Schönwald, A. (Hrsg.) (2015): Landschaftswandel – Wandel von Machtstrukturen. Wiesbaden. Springer VS.

Krippendorf, J. (1980): Marketing im Fremdenverkehr. 2. Aufl. Bern. Peter Lang.

Kühne, B. (2002): Das Naturbild in der Werbung. http://www.hs-hannover.de/fileadmin/media/pp/spectrum/spectrum_research_2002.pdf (68-71). Zugriff: 01.10.2016.

Kühne, O. (2006): Landschaft in der Postmoderne. Das Beispiel des Saarlandes. Wiesbaden. Deutscher Universitätsverlag.

Kühne, O. (2006a): Soziale Distinktion und Landschaft. Eine landschaftssoziologische Betrachtung. *Stadt+ Grün*, *56* (12). 40-43.

Kühne, O. (2008): Distinktion – Macht – Landschaft. Wiesbaden. VS Verlag.

Kühne, O. (2008a): Die Sozialisation von Landschaft – sozialkonstruktivistische Überlegungen, empirische Befunde und Konsequenzen für den Umgang mit dem Thema Landschaft in Geographie und räumlicher Planung. In: Geographische Zeitschrift, Jg. 96, H. 4. 189-206.

Kühne, O./Franke, U. (2010): Romantische Landschaft. Impulse zur Wiederentdeckung der Romantik in der Landschafts-und Siedlungsgestaltung in der norddeutschen Kulturlandschaft. Ein Plädoyer. Lübeck. Oceano Verlag.

Kühne, O. (2012): Urban nature between modern and postmodern aesthetics: Reflections based on the social constructivist approach. *Quaestiones Geographicae*, *31*(2). 61-70.

Kühne, O./Weber, F./Weber, F. (2013): Wiesen, Berge, blauer Himmel. Aktuelle Landschaftskonstruktionen am Beispiel des Tourismusmarketings des Salzburger Landes aus diskurstheoretischer Perspektive. Geographische Zeitschrift Band 101. Heft 1. 36-54.

Kühne, O. (2013): Landschaftstheorie und Landschaftspraxis. Wiesbaden. Springer VS.

Kühne, O. (2014): Wie kommt die Landschaft zurück in die Humangeographie? Plädoyer für eine ‚konstruktivistische Landschaftsgeographie'. Geographische Zeitschrift, 102(2). 68-85.

Kühne, O. (2014a): Die intergenerationell differenzierte Konstruktion von Landschaft. In: Naturschutz und Landschaftsplanung 46, 10. 297-302.

Kühne, O./Schönwald, A. (2015): San Diego. Eigenlogiken, Widersprüche und Hybriditäten in und von ‚America's finest city'. Wiesbaden. Springer VS.

Kühne, O. (2015a): Historical Developments: The Evolution of the Concept of Landscape in German Linguistig Areas. In: Bruns, D./Kühne, O./Schönwald, A./Theile, S. (Hrsg.): Landscape Culture – Culturing Landscapes. Wiesbaden. Springer VS. 43-52.

Kühne, O./Megerle, H./Weber, F. (2017): Landschaftsästhetik und Landschaftswandel. Interdisziplinäre Ansätze zur Landschaftsästhetik. Wiesbaden. Springer VS.

Kühne, O./Weber, F. (2017): Geographisches Problemlösen. In: Geographie aktuell und Schule. Themenheft 225, im Erscheinen.

Kunsthalle Hamburg (Onlinepräsenz) (2016): Der Wanderer über dem Nebelmeer. http://www.hamburger-kunsthalle.de/19-jahrhundert. Zugriff: 27.07.2016.

Kurrat, C./Heiser, P. (2014): Pilgern gestern und heute. In: Heiser, P./Kurrat, C. (Hrsg.): Pilgern gestern und heute. Soziologische Beiträge zur religiösen Praxis auf dem Jakobsweg. Münster. LIT Verlag. 7-17.

Laager, J. (1998): Nachwort zu Pausanias Beschreibung Griechenlands. In: Pausanias (1998): Beschreibung Griechenlands. Zürich. Manesse.

Laclau, E./Mouffe, C. (1985): Hegemony and Socialist Strategy. Towards a Radical Democratic Politics. London, NewYork. Verso.

Laclau, E. (1990): New Reflections on the Revolution of Our Time. London, New York. Verso.

Lacoste, Y. (1990): Geographie und politisches Handeln. Perspektiven einer neuen Geopolitik. Berlin. Wagenbach.

Lamnek, S. (2005): Qualitative Sozialforschung. 4. Auflage. Weinheim, Basel. Psychologie Verlagsunion.

Lehmann, H. (1986) [1964]: Die Rolle des Landschaftsklischees im Italienbild des Deutschen. In: Krenzlin, A./Müller, R. (Hrsg.): Herbert Lehmann. Essays zur Physiognomie der Landschaft. Stuttgart. Franz Steiner Verlag. 171 – 198.

Leibenath, M./Gailing, L. (2012): Semantische Annäherung an ‚Landschaft' und ‚Kulturlandschaft'. In: Schenk, M./Kühn, M./Leibenath, M./Tzschaschel, S. (Hrsg.): Suburbane Räume als Kulturlandschaften. Hannover. ARL. 58-79.

Leibenath, M./Otto, A. (2012): Diskursive Konstituierung von Kulturlandschaft am Beispiel politischer Windenergiediskurse in Deutschland. Raumforschung und Raumordnung (2012) 70. 119-131.

Lévi-Strauss, C. (1966): Tristes Vacances. Le Nouvel Observateur n°74 du 13 avril 1966. http://tempsreel.nouvelobs.com/culture/20060414.OBS4022/claude-levi-strauss-tristes-vacances.html. Zugriff: 15.10.2015.

Library of Congress (2015): Primary Documents in American History – Act Establishing Yellowstone National Park. http://www.loc.gov/rr/program/bib/ourdocs/yellowstone.html. Zugriff: 10.01.2015.

Lippmann, H.C. (2016): Sommerfrische als Symbol- und Erlebnisraum bürgerlichen Lebensstils. Zur gesellschaftlichen Konstruktion touristischer ländlicher Räume. https://depositonce.tu-berlin.de/bitstream/ 11303/5952/4/ lippmann_hans_christian.pdf. Zugriff: 31.10.2016.

Löfgren, O. (1999): On Holiday. Berkeley. University of California Press.

Löw, M./H. Berking (2008): Die Eigenlogik der Städte. Neue Wege für die Stadtforschung. Frankfurt Main. Campus.

Luhmann, N. (2001): Aufsätze und Reden. Stuttgart. Reclam.

MacCannell, D. (2013) [1976]: The Tourist. A New Theory of the Leisure Class. Berkeley. University of California Press.

Merkens, H. (1989): Teilnehmende Beobachtung - Einleitung. Frankfurt Main. In: Aster, R. / Merkens, H./Repp, M. (1989): Teilnehmende Beobachtung – Werkstattberichte und methodologische Reflexionen. Frankfurt Main. Campus Verlag.

Metro-Roland, M.M. (2011): Tourists, signs and the city. Surrey. Ashgate Publishing.

Misoch, S. (2015): Qualitative Interviews. Berlin/München/Boston. De Gruyter Oldenbourg.

Morgan, N./Pritchard, A. (2004): Meeting the destination branding challange. In: Morgan, N./Pritchard, A./Pride, R. (Hrsg.): Destination Branding. Creating the Unique Destination Proposition. Oxford. Elsevier. 59-78.

Morgan, N./Pritchard, A./Pride, R (2004): Introduction. In: Morgan, N./Pritchard, A./Pride, R. (Hrsg.) (2004): Destination Branding. Creating the Unique Destination Proposition. Oxford. Elsevier. 3-16.

Morgan, N./Pritchard, A./Pride, R. (Hrsg.) (2004): Destination Branding. Creating the Unique Destination Proposition. Oxford. Elsevier.

Mount Washington Railway Company (2016): History. http://thecog.com/ cog_history.php. Zugriff: 10.01.2016.

Mulder van de Graaf, J./Rottenburg, R. (1989): Feldforschung in Unternehmen – Ethnografische Explorationen in der eigenen Gesellschaft. Frankfurt Main. In: Aster, R./Merkens, H./Repp, M. (1989): Teilnehmende Beobachtung – Werkstattberichte und methodologische Reflexionen. Frankfurt Main. Campus Verlag. 19-34.

Müller, M. (2011): How natural disturbance triggers political conflict: Bark beetles and the meaning of landscape in the Bavarian Forest. In: Global Environmental Change 21 (2011). 935-946.

Müller, S. (2012): Die Welt des Baedeker. Frankfurt am Main. Campus Verlag.

Nohl, W. (2015): Landschaftsästhetik heute. München. Oekom Verlag.

Nonhoff, M. (2006): Politischer Diskurs und Hegemonie. Das Projekt „soziale Marktwirtschaft". Bielefeld. Transcript.

Pagenstecher, C. (1998): Enzensbergers Tourismusessay von 1958 – ein Forschungsprogramm für 1998? Tourismus Journal, Heft 2 (1998). 552-533.

Pausanias (1998 [2. Jhd. n. Chr]): Beschreibung Griechenlands. Zürich. Manesse.

Pechlaner, H./Bieger, T./Bausch, T. (2005): Erfolgskonzepte im Tourismus III. Wien. Linde Verlag.

Peterich, E. (1979 [1958]): Italien Band I. 7. Auflage. München. Prestel Verlag.

Peterich, E. (1986 [1963]): Italien Band III. 8. Auflage. München. Prestel Verlag.

Petrarca, F. (2014) [14. Jhd.]: Die Besteigung des Mont Ventoux. Stuttgart. Reclam.

Phillips, L./Jørgensen, M.W. (2002): Discourse Analysis as Theory and Method. London. Sage.

Picard, D./Zuev, D. (2014): The tourist plot. Antarctica and the modernity of nature. Annals of tourism research 45. 102-115.

Pippke, W./Leinberger, I. (2009): Gardasee. 4. Auflage. Ostfildern. Dumont.

Pott, A. (2007): Orte des Tourismus. Bielefeld. Transcript Verlag.

Potter, J. (1996): Representing Reality. Discourse, rhetoric and social construction. London. SAGE.

Preglau, M. (1997): Phänomenologische Soziologie: Alfred Schütz. In: Morel, J./Bauer, E./Meleghy, T./Niedenzu, H.J./Preglau, M./Staubmann, H. (1997): Soziologische Theorie. Abriß ihrer Hauptvertreter. 5. Auflage. München. Oldenbourg. 67-89.

Pries, C. (1995): Übergänge ohne Brücken: Kants Erhabenes zwischen Kritik und Metaphysik. Berlin. De Gruyter.

Przyborski, A./Wohlrab-Sahr, M. (2014): Forschungsdesigns für die qualitative Sozialforschung. In: Baur, N./Blasius, J. (Hrsg.): Handbuch Methoden der empirischen Sozialforschung. Wiesbaden. Springer. 117-133.

Raymond, P. (1993): Von der Landschaft im Kopf zur Landschaft aus Sprache. Die Romantisierung der Alpen in Reiseschilderungen und die Literarisierung des Gebirges in der Erzählprosa der Goethezeit. Tübingen. De Gruyter.

Reichertz, J. (2014): Empirische Sozialforschung und soziologische Theorie. In: Baur, N./Blasius, J. (Hrsg.): Handbuch Methoden der empirischen Sozialforschung. Wiesbaden. Springer. 65-80.

Rigi Bahnen (o.J.): Geschichte von Bahn und Berg. http://www.rigi.ch/Unternehmen/Die-Rigi-Bahnen/Geschichte-Bahn-Berg. Zugriff: 10.01.2015.

Ritter, J. (1990) [1963]: Landschaft. Zur Funktion des Ästhetischen in der modernen Gesellschaft. In: Gröning, G./Herlyn, U. (Hrsg.): Landschaftswahrnehmung und Landschaftserfahrung. Texte zur Konstitution und Rezeption von Natur als Landschaft. 23-41. München. Minerva.

Rolfes, M. (2015): Tourismus und Armut. Zwischen Voyeurismus, Aufklärung und Armutslinderung. In: Struck, E. (Hrsg.): Tourismus – Herausforderungen für die Region. Passau. Selbstverlag Fach Geographie der Universität Passau. 39-58.

Rousseau, J. J. (1762): Lettres à M. de Malesherbes. https://fr.wikisource.org/ wiki/Lettres_%C3%A0_Malesherbes. Zugriff: 10.01.2016.

Rousseau, J.J. (1980 [1761]): Die neue Heloise. Leipzig und Weimar. Gustav Kiepenheuer Verlag.

Rousseau, J. J. (1981 [1762]): Vier Briefe an den Herrn Präsidenten von Malesherbes. In: Ritter, H. (Hrsg.): Rousseau, J. J. – Schriften Band 1. Frankfurt Main. Fischer.

Rousseau, J.J. (o.J. [1762]): Emile oder über die Erziehung. http://www.zeno.org/Philosophie/M/Rousseau,+Jean-Jacques/Emil+oder+Ueber+die+Erziehung. Zugriff: 30.08.2016.

Rudolphi, P. (2007): Studienreisen in der Erlebnisgesellschaft. Paderborn. Selbstverlag des Faches Geographie, Fakultät für Kulturwissenschaften Universität Paderborn.

Rüth, A. (2008): „Auf der Such nach der ursprünglichen Einheit von Mensch und Natur" – Eine Untersuchung zum antizivilisatorischen Aspekt im deutschen Expressionismus am Beispiel der Künstlergruppe „Brücke". München. https://edoc.ub.uni-muenchen.de/10261/1/Rueth_Andrea.pdf. Zugriff: 06.01.2016.

Safranski, R. (2007): Romantik. Eine deutsche Affäre. München. Hanser Verlag.

Salazar, N.B. (2006): Touristifying Tanzania. Local guides, global discourse. Annals of Tourism Research, Vol. 33, No. 3. 833–852.

Salzkammergutbahn GmbH (2013): Geschichte und Geschichten von Wolfgangsseeschifffahrt und Schafbergbahn 1873 bis 2013. http://www.schafbergbahn.at/content/dam/websites/schafbergbahn/Folder/broschuere_jubilaeum2013.pdf. Zugriff: 10.01.2016.

Schäfer, R. (2015): Tourismus und Authentizität. Bielefeld. Transcript.

Schama, S. (1996): Der Traum von der Wildnis: Natur als Imagination. München. Kindler.

Schenk, W. (2006): Der Terminus „gewachsene Kulturlandschaft" im Kontext öffentlicher und raumwissenschaftlicher Diskurse zu „Landschaft" und „Kulturlandschaft". In: Matthiesen, U./Danielzyk, R./Heiland, St. Tzschaschel, S. (Hrsg.): Kulturlandschaften als Herausforderung für die Raumplanung. Verständnisse – Erfahrungen – Perspektiven. Hannover. ARL. 9-21.

Schlottmann, A. (2005): RaumSprache. Ost-West-Differenzen in der Berichterstattung zur deutschen Einheit. Eine sozialgeographische Theorie. Stuttgart. Franz Steiner Verlag.

Schmude, J./Namberger, P. (2015): Tourismusgeographie. 2. Aufl. Darmstadt. WBG.

Schneider, N. (2011): Geschichte der Landschaftsmalerei. 3. Auflage. Darmstadt. WBG.

Scholl, A. (2011): Konstruktivismus und Methoden in der empirischen Sozialforschung. In: Medien und Kommunikationswissenschaft 59, 2. 161-179.

Schulze, G. (1993): Die Erlebnisgesellschaft – Kultursoziologie der Gegenwart. 4.Auflage. Frankfurt am Main. Campus Verlag.

Schütz, A./Luckmann, T. (2003): Strukturen der Lebenswelt. Konstanz. UVK Lucius.

Schwark, J. (2016): Handbuch Sporttourismus. Konstanz, München. UVK.

Schweizerisches Institut für Kunstwissenschaft (2010): Lexikon zur Kunst in der Schweiz. Datenblatt: Lugardon, Jaques André Albert. http://www. sikart.ch/ werke.aspx? id=12885623. Zugriff: 27.07.2016.

Schweizerisches Institut für Kunstwissenschaft (2016): Datenblatt Meuron, Maximilien de. Vue du Grand Eiger, prise du petit lac sur le paysage de la Wengern Alp. http://www.sikart.ch/werke.aspx?id=9659784. Zugriff: 22.10.2016.

Schweizerisches Institut für Kunstwissenschaft (2016a): Datenblatt Lugardon, Jaques André Albert. Blick auf den Eiger von der Wengern Alp gesehen. http://www.sikart.ch/werke.aspx?id=12071596. Zugriff: 22.10.2016.

Siegmund, A. (2002): Die romantische Ruine im Landschaftsgarten. Würzburg. Königshausen.

Simmel, G. (1990) [1913]: Philosophie der Landschaft. In: Gröning, G./Herlyn, U. (Hrsg.): Landschaftswahrnehmung und Landschaftserfahrung. Texte zur Konstitution und Rezeption von Natur als Landschaft. München. Minerva. 67-79.

Sing, H. (1988): Der Jakobsweg nach Santiago de Compostela. 3. Aufl. Ulm. Via Verlag.

Smith, M. F. (2004): Brand Philadelphia. The power of spotlight events. In: Morgan, N./Pritchard, A./Pride, R. (Hrsg.) (2004): Destination Branding. Creating the Unique Destination Proposition. Oxford. Elsevier. 261-278.

Soja, E. (1996): Thirdspace. Cambridge, Massachusetts. Blackwell Publishers.

Spiegel Online (2013): Mordshunger auf Entrecôte. http://www.spiegel.de/reise/europa/bretonische-verhaeltnisse-reisen-auf-den-spuren-von-kommissar-dupin-a-936434.html. Zugriff: 17.09.2016.

Spittler, R. (2001): Anforderungen eines landschaftsorientierten Tourismus an die Landwirtschaft in Westfalen. In: Ditt, K./Gudermann, R./Rüße, N. (Hrsg.): Agrarmodernisierung und ökologische Folgen. Westfalen vom 18. bis zum 20. Jahrhundert. Westfälisches Institut für Regionalgeschichte, Münster, Forschungen zur Regionalgeschichte. Band 40. Paderborn. Schöningh. 627-655.

Spode, H. (1995): Reif für die Insel. Prolegomena zu einer historischen Anthropologie des Tourismus. In: Cantauw-Groschek, C. (Hrsg): Arbeit, Freizeit, Reisen. Die feinen Unterschiede im Alltag. Münster. Waxmann. 105-123.

Stäheli, U. (2000): Poststrukturalistische Soziologien. Bielefeld. Transcript.

Stausberg, M. (2010): Religion im modernen Tourismus. Berlin. Insel Verlag.

Stein, P. (2014): Forschungsdesigns für quantitative Sozialforschung. In: Baur, N./Blasius, J. (Hrsg.) (2014): Handbuch Methoden der empirischen Sozialforschung. Wiesbaden. Springer VS. 135-151.

Steinecke, A. (2016): Filmtourismus. Konstanz, München. UVK Lucius.

Steinmann, K. (2014): Grenzscheide zweier Welten? Petrarcas Besteigung des Mont Ventoux. In: Petrarca, F. (2014): Die Besteigung des Mont Ventoux. Stuttgart. Reclam. 43-64.

Stemmer, B. (2015): Kooperative Landschaftsbewertung in der räumlichen Planung. Wiesbaden. Springer VS.

Stern (2016): Shitstorm gegen Carmen Geiss – Rooobert ich bin in den Slums. In: Stern. http://www.stern.de/lifestyle/leute/shitstorm-gegen-carmen-geiss---rooobert---ich-bin-in-den-slums-6644018.html. Zugriff: 14.10.2016.

Stifter, A. (1974 [1842]): Der Hochwald. Stuttgart. Reclam.

Strasdas, W./Rein, H. (2015): Nachhaltiger Tourismus. Konstanz, München. UVK Lucius.

Struck, E. (Hrsg.) (2015): Tourismus – Herausforderungen für die Region. Passau. Selbstverlag Fach Geographie der Universität Passau.

Tagesspiegel (2016): Landschaft ist nicht alles – Norwegen umwirbt jetzt auch Kulturtouristen. Der Tagesspiegel vom 13.03.2016, Seite R2. Berlin. http://www.ge nios.de/presse-archiv/artikel/TSP/20160313/landschaft-ist-nicht-alles-norwegen/ 201603139918400.html. Zugriff: 30.08.2016.

Thoreau, H.D. (2013): Vom Wandern. Stuttgart. Reclam.

Tourismusverein Elbsandsteingebirge (2015): Der Lichtenhainer Wasserfall. http://www.tourismusverein-elbsandsteingebirge.de/home-nationalpark-kirnitz-schtal-wasserfall.html. Zugriff: 30.01.2016.

Traue, B./Pfahl, L./Schürmann, L. (2014): Diskursanalyse. In: Baur, N./Blasius, J. (Hrsg.) (2014): Handbuch Methoden der empirischen Sozialforschung. Wiesbaden. Springer VS. 493-508.

Trepl, L. (2012): Die Idee der Landschaft. Bielefeld. Transcript.

UNWTO (2008): Understanding Tourism: Basic Glossary. https://dtxtq4w 60xqpw.cloudfront.net/sites/all/files/docpdf/glossaryenrev.pdf. Zugriff: 16.09.2015.

Urmersbach, V. (2009): Im Wald, da sind die Räuber. Eine Kulturgeschichte des Waldes. Berlin. Vergangenheitsverlag.

Urry, J. (1990): The tourist gaze. London. SAGE.

Urry, J. (1995): Consuming places. London. Routledge.

Urry, J. (2002): The tourist gaze. 2. Auflage. London. SAGE.

Vogler, C. (1998): Die Odyssee des Drehbuchschreibers. Über die mythologischen Grundmuster des amerikanischen Erfolgskinos. 2. Auflage. Frankfurt am Main. Zweitausendeins.

Von Almen, K. (o.J.): Wengernalp und Hotel Jungfrau – historisch. http://www.wengernalp.ch/pdfs/History_WA-D.pdf.   Zugriff: 12.10.2016.

Von Eichendorff, J. (2012) [1822]: Der frohe Wandersmann. In: Kampa, D. (Hrsg.): Wanderlust. Zürich. Diogenes. 212.

Von Goethe, J.W. (2000) [1816]: Italienische Reise. http://www.gutenberg.org/cache/epub/2404/pg2404-images.html. Zugriff: 01.11.2016.

Walter, J. (1982): Social limits to tourism. In: Leisure studies. Vol. 1, Issue 3. 295-304.

Ward, S. (1998): Selling Places – The marketing and promotion of Towns and Cities 1850-2000. London. Routledge.

Weber, F. (2013): Soziale Stadt – Politique de la Ville – Politische Logiken. Wiesbaden. Springer VS.

Weber, F. (2015): Diskurs – Macht – Landschaft. Potenziale der Diskurs- und Hegemonietheorie von Ernesto Laclau und Chantal Mouffe für die Landschaftsforschung. In: Kost, S./Schönwald, A. (Hrsg.): Landschaftswandel – Wandel von Machtstrukturen. Wiesbaden. Springer VS. 97-112.

Weber, F./Kühne, O./Jenal, C./Sanio, T./Langer, K./Igel, M. (2016): Analyse des öffentlichen Diskurses zu gesundheitlichen Auswirkungen von Hochspannungsleitungen – Handlungsempfehlungen für die strahlenschutzbezogene Kommunikation beim Stromnetzausbau – Vorhaben 3614S80008. URN: urn:nbn:de:0221-2016050414038. Salzgitter. Bundesamt für Strahlenschutz.

Weber, M. (1999): Gesammelte Aufsätze zur Wissenschaftslehre. http://verlag.ub.uni-potsdam.de/html/494/html/WL.pdf. Zugriff: 12.10.2016.

Werlen, B. (2001): Alltägliche Regionalisierungen. Spektrum Lexikon der Geographie. http://www.spektrum.de/lexikon/geographie/alltaegliche-regionalisierungen/265. Zugriff: 27.10.2014.

Werlen, B./Weingarten, M. (2005): Tun, Handeln, Strukturieren – Gesellschaft, Struktur, Raum. In: Weingarten, M. (Hrsg.): Strukturierung von Raum und Landschaft. Konzepte in Ökologie und der Theorie gesellschaftlicher Naturverhältnisse. Münster. Westfälisches Dampfboot. 177-221.

Winiwarter, V. (2002): Wahrnehmung von Landschaft. Zur Bedeutung von Vielfalt und Stereotypen der Landschaftswahrnehmung in der interdisziplinären Umweltforschung. In: Die Bodenkultur 53. Sondernummer Dezember 2002. 65-73.

Wöhler, K. (2011): Touristifizierung von Räumen. Wiesbaden. Springer VS.

Wylie, J. (2007): Landscape. New York. Routledge.

Zahavi, D. (2007): Phänomenologie für Einsteiger. Paderborn. UTB.

Zierhofer, W. (2003). Natur – das Andere der Kultur? Konturen einer nicht-essentialistischen Geographie. In: Gebhard, H./Reuber, P./Wolkersdorfer, G. (Hrsg.), Kulturgeographie. Aktuelle Ansätze und Entwicklungen. Heidelberg, Berlin. Spektrum. 193-212.

Zuev, D./Picard, D. (2015): Reconstructing the Antarctic tourist interaction ritual chain: visual sociological perspective. The Polar Journal, 5(1). 146-169.

Zweig, S. (2010) [1926]: Reisen oder gereist werden. In: Michel, S./Wichelhaus, E./Ostermann, L.K. (2010): Unterwegs mit Stefan Zweig. Frankfurt am Main. Fischer.

Verzeichnis der Internetquellen der Reiseveranstalter

CHAMÄLEON

CHAMÄLEON Amazonas: https://www.chamaeleon-reisen.de/Amerika/Brasilien/Amazonas. Zugriff: 23.08.2016.

CHAMÄLEON Äthiopien: https://www.chamaeleon-reisen.de/Afrika/Aethiopien/Wunderwelten-Reisen. Zugriff: 23.08.2016.

CHAMÄLEON Borobudur: https://www.chamaeleon-reisen.de/Asien/Indonesien/Borobudur. Zugriff: 23.08.2016.

CHAMÄLEON Gorilla: https://www.chamaeleon-reisen.de/Afrika/Uganda-Ruanda/Gorilla. Zugriff: 23.08.2016.

CHAMÄLEON Indien: https://www.chamaeleon-reisen.de/Asien/Indien/Wunderwelten-Reisen. Zugriff: 23.08.2016.

CHAMÄLEON Lalibela: https://www.chamaeleon-reisen.de/Afrika/Aethiopien/Lalibela. Zugriff: 22.08.2016.

CHAMÄLEON Otavalo: https://www.chamaeleon-reisen.de/Amerika/Ecuador/Otavalo.pdf. Zugriff: 22.08.2016.

CHAMÄLEON Patagonia: http://web.inxmail.com/chamaeleon-reisen/MagicMoments_alle.jsp?mail=1701&c=display. Zugriff: 22.08.2016.

CHAMÄLEON Salta: https://www.chamaeleon-reisen.de/Amerika/Argentinien/Salta.pdf. Zugriff: 22.08.2016.

CHAMÄLEON Thar: https://www.chamaeleon-reisen.de/Asien/Indien/Thar. Zugriff: 23.08.2016.

CHAMÄLEON Vestfirdir: https://www.chamaeleon-reisen.de/Europa/Island/Vestfirdir. Zugriff: 23.08.2016.

CHAMÄLEON Yangze: https://www.chamaeleon-reisen.de/start/report.loadpdf.php?tpl=reisebeschreibung&REICODE=CNYAN.2016V. Zugriff: 22.08.2016.

STUDIOSUS

STUDIOSUS Alaska: https://www.studiosus.com/Kanada,USA/Alaska/6011--Alaska-die-umfassende-Reise--Fluganreise#tab-route. Zugriff: 23.08.2016.

STUDIOSUS Andalusien: https://www.studiosus.com/Spanien/Andalusien/wandern/09 65 F--Andalusien-Kunst-und-Natur--Fluganreise. Zugriff: 06.11.2016.

STUDIOSUS Andalusien Höhepunkte: https://www.studiosus.com/Spanien/Studien-reise/Rundreise/0912F--Andalusien-H%C3%B6hepunkte--Fluganreise#tab-route. Zu-griff: 23.08.2016.

STUDIOSUS Andalusien Landschaften: https://www.studiosus.com/Spanien/Andalu-sien/wandern/0964--Andalusien-Landschaften--Fluganreise. Zugriff: 22.08.2016.

STUDIOSUS Argentinien – Chile: https://www.studiosus.com/Argentinien,Chile/6902--Argentinien-Chile-mit-Atacamaw%C3%BCste--Fluganreise. Zugriff: 22.08.2016.

STUDIOSUS Australien Naturwunder: https://www.studiosus.com/Australien/7802--Australien-Naturwunder--Fluganreise. Zugriff: 22.08.2016.

STUDIOSUS Bulgarien – Klöster, Berge und Meer: https://www.studiosus.com/Bulga-rien/Studienreise/Rundreise/2601--Bulgarien-Kl%C3%B6ster-Berge-und-Meer--Flugan-reise. Zugriff: 22.08.2016.

STUDIOSUS Citylights London: https://www.studiosus.com/Gro%C3%9Fbritan-nien/London/St%C3%A4dtereise/1180FF--London-5-Tage--im-Grafton-****--Flugan-reise. Zugriff: 22.08.2016.

STUDIOSUS Citylights Wien: https://www.studiosus.com/%C3%96sterreich/Wien/St%C3%A4dtereise/2180E--Wien--Eigenanreise. Zugriff: 22.08.2016.

STUDIOSUS Costa Rica Vulkane und Nebelwälder: https://www.studiosus.com/Costa-Rica/6319L--Costa-Rica-Vulkane-und-Nebelw%C3%A4lder-mit-Iberia--Fluganreise. Zugriff: 23.08.2016.

STUDIOSUS Golf von Neapel: https://www.studiosus.com/Italien/Studienreise/Rund-reise/0450FG--Golf-von-Neapel-umfassend-erleben--Fluganreise#tab-route. Zugriff: 22.08.2016.

STUDIOSUS Indonesien: https://www.studiosus.com/Indonesien/Studienreise/Rund-reise/5301--Indonesien-die-umfassende-Reise--Fluganreise. Zugriff: 23.08.2016.

STUDIOSUS Iran – die historische Route: https://www.studiosus.com/Iran/Studienreise/Rundreise/4202--Iran-die-historische-Route--Fluganreise#tab-route. Zugriff: 22.08.2016.

STUDIOSUS Island – Höhepunkte: https://www.studiosus.com/Gr%C3% B6nland,Is-land/1605--Island-H%C3%B6hepunkte--Fluganreise. Zugriff: 22.08.2016.

STUDIOSUS Kurische Nehrung: https://www.studiosus.com/Litauen,Russland/Kurische-Nehrung/2819--Kurische-Nehrung-D%C3%BCnen-Strand-und-mehr--Fluganreise. Zu-griff: 23.08.2016.

STUDIOSUS Mallorca - Insel mit vielen Gesichtern: https://www.studiosus.com/Spa-nien/wandern/0962--Mallorca-Insel-mit-vielen-Gesichtern--Fluganreise#tab-route. Zu-griff: 22.08.2016.

STUDIOSUS Namibia: https://www.studiosus.com/Namibia/Studienreise/Rundreise/ 7503--Namibia-die-Gro%C3%9Fe-Namibiareise-ausf%C3%BChrlich--Fluganreise#tab-route. Zugriff: 23.08.2016.

STUDIOSUS Namibia Botswana Wunder der Natur: https://www.studiosus.com/Botswana,Namibia/7507--Namibia-Botswana-Wunder-der-Natur--Fluganreise#tab-route. Zugriff: 23.08.2016.

STUDIOSUS Peru – Höhepunkte: https://www.studiosus.com/Argentinien,Bolivien,Brasilien,Ecuador,Peru/Studienreise/Rundreise/6906--S%C3%BCdamerika-H%C3%B6hepunkte--Fluganreise#tab-route. Zugriff: 22.08.2016.

STUDIOSUS Pyrenäen vom Atlantik bis zum Mittelmeer: https://www.studiosus.com/Frankreich,Spanien/wandern/0969--Pyren%C3%A4en-vom-Atlantik-zum-Mittelmeer--Fluganreise. Zugriff: 23.08.2016.

STUDIOSIS Sizilien: https://www.studiosus.com/Italien/Sizilien/wandern/0532--Sizilien-PreisWert-wandern--Fluganreise. Zugriff: 23.08.2016.

STUDIOSUS Spanien auf dem Jakobsweg https://www.studiosus.com/Spanien/wandern/0960--Spanien-auf-dem-Jakobsweg--Fluganreise#tab-route. Zugriff: 23.08.2016.

STUDIOSUS Sri Lanka: https://www.studiosus.com/Sri-Lanka/Anuradhapura/Studienreise/Rundreise/4601--Sri-Lanka-H%C3%B6hepunkte--Fluganreise#tab-route. Zugriff: 23.08.2016.

STUDIOSUS Toskana – Städte und Landschaften: https://www.studiosus.com/Italien/Toskana/wandern/0461F--Toskana-St%C3%A4dte-und-Landschaften--Fluganreise. Zugriff: 23.08.2016.

STUDIOSUS Zypern – Natur und Kultur aktiv erleben: https://www.studiosus.com/Zypern/wandern/0261--Zypern-Kultur-und-Natur-aktiv-erleben--Fluganreise. Zugriff: 23.08.2016.

TERRANOVA Touristik

TERRANOVA Apulien Radreise: http://www.terranova-touristik.de/reiseangebot/details/reise/radreise-apulien-1107/. Zugriff: 22.08.2016.

TERRANOVA Andalusien Radreise: http://www.terranova-touristik.de/reiseangebot/details/reise/andalusien-radreise-von-granada-nach-cordoba-1135/. Zugriff: 22.08.2016.

TERRANOVA Bodensee: http://www.terranova-touristik.de/reiseangebot/details/reise/radreise-bodensee-1162/. Zugriff: 22.08.2016.

TERRANOVA Genua und ligurische Riviera: http://www.terranova-touristik.de/reiseangebot/details/reise/silvester-genua/. Zugriff: 27.10.2016.

TERRANOVA Jobangebote: http://www.terranova-touristik.de/jobs-bei-terranova/. Zugriff: 03.09.2016.

TERRANOVA Radreise Ostsizilien: http://www.terranova-touristik.de/reiseangebot/details/reise/radreise-ostsizilien-1095/. Zugriff: 22.08.2016.

TERRANOVA Sambia Privatreise: http://www.terranova-touristik.de/reiseangebot/details/ reise/sambia-privatsafari-1007/. Zugriff: 23.08.2016.

TERRANOVA Silvester in Rajasthan: Neujahrsgala beim Maharaja: http://www.terranova-touristik.de/reiseangebot/details/reise/silvesterreise_indien_rajasthan/.   Zugriff: 23.08.2016.

TERRANOVA Südtirol Radreise: http://www.terranova-touristik.de/reiseangebot/details /reise/radreise-suedtirol/. Zugriff: 22.08.2016.

TERRANOVA Südliches Tansania: http://www.terranova-touristik.de/reiseangebot/ details/reise/tansania-reise-1011/. Zugriff: 23.08.2016.

TERRANOVA Toskana und Umbrien Radreise: http://www.terranova-touristik.de/reiseangebot/details/reise/radreise-toskana-1118/. Zugriff: 24.08.2016.

TUI Deutschland

TUI Rundreisen Portal: http://www.tui.com/rundreisen/. Zugriff: 14.10.2016

WIKINGER Reisen

WIKINGER Andengipfel und Amazonasgeflüster: https://www.wikinger-reisen.de/fernreisen/suedamerika/4402T.php. Zugriff: 23.08.2016.

WIKINGER Annapurna: https://www.wikinger-reisen.de/fernreisen/asien/ 3301T.php. Zugriff: 22.08.2016.

WIKINGER Aktiv im wilden Kaukasus: https://www.wikinger-reisen.de/wandern/osteuropa/8932.php. Zugriff: 23.08.2016.

WIKINGER Auf Panoramapfaden durch die Rocky Mountains: https://www.wikinger-reisen.de/fernreisen/nordamerika/4213T.php. Zugriff: 23.08.2016.

WIKINGER Bretonische Vielfalt – mit Spürsinn genießen: https://www.wikinger-reisen.de/wandern/frankreich/6759.php. Zugriff: 24.08.2016.

WIKINGER Das verborgene Naturjuwel des Balkans: https://www.wikinger-reisen.de/wandern/osteuropa/5559T.php. Zugriff: 23.08.2016.

WIKINGER Die Rockies von ihren schönsten Seiten: https://www.wikinger-reisen.de/fernreisen/nordamerika/4112.php. Zugriff: 23.08.2016.

WIKINGER Dschungelwanderungen und Traumstrände des Südens: https://www.wikinger-reisen.de/fernreisen/asien/3403.php. Zugriff: 23.08.2016

WIKINGER Exotik Südindien – Tempel, Tee und Natur pur: https://www.wikinger-reisen.de/fernreisen/asien/3311.php. Zugriff: 23.08.2016.

WIKINGER Facebook Fanpage: https://www.facebook.com/wikingerreisen/?fref=ts. Zugriff: 24.10.2016.

WIKINGER Fischland-Darß-Zingst: Weite Strände und malerische Dörfer: https://www.wikinger-reisen.de/radreisen/europa/5646R.php. Zugriff: 01.11.2016

WIKINGER französische Pyrenäen – von lieblich bis alpin: https://www.wikinger-reisen.de/wandern/frankreich/6701.php. Zugriff: 22.08.2016.

WIKINGER Gipfelglück rund um Puerto Soller: https://www.wikinger-reisen.de/wandern/spanien/62613.php. Zugriff: 24.08.2016.

WIKINGER Harzer Wanderspaß: https://www.wikinger-reisen.de/wandern/deutschland/5680.php. Zugriff: 22.08.2016.

WIKINGER Hawaii Aktiv: https://www.wikinger-reisen.de/fernreisen/nordamerika/4114.php. Zugriff: 22.08.2016.

WIKINGER Ins besondere: https://www.wikinger.de/ins-besondere/. Zugriff: 24.10.2016.

WIKINGER Klassische Bilderbuchlandschaft in Tirol: https://www.wikinger-reisen.de/wandern/alpen/5420.php. Zugriff: 22.08.2016.

WIKINGER Mallorca die schönsten Naturparks: https://www.wikinger-reisen.de/wandern/spanien/62623.php. Zugriff: 06.10.2016.

WIKINGER Nachhaltigkeitsbericht 2015: https://www.wikinger-reisen.de/pdf/abisz/Nachhaltigkeitsbericht2015.pdf. Zugriff: 02.09.2016.

WIKINGER Österreichs glitzernde Seenwelt https://www.wikinger-reisen.de/radreisen/europa/5423R.php. Zugriff: 23.08.2016.

WIKINGER Patagonien Aktiv: https://www.wikinger-reisen.de/fernreisen/suedamerika/4505.php. Zugriff: 23.08.2016.

WIKINGER Reisen Facebook Profil: https://www.facebook.com/wikingerreisen/?fref=ts. Zugriff: 04.09.2016.

WIKINGER Schottland, wo es am schönsten ist: https://www.wikinger-reisen.de/wandern/gb/5330.php. Zugriff: 22.08.2016.

WIKINGER Schottlands schönstter Trek: West Highland Way: https://www.wikinger-reisen.de/wandern/gb/5324.php. Zugriff: 23.08.2016.

WIKINGER Südthailand Exotik unter Palmen: https://www.wikinger-reisen.de/radreisen/fern/3421R.php. Zugriff: 23.08.2016.

WIKINGER Tiefblau und grün – Seen und Berge im Salzkammergut: https://www.wikinger-reisen.de/wandern/alpen/5440.php. Zugriff: 23.08.2016.

WIKINGER Toskana – zu den Klassikern des Nordens: https://www.wikinger-reisen.de/wandern/italien/6511.php. Zugriff: 22.08.2016.

WIKINGER Traumküsten der Bretagne: https://www.wikinger-reisen.de/pdf/druck/6714.pdf. Zugriff: 24.08.2016.

WIKINGER Unsere Reiseleiter: https://www.wikinger-reisen.de/rl/reiseleiter.php. Zugriff: 07.09.2016.

WIKINGER Wandern und Baden auf der Halbinsel Giens: https://www.wikinger-reisen.de/wandern/frankreich/6712.php. Zugriff: 03.11.2016

WIKINGER Wanderwoche in der Provence: https://www.wikinger-reisen.de/wandern/frankreich/6736.php. Zugriff: 23.08.2916.

WIKINGER Weites Land, tiefe Schluchten: Auvergne und Cevennen: https://www.wikinger-reisen.de/wandern/frankreich/6726.php. Zugriff: 23.08.2016.

Ich bedanke mich herzlich für die Möglichkeit, die in dieser Arbeit dargestellten Fotos veröffentlichen zu dürfen bei: Kunsthalle Hamburg, Schweizerisches Institut für Kunstwissenschaft und Koller Auktionen Zürich und Wikinger Reisen GmbH.